凝煉知識 品味閱讀

Introduction to Computer-Aided Engineering: Quick Learning Guide for ANSYS

電腦輔助工程分析入門：ANSYS速學

比一般入門書
更初級
五天快速學會
ANSYS

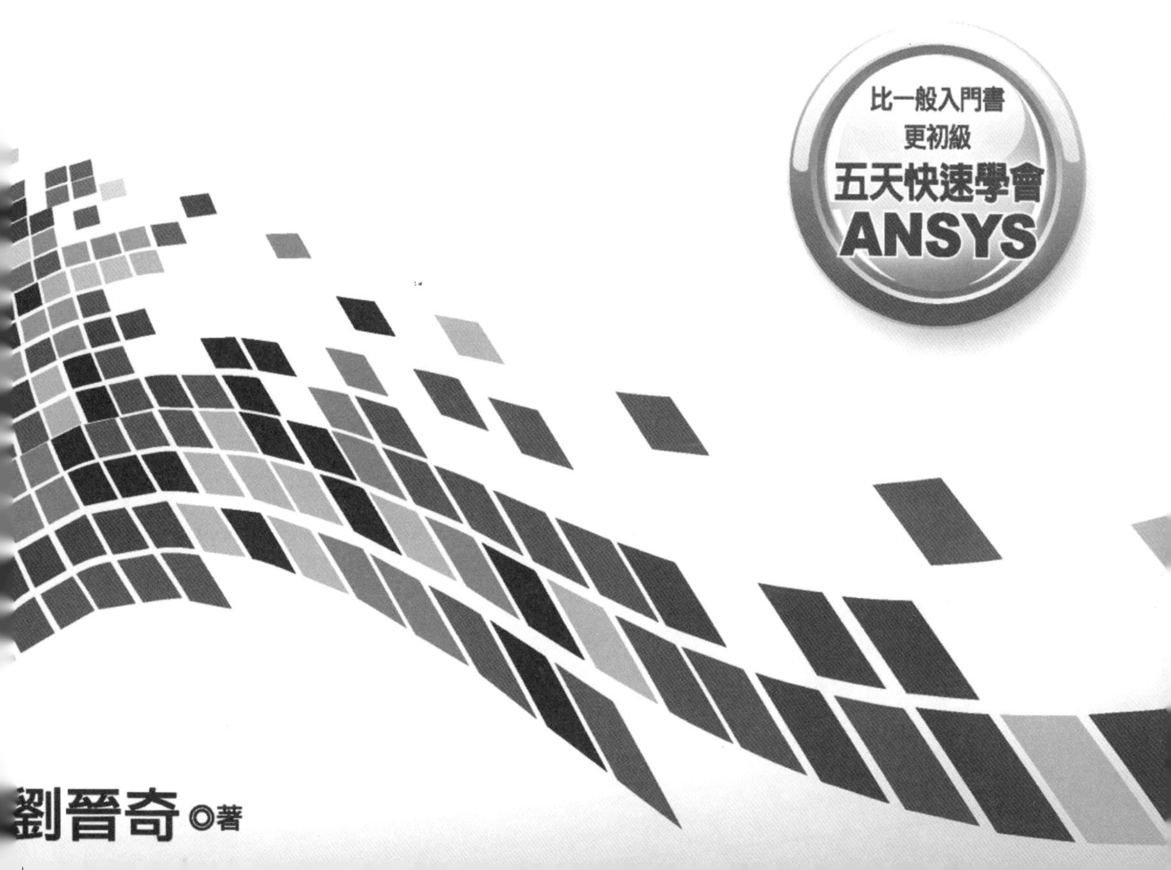

劉晉奇◎著

序

所謂的 CAE 是指「computer-aided engineering」之縮寫，中文普遍稱為「電腦輔助工程分析」。一般來說，應用電腦來計算分析各類物理問題，均可將其稱為 CAE。有限元素法（finite element method）為 CAE 領域中的一種數值計算方法，而 ANSYS 軟體即是採用有限元素法，運用電腦來執行固體力學分析、熱傳學分析、流體力學分析、電磁學分析和耦合場分析。

台灣已出版不少 ANSYS 中文書籍，為 ANSYS 使用者提供了良好的學習管道。幾年前，我與恩師褚晴暉教授合著了「有限元素分析與 ANSYS 的工程應用」一書，該書的內容廣泛且較具深度。然而，我一直想寫一本較淺顯的 ANSYS 入門書，於是在五南圖書公司的邀請之下，我完成了「電腦輔助工程分析入門：ANSYS 速學」這本書，內容力求清晰簡要，目標是讓 ANSYS 初學者於五天之內讀完此書，快速學會基本的 ANSYS 應力分析。

我寫這本書的理念，是讓修過材料力學的機械相關科系學生或工程師，於五天之內學會 ANSYS 應力分析的基本概念，並透過例題來理解 ANSYS 操作程序，迅速於五天之內完成「入門」。初學者若能在一週內迅速理解 ANSYS，不僅於心理層面會感到安心，更能提高進一步學習 ANSYS 的興趣與動力。

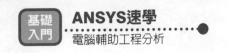

本書分為五章，即第一天到第五天的學習教材，每章教材設定為六小時之內學完。為了不讓 ANSYS 初學者感到壓力過大，本書將應力分析題型單純化，書中只包括桁架、構架和三維實體分析，捨去了平面問題與板殼問題。

本書標榜「比一般入門書更初級」和「五天快速學會 ANSYS」，希望讀者可由本書得到應有的收穫。當然，我也要提醒讀者，這本書只是入門的跳板，對於進一步的 ANSYS 分析資訊，您仍需要求助於 ANSYS 手冊和其他書籍。

劉晉奇

致謝

感謝教育部與明志科技大學提供經費購買 ANSYS 軟體，使本人能順利完成各項教學、研究與寫書工作。感謝國立成功大學機械系褚晴暉教授，對我的指導與鼓勵，使本書能順利完成。

感謝美國 ANSYS 公司的授權，同意本人使用 ANSYS 軟體畫面和 ANSYS online help 文件之圖片。亦感謝虎門科技公司楊舜如總經理、林麗俐董事長、廖偉志副總、劉旭欽經理等人之協助。

感謝五南圖書公司支持本書之出版，亦感謝編輯人員對於本書美編與排版之極力幫助。

最後，感謝家人給我的支持與鼓勵。

版權聲明

其他聲明

- 關於本書的 ANSYS 分析教學、分析程序與其他內容，讀者若有任何建議或發現錯誤，請來信指教。
  （E-mail: jinchee@mail.mcut.edu.tw）
- 讀者參考本書執行有限元素分析時，須再自行確認 ANSYS 程序與結果的正確性。對於讀者在有限元素分析上的任何問題，本書作者和出版社均不承擔任何責任。

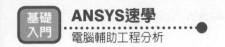

目錄

第1章 概論

CAE：電腦輔助工程分析.........2

FEM：有限元素法 4

ANSYS 軟體模組簡介...............7

學習 ANSYS 的事前準備..........9

ANSYS 的啟動與界面簡介.....13

ANSYS 的檔案類型.................18

本書架構..................................19

參考文獻..................................20

第2章 桁架之應力分析

2-1 桁架簡介..................................22

2-2 ANSYS 例題練習.....................25

2-3 LINK 元素 72

2-4 例題討論..................................73

2-5 參考文獻..................................76

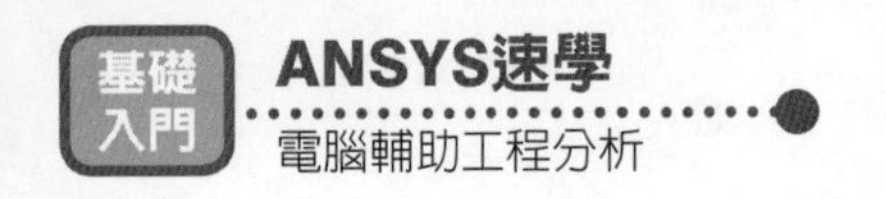

第3章 構架之應力分析

3-1 構架簡介......78
3-2 ANSYS 例題練習......80
3-3 BEAM 元素......134
3-4 例題討論......137
3-5 參考文獻......140

第4章 三維實體之應力分析

4-1 三維實體應力分析簡介......142
4-2 ANSYS 例題練習......144
4-3 SOLID 元素......197
4-4 例題討論......197
4-5 CAD 模型之轉檔......208
4-6 參考文獻......216

第5章 歸納與總結

5-1 ANSYS 分析程序回顧......218
5-2 ANSYS 的 db 和 rst 檔案運用......219
5-3 ANSYS Online Help 線上手冊......227
5-4 物理單位......229
5-5 FEM 誤差......229
5-6 未來的學習方向......230
5-7 結語......230
5-8 參考文獻......231

概論

- 1-1 CAE：電腦輔助工程分析
- 1-2 FEM：有限元素法
- 1-3 ANSYS 軟體模組簡介
- 1-4 學習 ANSYS 的事前準備
- 1-5 ANSYS 的啓動與界面簡介
- 1-6 ANSYS 的檔案類型
- 1-7 本書架構
- 1-8 參考文獻

本章目標

- 本章爲第 1 天的學習教材，學習時間爲 6 小時。
- 了解 CAE 和 FEM 的定義。
- 了解 ANSYS 軟體的模組與功能。
- 了解 ANSYS 軟體的 GUI 界面。
- 了解應該準備的工具與書籍。

1-1 CAE：電腦輔助工程分析

所謂的 CAE 是指「computer-aided engineering」之縮寫，中文普遍稱為「電腦輔助工程」或「電腦輔助工程分析」。一般來說，只要是應用電腦來模擬分析實際物理問題，均可將其稱為 CAE。例如我們可以針對手機的外殼結構，利用 CAE 來分析其受到負荷後的應力分布，了解可能發生破裂的位置與條件，進而設計足夠的結構強度。

大部分 CAE 的解題方式是使用數值法（numerical method），求出物理問題的近似解。數值法的優點，是可以處理解析法（analytical method）無法求解的問題，因此其應用面較廣，也較能被工業界接受。

CAE 的種類很多，常見的應用領域如下：(1) 固體力學、(2) 熱傳學、(3) 流體力學、(4) 電磁學、(5) 多物理耦合場、(6) 機構運動學與動力學、(7) 塑膠流變學、(8) 鑄造學、(9) 光學。以固體力學分析來說，類型包括了應力分析、變形分析、振動分析、挫屈分析、破壞力學分析等。

應力分析可分為線性（linear）與非線性（non-linear）兩大類，而本書的講解範圍為線性應力分析，且材料性質均為線彈性（linearly elastic）和等向性（isotropic）。此外，依考慮時間效應與否，應力分析亦可分為暫動態（transient dynamic）與靜態（static）兩類，而本書範圍均為靜態分析。

總之，本書的分析問題均為靜態線性應力分析。一般產品結構的強度設計，使用靜態線性應力分析之 CAE 即已足夠，而靜態線性應力分析也是很基礎的 CAE 分析，是機械科系 CAE 初學者的必學課程。

以某產品為例，圖 1-1 是含 CAE 分析的研發流程[1,2]。以應力分析來說，其 CAE 分析是根據前段之 2D/3D CAD 原始設計加以分析（註：CAD 即 computer-aided design 或 computer-aided drawing），目的是確認產品結構的強度和剛度沒有問題，且安全係數足夠，亦符合設計經驗原則。經 CAE 分析確認無問題後，接著進行實際原型機（true prototype）的製造與實測，經實地測試確定產品性能良好後，便可開始量產且上市。

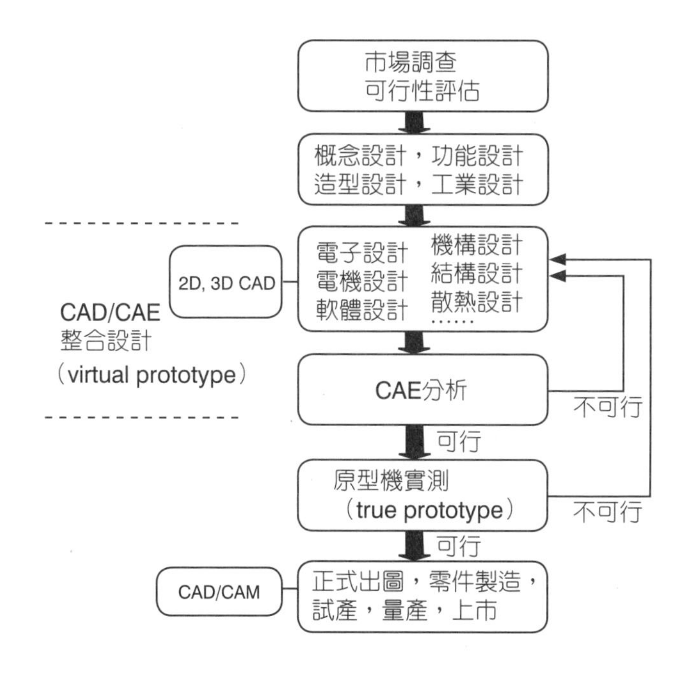

圖 1-1　產品研發流程[1,2]

相對於實際原型機，以電腦建構出的 CAD 模型與 CAE 應力分析結果，可視為一個虛擬原型機（virtual prototype）[3,4]。虛擬原型機在電腦中，被 CAD 建構出來，接著被 CAE 分析測試，CAD 和 CAE 這兩個項目類似於實際原型機的「製造」與「實測」。CAE 可被視為電腦中的虛擬實驗（virtual experiment），經由含 CAE 的產品研發過程，可降低實際失敗風險，節省大量的金錢與時間成本。然而，若研發流程全部使用實際原型機而無 CAE，則可能因為頻繁的試誤（trial-and-errors）過程，花上大筆的實際原型機材料與製造成本，而設計的不斷試誤亦會消耗寶貴的時間。總之，經由虛擬原型機之 CAD/CAE 設計流程，可以縮短產品的上市時間（time-to-market），降低產品開發成本，提昇產品的競爭力。

根據 Thomke 和 Fujimoto 教授的論文[5]，知名汽車公司引進了虛擬汽車撞擊（virtual car crash）的 CAE 技術，以電腦模擬分析取代了一部分的實車撞擊試驗，其分析結果幫助工程師解決許多問題。在該公司整個含 CAE 的研發流程中，於流程的前 1/4 階段，便已解決了約 80% 的設計問題，而到了設計流程後段的實車測試，需要解決的問題點就不多了。相對的，該公司在 1990 年代中期的設計方法，於設計流程的前 1/4 階段只解決了約 40% 的問題，而 1980 年以前的傳統設計方法於相同階段只解決約 20% 的問題[5]。在產品研發流程中，對於問題點或不良點，越早發現越好，這不僅可加快設計進度，且可降低修正錯誤的花費。

1-2 FEM：有限元素法

以應力分析的 CAE 來說，主流的數值法為有限元素法（finite element method, FEM），亦可稱為有限元素分析（finite element analysis, FEA）。它的基本概念是把一個實際的連續體做離散化，切割為許多個元素（elements）與節點（nodes），統稱為網格（mesh），而每個元素均遵守力學基本理論。最後，將所有的元素方程式（element equation）組合成一個總體方程式（global equation），再加入負荷和邊界條件，即可應用電腦程式求解位移與應力等物理量。以圖 1-2 為例，利用 FEM，我們可以將圖 (a) 的力學問題，切割成如圖 (b) 和 (c) 的元素網格，最後求出如圖 (d) 之應力場。

有限元素網格的切割越密，便越接近實際狀況。以圖 1-3 為例，左圖是實際的幾何外形，右圖則為有限元素網格。右上圖的網格較粗，不但圓孔的外形失真，且求出的應力也會不準；右下圖的網格較細，圓孔區域則較接近圓形，而較細的元素也將求得更準確的答案。在圖 1-4 中，以多段直線來近似一個圓形，當然，線段越多就越接近圓形，這跟 FEM 的觀念是一樣的。

然而，若將網格不斷切細以符合實際外形，也不是好的辦法，因為元素和節點數目越多，電腦計算負擔就越大，就需要更長的計算時間與更大的硬碟儲存空間。因此，FEM 的元素與節點數目必須受到合理的控制。以圖 1-5 為例，橫軸為有限元素網格的元素數目，縱軸為問題的解（solution）。圖中的虛線為

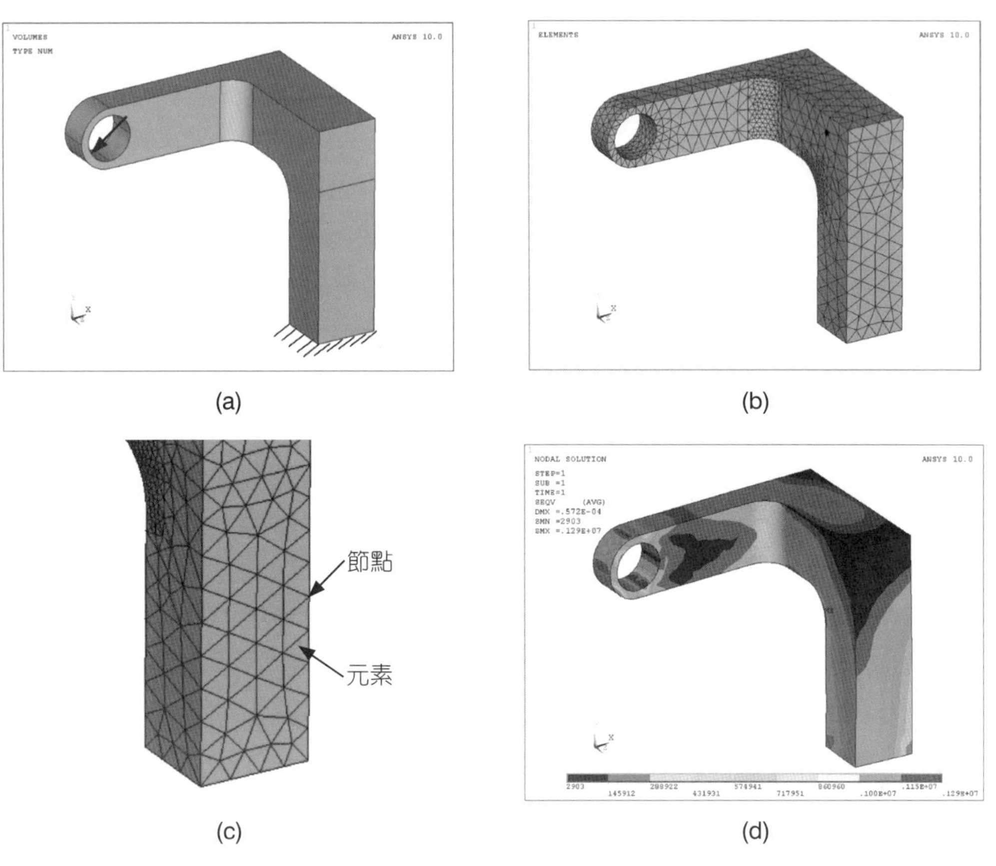

(a) (b)

(c) (d)

圖 1-2　應力分析的FEM例子：(a)力學題目，(b)有限元素網格，(c)元素與節點，(d)應力分布

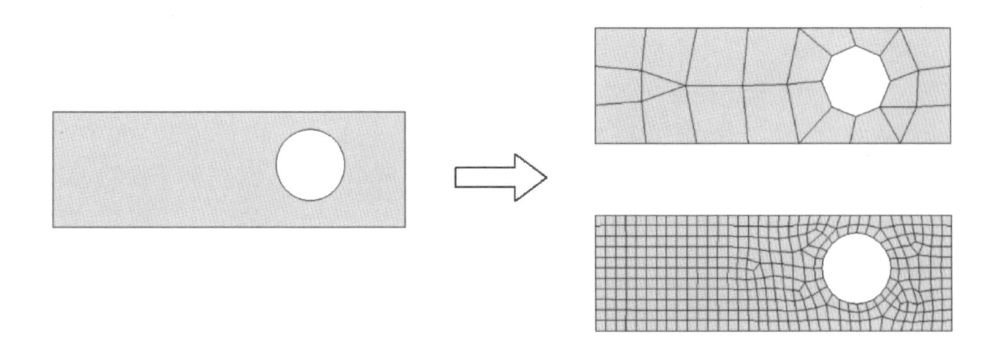

圖 1-3　有限元素切割的粗細狀況

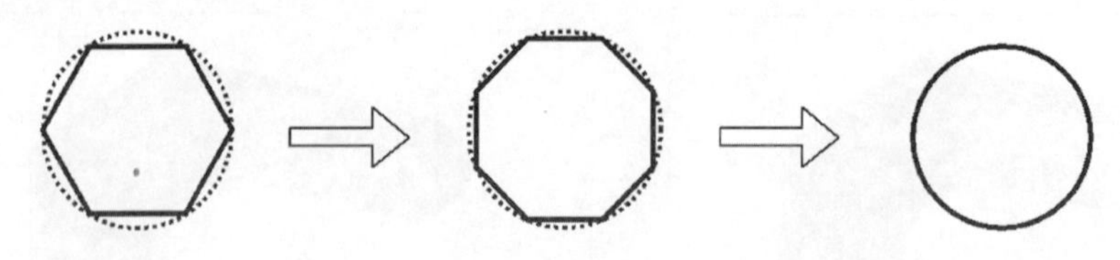

圖 1-4　以多段直線近似一個圓形

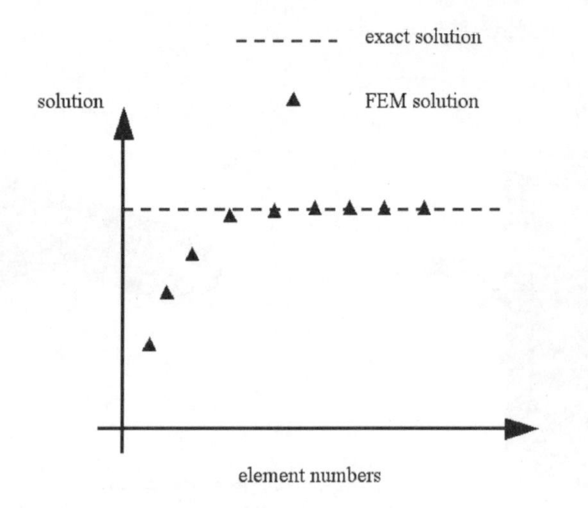

圖 1-5　有限元素求解的收斂性

問題的精確解（exact solution），例如圓孔周圍某點的應力，此精確解為定值；三角形的資料點則是 FEM 求出的近似解，答案隨著網格粗細而變。然而，當網格切細到一個程度後（即元素數目達到一個數量後），FEM 的解將趨於一個定值，這種狀況就是有限元素網格達到收斂，而這時得到的 FEM 答案就十分接近精確解。這種收斂測試是必須的，舉例來說，同樣的工程題目分別切割 700 個元素和 1000 個元素，若兩例 FEM 的答案差異在 5% 以內，則可認定 700 個元素的網格已達到收斂，而這個網格所求得的 FEM 解可做為正確結果。當然，若要追求更準的答案，可採用 1000 個元素的網格，或切割更細的網格，但這將花費更長的電腦計算時間。

對於不同的分析類型，其 FEM 網格的切細原則是不同的。針對一般的靜態應力分析問題，只要針對高應力區域、高應力變化區域或重點區域切細網格

（如圖 1-6），即可獲得收斂的答案，並不需要將所有的區域都切細。不過，針對暫動態的應力波（stress wave）問題，就有必要做結構全域的網格切細。

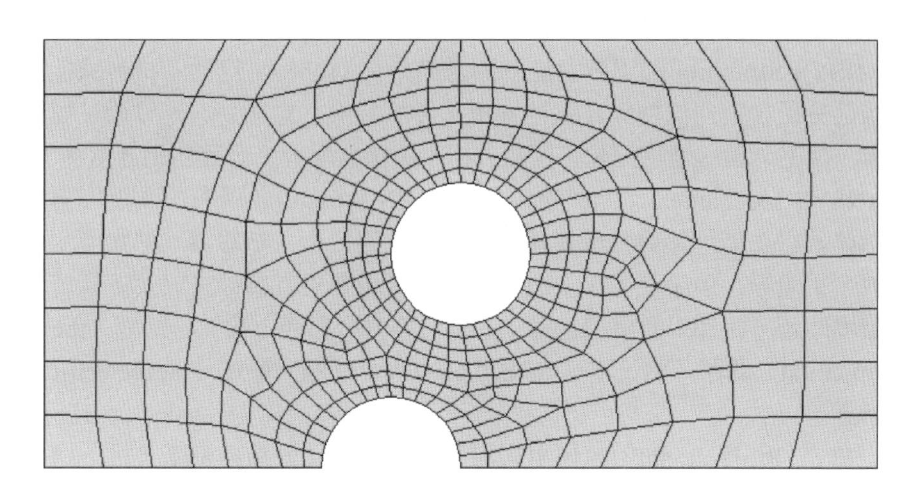

圖 1-6　只針對重點區域切細網格

FEM 的流程非常規則，寫成電腦程式後即可廣泛應用，對於數學解析法無法計算的複雜題型亦可迎刃而解。目前，拜電腦計算速度之賜，商業化之有限元素軟體已十分成熟且易學好用，這使得 FEM 更加普遍化。

1-3 ANSYS 軟體模組簡介

本書採用的 CAE 軟體，名為 ANSYS。ANSYS 為一套泛用型（general-purpose）有限元素 CAE 軟體，該軟體是由美國的 ANSYS 公司所開發。ANSYS 採用的數值法為有限元素法，分析功能包括固體力學、熱傳學、流體力學、電磁學、多物理耦合場等。多年來，ANSYS 在國內外的學術界和工業界，有很高的普遍性。

ANSYS 之軟體架構可略分為三大部分：前處理器（pre-processor）、求解器（solver）與後處理器（post-processor）。前處理器之功能為建立幾何外形、建立有限元素網格、給定材料性質與設定邊界條件等，求解器則用來求解矩陣方程式，後處理器則接收求解器輸出的大量資訊，進而做數據歸納、圖形輸出或製作動畫等，以方便使用者判斷分析結果。以圖 1-2 為例，圖 (a)、(b)、(c) 即為前處理器產生之幾何模型與有限元素模型，而圖 (d) 則為後處理器產生之分析結果圖形。

根據 ANSYS 公司網站上的資訊[6]，ANSYS 11.0 版的主要產品模組如下：

(1) ANSYS Structural：主要功能為固體結構力學分析，包括：材料線性與非線性分析、幾何線性與非線性分析、接觸分析、暫態動力學分析、模態分析、簡諧分析、隨機振動、挫屈分析、破壞力學、結構最佳化分析等。

(2) ANSYS Mechanical：此模組包含 ANSYS Structural 所有的功能，再加上熱傳分析功能。熱傳分析包括：穩態與暫態分析、熱傳導、熱對流、熱輻射、相變等，但須注意以上所述之熱對流僅為邊界條件之設定，無法求解流場問題。此外本模組還包括一些耦合場分析功能，如熱一結構（thermal/structural）問題、熱一電（thermal/electric）問題、壓電（piezoelectric）分析等。

(3) ANSYS Professional：該模組去除了許多非線性分析與進階分析，價格較低，可說是 ANSYS Mechanical 之簡化版本。

(4) ANSYS Emag：分析功能為靜電場、靜磁場、電流分析、電路分析、低頻電磁場等。須注意，ANSYS Emag 不含高頻電磁場之分析功能，而 ANSYS Multiphysics 才具有高頻電磁場功能。

(5) ANSYS Multiphysics：分析範圍包含了上述模組之所有功能，且加入了流體力學分析與高頻電磁場分析功能。由於本模組之分析功能包含了結構、熱、流、電，所以可處理很多類型的耦合場問題，例如熱一結構（thermal/structural）問題、熱一電（thermal/electric）問題、流體一結構（fluid/structural）問題、靜電一結構（electrostatic/structural）問題、磁-結構（magneto/structural）問題、壓電（piezoelectric）分析等。本模組取名為「Multiphysics」，即表示多重物理現象之耦合場模擬。

(6) ANSYS LS-DYNA：與顯示法（explicit method）軟體 LS-DYNA （LSTC 公司產品[7]）結合，專門處理非線性的結構動態問題，如汽車撞擊模擬、衝壓製程模擬、物體掉落分析。

(7) ANSYS Academic Products：此為 ANSYS 公司提供給學校的教學與研究型產品模組，價格較上述模組便宜。以 ANSYS 11.0 版為例，主要的模組有：ANSYS Academic Teaching Introductory、ANSYS Academic Teaching Advanced、ANSYS Academic Research、ANSYS Academic Associate，以

上 4 種模組功能均同於 ANSYS Multiphysics，但 Teaching Introductory 和 Teaching Advanced 兩個模組有分析限制，對於結構分析之元素或節點數目，此兩個模組的最高限制數目分別為 32000 個和 256000 個。然而，ANSYS Academic Research 和 ANSYS Academic Associate 則無元素或節點數目限制。此外，Academic Products 尚有其他模組，如 ANSYS Academic Teaching Mechanical 和 ANSYS Academic Teaching CFD 等。

(8) ANSYS ED：本模組亦為教育版本，其分析功能同 ANSYS Multiphysics，且含 ANSYS LS-DYNA 分析能力。以 ANSYS ED 10.0 版為例，其結構分析最高只能解到 1000 個元素或 10000 個節點。本模組可以說是「練習用」或「學生用」的版本。

除了 ANSYS ED 和 ANSYS Academic Products 外，其他 ANSYS 產品（如 ANSYS Mechanical、ANSYS Multiphysics 等）並沒有元素或節點數量的限制。此外，ANSYS 尚有許多副產品，如 CAD 界面模組提供了 CAD/CAE 整合系統，使 ANSYS 可以直接讀取 CATIA、Pro/ENGINEER、Unigraphics、Parasolid、SAT（ACIS）等 CAD 模型，以節省建模時間。對於 CAD 系統的 IGES 檔案，ANSYS 每個分析模組均內含讀取 IGES 的能力，不必再另外購買。

ANSYS 可執行的作業系統平台，包括微軟公司之 Windows XP，以及其他系統如 Linux 和 UNIX 等。ANSYS 適用的電腦硬體，包括個人電腦（personal computer）、工作站（workstation）和超級電腦（super computer）。

ANSYS 在 7.0 版後新增了名為 ANSYS Workbench Environment 之 GUI（graphical user interface）界面，提供一個簡單方便的操作環境，軟體使用者可於進入 ANSYS 時，選擇使用 Workbench 界面或傳統界面。

1-4 學習 ANSYS 的事前準備

1-4-1 ANSYS 軟體

在使用 ANSYS 之前，請讀者先了解自己購買或公司學校購買的 ANSYS 模組與版本。

本書講解的內容為靜態線性應力分析，適用的 ANSYS 模組包括：ANSYS

Multiphysics、ANSYS Mechanical、ANSYS Structural、ANSYS Professional、ANSYS Academic Products、ANSYS ED。本書採用的軟體版本為 ANSYS 10.0，它大部分的分析功能均與 7.0 版、8.0 版、9.0 版、11.0 版、12.0 版相容，讀者可放心。此外，若需要安裝 ANSYS 軟體，可參考軟體手冊或詢問 ANSYS 代理公司的工程師。

假設電腦已安裝 ANSYS，查詢版本之方法如下：

⑴ 以 Windows XP 系統為例，以游標點擊「開始」→「所有程式」。
⑵ 可找到 ANSYS 程式集和它的版本號碼，如圖 1-7 所示，此圖為 ANSYS 10.0。

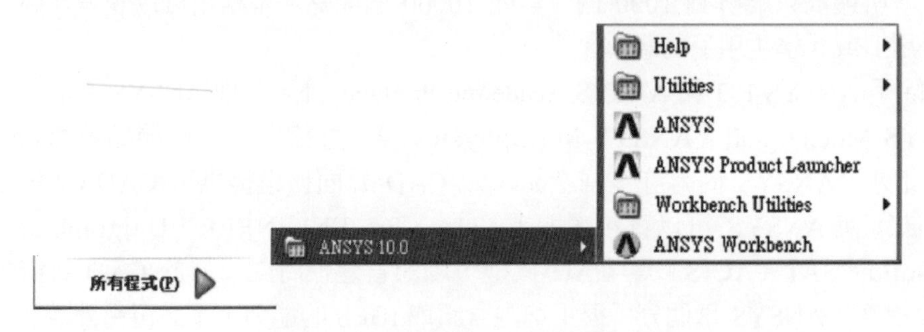

圖 1-7　ANSYS 程式集和它的版本號碼

此外，查詢 ANSYS 模組之方法如下（以 ANSYS 10.0 為例）：

⑴ 先進入如圖 1-7 所示之 ANSYS 程式集，以游標點擊「ANSYS Product Launcher」，這是開啓 ANSYS 的「啓動設定視窗」。
⑵ 接著會看到圖 1-8 的「啓動設定視窗」，在 License 底下所顯示的文字，即為 ANSYS 模組。圖 1-8 顯示的是 ANSYS University Intermediate，這個模組是 ANSYS 10.0 的大學模組名稱（ANSYS University Intermediate 到了 11.0 版時改稱為 ANSYS Academic Teaching Introductory）。

ANSYS 各版本的「啟動設定視窗」畫面與點擊路徑有些不同，以 ANSYS 8.0 為例，其程式集裡面，需以游標點擊「Configure ANSYS Products」，開啟 ANSYS 的啟動設定視窗。ANSYS 8.0 的啟動設定視窗如圖 1-9，其模組名稱 ANSYS University Intermediate 是顯示於 License 右邊。

對於其他 ANSYS 版本的查詢方法，請讀者依此類推，本書不再詳述。

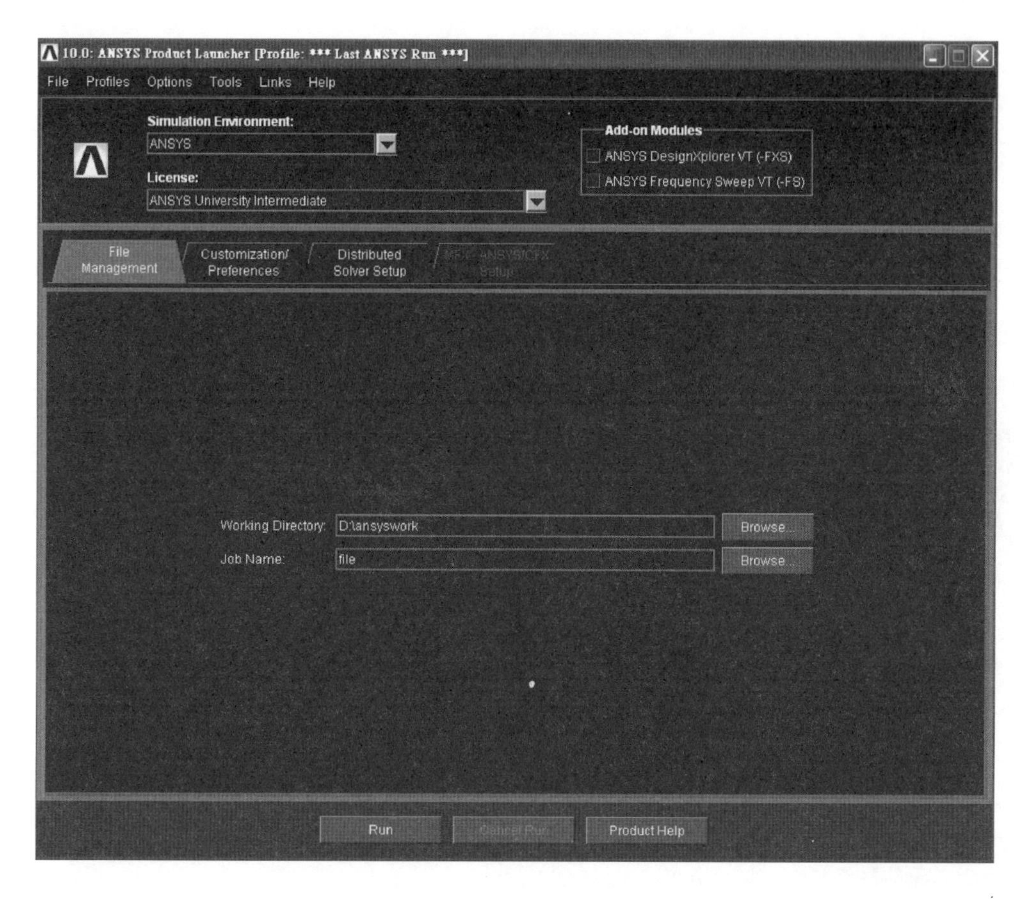

圖1-8 ANSYS 10.0 啓動設定視窗畫面

1-4-2 相關書籍與知識

對於 ANSYS 應力分析的初學者，必備的書籍，建議如下：

(1) 靜力學書籍

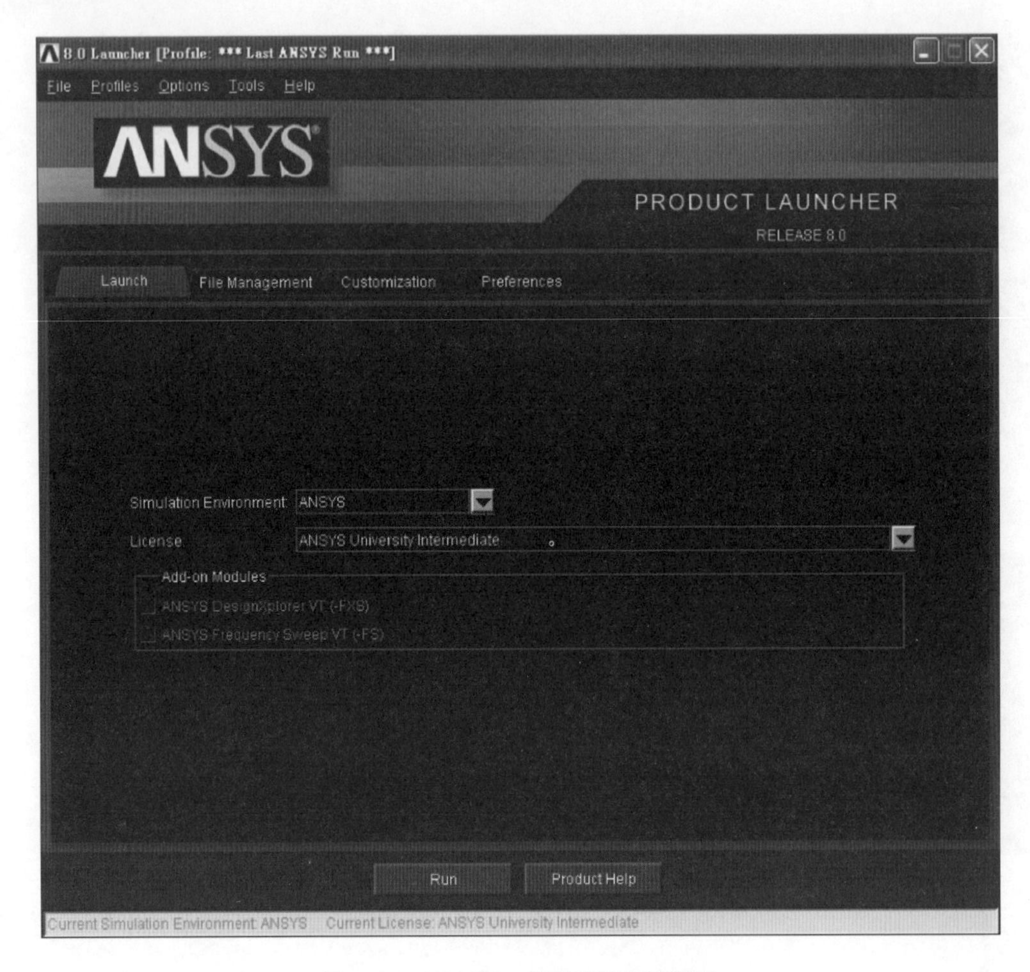

圖 1-9　ANSYS 8.0 啓動設定視窗畫面

(2) 材料力學書籍

(3) 其他的 ANSYS 書籍

此外，進階的書籍如有限元素法、彈性力學、塑性力學、複合材料力學、振動學、動力學、機械元件設計等等，未來有需要時再看即可。

關於 ANSYS 書籍，作者的建議是「盡量收集」，因為每一本書的寫法與內容均不相同，可做互補。且多看幾本書，對於初學者是有益的。對於靜力學和材料力學書籍，由於這是機械、車輛和土木系的必修科目，讀者只要準備好以前讀過的課本即可，不過作者還是建議讀者盡量收集力學書籍，且多讀幾本書。

網路上亦有很多 ANSYS 的學習資料，例如作者的實驗室網站[8]，該網站的「教學資訊與講義下載」一區，有很多 CAE 與 ANSYS 課程資料的 PDF 檔案可供下載。此外，讀者亦可由 Google 或 Yahoo 去搜尋 ANSYS 資訊。

ANSYS 軟體的短期訓練課程，也是很重要的，建議初學者可參加「ANSYS 基礎訓練課程」，相關資訊可參考虎門公司網站[9]或國家高速網路與計算中心網站[10]。

在學習本書的 ANSYS 應力分析例題之前，必須先研讀靜力學和材料力學的基本知識，需要研讀的重點如下：

⑴ 靜力平衡
⑵ 自由體圖
⑶ 應力和應變的定義
⑷ 應力和應變的關係
⑸ 材料的機械性質與材料係數
⑹ 材料的拉伸試驗
⑺ 莫耳圓（Mohr's circle）
⑻ 降伏與破壞理論（theories of yielding or failure）
⑼ 桁架（truss）的分析概念
⑽ 軸向負載桿件（axially loaded member）的分析概念
⑾ 扭轉（torsion）的分析概念
⑿ 樑（beam）的分析概念
⒀ 複合負載（combined loading）的分析概念

對於本書將介紹的 ANSYS 靜態線性應力分析，以上的知識已足夠使用。讀者亦可參考作者的另一本書「有限元素分析與 ANSYS 的工程應用」，其中的第三章整理了許多靜力學、材料力學和彈性力學的基本知識[11]。

1-5 ANSYS 的啓動與界面簡介

假設您的電腦已安裝好 ANSYS 10.0，以 Windows XP 系統為例，啟動 ANSYS 之方法如下：

⑴ 如圖 1-7，以游標點擊「開始」→「所有程式」。

(2)進入如圖 1-7 所示之 ANSYS 10.0 程式集，以游標點擊「ANSYS Product Launcher」，開啟 ANSYS 的「啟動設定視窗」，如圖 1-10。

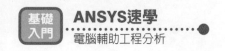

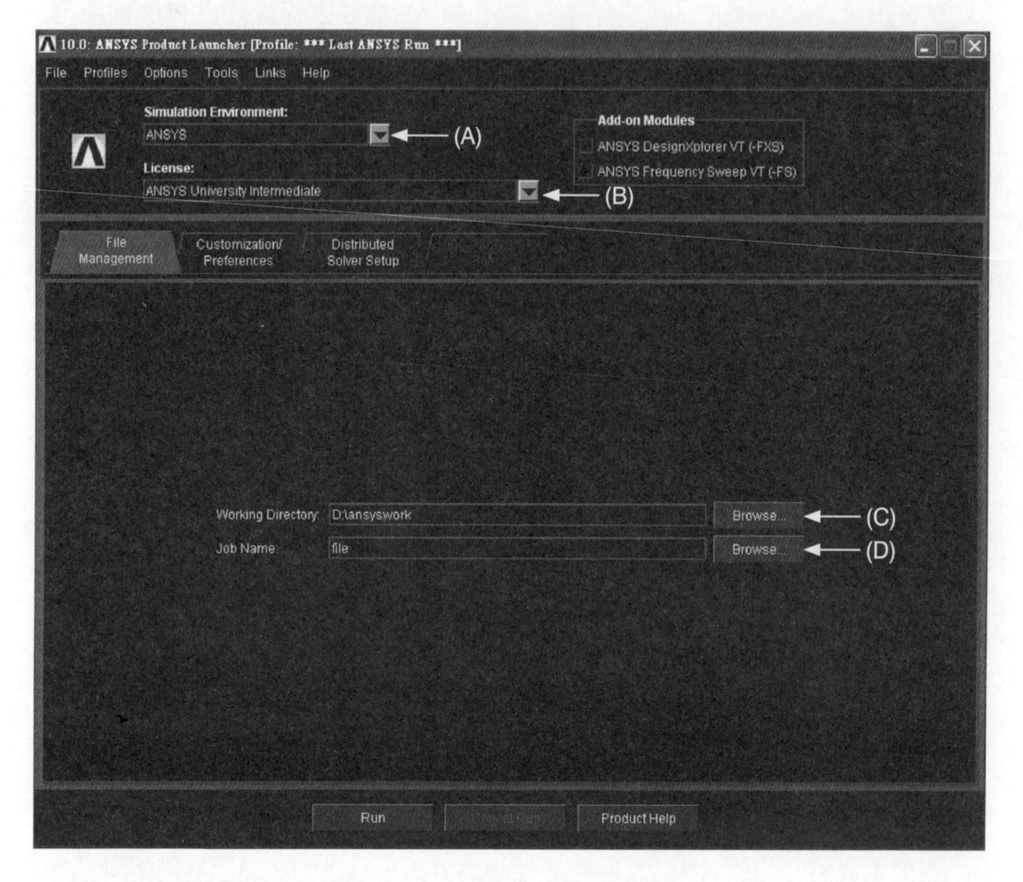

圖 1-10　ANSYS 10.0 之啟動設定

(3)圖 1-10 視窗之 (A) 處為Simulation Environment，以游標點擊「▼」，可選擇「ANSYS」或「ANSYS Workbench」，前者為 ANSYS 傳統界面，後者為 ANSYS Workbench 界面。本書均使用 ANSYS 傳統界面。

(4)圖 1-10 視窗之 (B) 處為 License，即為 ANSYS 模組選擇。若以游標點擊「▼」，可選擇不同的 ANSYS 模組來使用。若您只購買單一個 ANSYS 模組，就無從選擇。圖 1-10 顯示之模組為 ANSYS University Intermediate。

(5)圖 1-10 視窗之 (C) 處為 Working Directory，即工作目錄（工作資料匣），此目錄為

ANSYS 檔案存取的工作區。使用者可自定工作目錄名稱，以游標點擊「Browse」即可更改工作目錄。圖 1-10 顯示之工作目錄為「D:\ansyswork」。

(6) 圖 1-10 視窗之 (D) 處為 Job Name，即 ANSYS 的工作名稱，而 ANSYS 的暫存檔案與資料檔案，將以工作名稱為主檔名。圖 1-10 顯示之工作名稱為「file」，使用者亦可自定名稱。

(7) 見圖 1-11 的 (E) 處，以游標點擊「Customization/Preferences」。

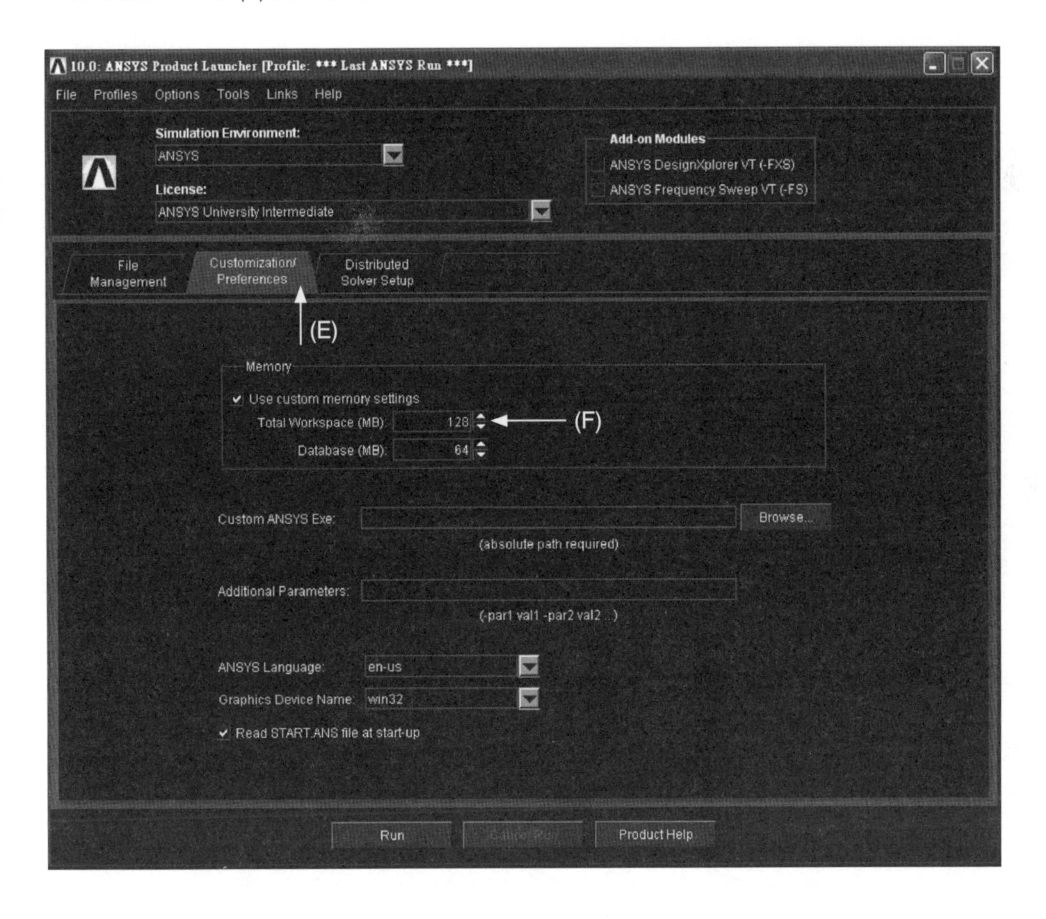

圖 1-11　ANSYS 10.0 之啟動設定（另一設定）

(8) 見圖 1-11 的 (F) 處，此區為 ANSYS 使用的記憶體（memory）設定。先以游標點擊「Use custom memory settings」，使其打勾，再調整下方的「Total Workspace」和「Database」，兩者分別設定為 128 Mb 和 64 Mb，即可應付本書的應力分析問題。

未來，讀者若增多總元素或節點數量，則必須提高這兩個值，有限元素模型之節點數量越多，記憶體空間需求則就越多。讀者必須注意，電腦的記憶體總量是包括了硬體 RAM 與虛擬記憶體，ANSYS 設定的 Total Workspace 記憶體空間不可超過以上兩者之總和，而且亦須考慮到一些記憶體空間已被作業系統或其他軟體占用。若 Total Workspace 設定值與電腦之記憶體不合，則 ANSYS 可能無法執行，此時的對策是更改設定值再試試。

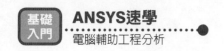

(9) 其他設定就用內定值，不必修改。

(10) 最後，以游標點擊「Run」，即可進入 ANSYS 主畫面。

若採用 ANSYS Workbench 界面，進入 ANSYS 後的主畫面如圖 1-12。若

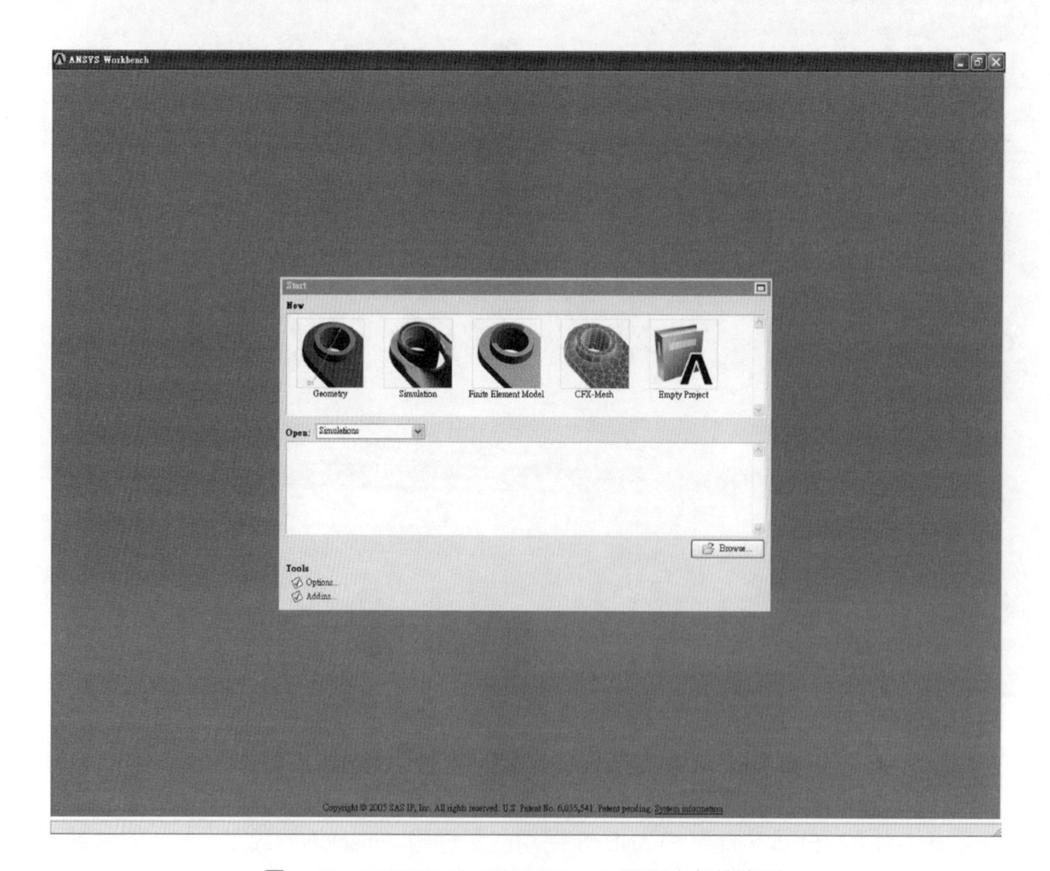

圖 1-12　ANSYS 10.0 Workbench 界面之起始畫面

採用 ANSYS 傳統界面，進入 ANSYS 後的主畫面則如圖 1-13。以下僅介紹 ANSYS 傳統界面的大略功能。

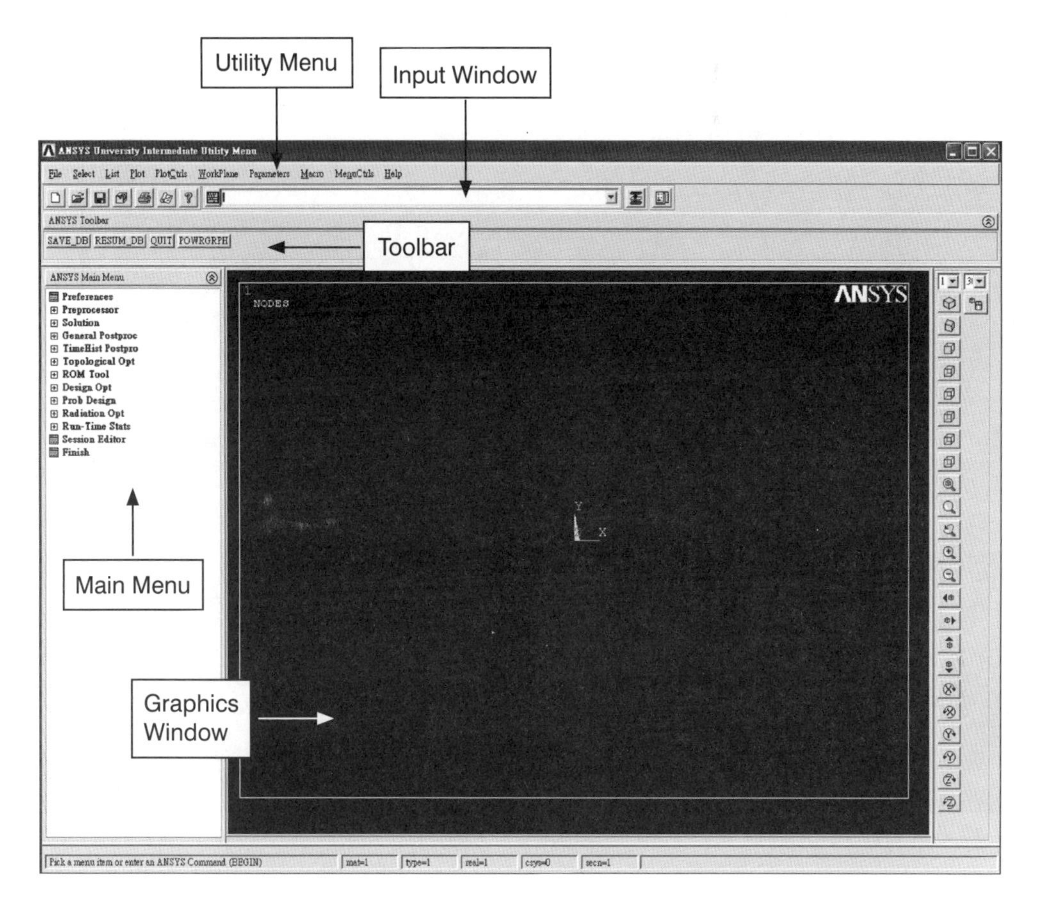

圖 1-13　ANSYS 10.0 之傳統界面主畫面

圖 1-13 的 ANSYS 傳統界面，包含了 5 個主要區域：(1)Main Menu、(2)Utility Menu、(3)Input Window、(4)Toolbar、(5)Graphics Window。Main Menu 為 ANSYS 的主要功能區，它是負責前處理、求解和後處理，大部分的有限元素分析程序都利用此區的指令功能來完成。Utility Menu 則為一些輔助與系統功能，例如檔案存取、畫面顏色設定、元素或節點編號顯示、邊界條件顯示、陣列與參變數給定、座標設定、啟動 online help 系統等。Input Window 為手動輸入文字指令的地方，大部分的 GUI 功能均可用輸入文字指令的方式來代替

執行。Toolbar 可讓使用者設定自己的慣用指令，以提高使用者的工作效率。Graphics Window 為 ANSYS 的圖形顯示區，有限元素的建模、網格、分析結果均在此區顯示。另外有一獨立的視窗名為 Output Window，如圖 1-14，其功能為顯示 ANSYS 執行時的一些輸出訊息。

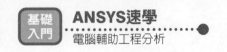

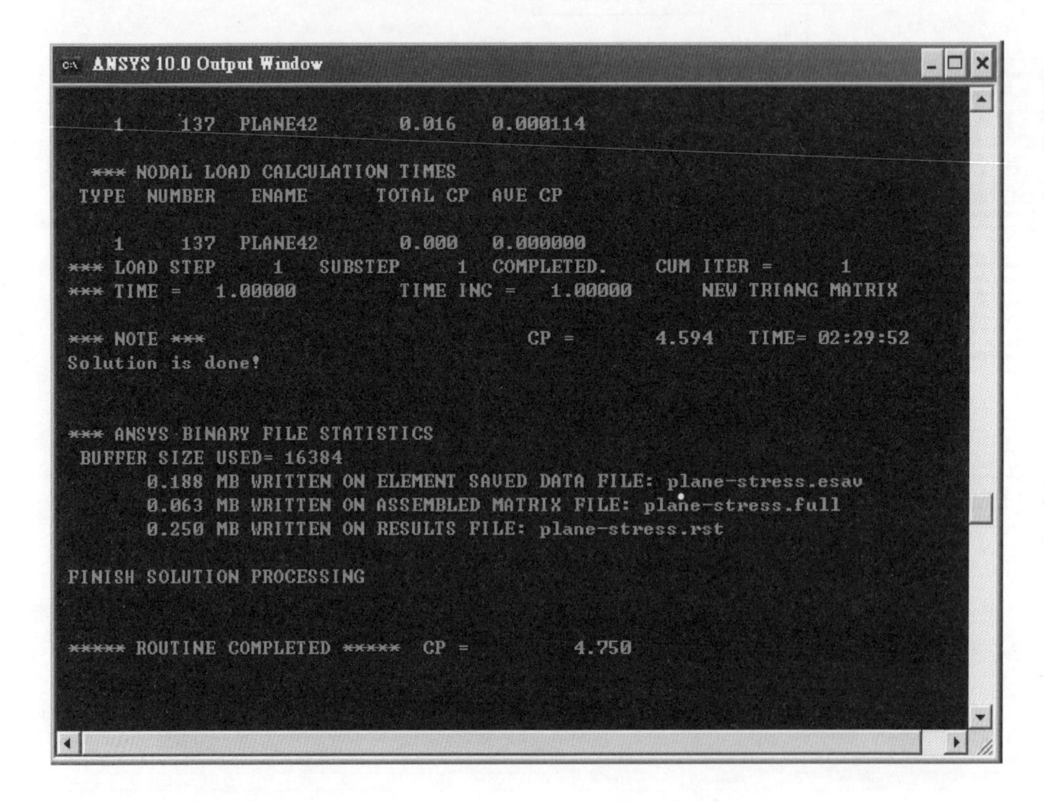

圖 1-14　ANSYS 10.0 之 Output Window

1-8 ANSYS 的檔案類型

若使用 ANSYS 傳統界面，其常用的檔案如下：

(1) Database file。可簡稱為資料檔，其附檔名為 db，主檔名和 Job Name一樣，例如 Job Name 若設為 beam，其資料檔便為 beam.db。資料檔是二進位碼，功用是儲存 ANSYS 的有限元素模型與所有設定。

⑵ Log file。可簡稱為指令檔，為 ASCII 文字檔，內容為 ANSYS 的文字指令程序，其附檔名為 log，主檔名和啟動 ANSYS 時設定的 Job Name 一樣，例如 Job Name 若設為 beam，其指令檔便為 beam.log。此外，使用者亦可另外編輯自己的指令檔。
⑶ Results file。可簡稱為結果檔，它為二進位碼，其中記錄所有的 ANSYS 分析結果，其附檔名依不同分析類型而定，主檔名則和 Job Name 一樣，例如 Job Name 若設為 beam，其結構分析的結果檔便為 beam.rst，若為熱傳分析則為 beam.rth。
⑷ 文字檔。ANSYS 可以將一些設定資料與分析結果，輸出至文字檔，以供使用者做後續的應用。
⑸ 圖形檔與動畫檔。包括 BMP、TIFF、JPG 圖形檔，與 AVI 多媒體動畫檔案。ANSYS 可以將有限元素模型外形與分析結果等，輸出至圖形檔或動畫檔，以供使用者放入書面報告或投影片簡報中。

1-7 本書架構

本書第 1 章的概論，已敘述了 CAE、FEM 和 ANSYS 的基本觀念，接下來的第 2、3、4 章，將針對不同的應力分析題型，以例題來引導初學者學會 ANSYS，而本書的分析題型，均為靜態線性應力分析。最後一章為第5章，將針對本書內容做歸納與總結。關於 ANSYS 的 GUI 界面，本書是全程使用 ANSYS 傳統界面。

為了減輕初學者的壓力，且避免初學者對過多的分析題型感到混淆，本書捨去了平面問題（plane problems）與板殼問題（plate and shell problems），只講解以下三種應力分析題型：

⑴ 桁架（truss）（第 2 章）
⑵ 構架（frame）（第 3 章）
⑶ 三維實體（three-dimensional solid）（第 4 章）

桁架和構架的應力分析，為靜力學和材料力學的範圍，因此讀者在做過相關複習後，再研讀本書的第 2 章和第 3 章，應可得心應手，而本書也將課本理論與 ANSYS 例題做結合，使讀者融會貫通。

至於三維實體的應力分析，則為實務上最常用到的分析類型，雖然靜力學和材料力學沒有談過這類分析方法（因為數學解析法很難求解這類問題），但它的 FEM 分析觀念並不難，而且它非常實用，可分析任何三維實體幾何模型。本書將於第 4 章講解三維實體的應力分析。

由於 CAD 和 CAE 軟體的整合已是一個趨勢，所以本書於第 4 章，亦將講解 CAD 軟體與 ANSYS 軟體之間的轉檔程序。

當然，本書只是 ANSYS 入門的跳板，對於進一步的 ANSYS 分析題型與資訊，讀者仍需要求助於 ANSYS 軟體手冊和其他書籍。

1-8 參考文獻

[1] 劉晉奇，如何進入 CAE 的世界。*電腦繪圖與設計雜誌（CADesigner 雜誌）*，2001 年 9 月。

[2] 劉晉奇，製造業產品研發如何導入 CAE。*電腦繪圖與設計雜誌（CADesigner 雜誌）*，2001 年 11 月。

[3] Virtual Prototype (Virtual Prototyping). http://www.ansys.com/

[4] J. Rix, S. Haas, J. Teixeira (Eds.), *Virtual Prototyping: Virtual Environment and the Product Design Process*. Proceedings of the IFIP WG 5.10 workshops on virtual environments and their applications and virtual prototyping, Coimbra, Portugal, 1994. (Published by Chapman & Hall, London,1995.)

[5] S. Thomke, T. Fujimoto, The effect of "front-loading" problem-solving on product development performance. *Journal of Product Innovation Management*, Vol. 17, pp.128-142, 2000.

[6] ANSYS, Inc. http://www.ansys.com/

[7] Livermore Software Technology Corporation (LSTC). http://www.lstc.com/

[8] 電腦輔助工程分析研究群（劉晉奇老師—明志科技大學機械工程系電腦輔助數位設計與製造實驗室）。http://researcher.nsc.gov.tw/jinchee/ch/

[9] 虎門科技公司。http://www.cadmen.com/

[10] 國家高速網路與計算中心—教育訓練網。https://edu.nchc.org.tw/

[11] 劉晉奇，褚晴暉，*有限元素分析與 ANSYS 的工程應用*。滄海書局，台灣台中，2006。

桁架之應力分析

2-1 桁架簡介
2-2 ANSYS 例題練習
2-3 LINK 元素
2-4 例題討論
2-5 參考文獻

本章目標

- 本章爲第 2 天的學習教材，學習時間爲 6 小時。
- 將靜力學、材料力學和 ANSYS 分析知識做整合。
- 學會 FEM 與 ANSYS 的標準分析流程。
- 了解桁架的位移、應力、應變、受力、反作用力的求法。
- 了解「足夠拘束」的重要性。

2-1 桁架簡介

所謂的桁架（truss）是指圖 2-1 這類結構系統，包括平面桁架（planar truss）與空間桁架（space truss），它是由多個細長桿件（slender member）組成，以桿件兩端的接頭（joint）來連接。根據靜力學課程，為了計算方便，其簡化假設如下[1]：

⑴ 外力只作用於桿件的接頭。

⑵ 平面桁架的接頭，假設為插銷（pin），如圖 2-2(a)，接頭面為平滑且無磨擦力作用。

⑶ 空間桁架的接頭，假設為球插（ball-and-socket），如圖 2-2(b)，接頭面為平滑且無磨擦力作用。

⑷ 若需要考慮桿件重量，則將重量以等效方式均分為兩個力，分別施加於桿件兩端接頭之上。

基於以上假設與靜力平衡原理，桁架系統的各個桿件會成為二力桿件（two-force member），桿件只承受軸向拉力或壓力，不會承受彎曲與扭轉負荷，例如圖 2-3 的桿件自由體圖。

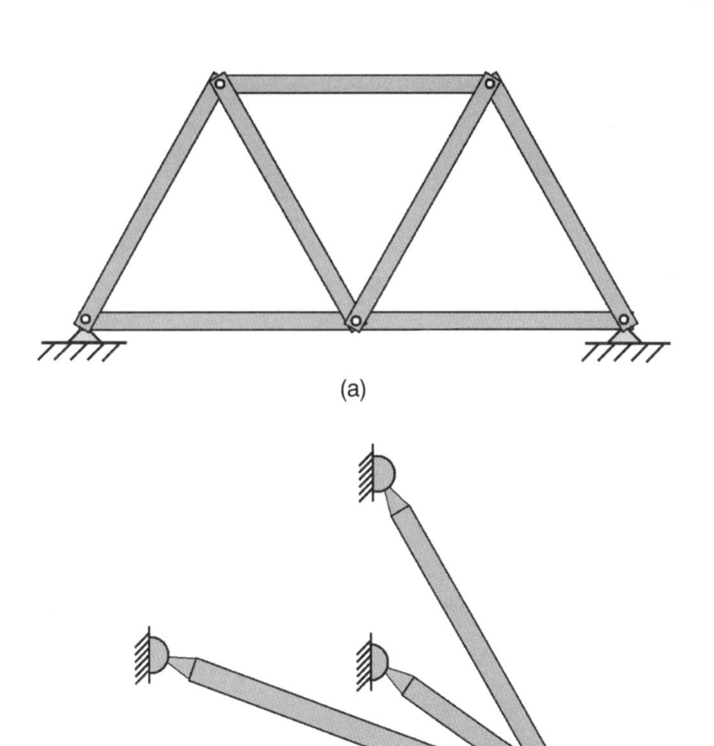

圖 2-1 (a) 平面桁架 (b) 空間桁架

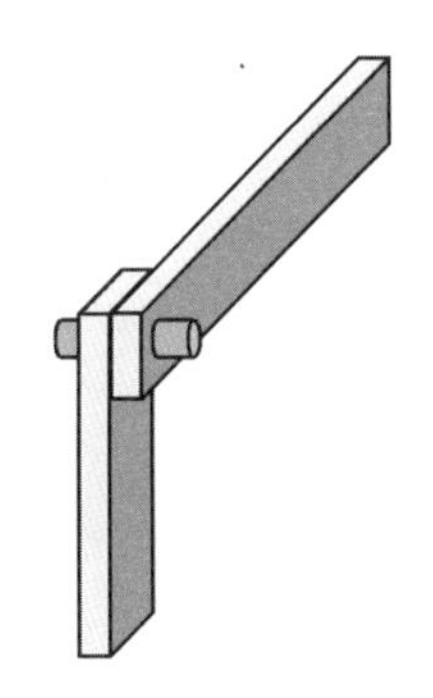

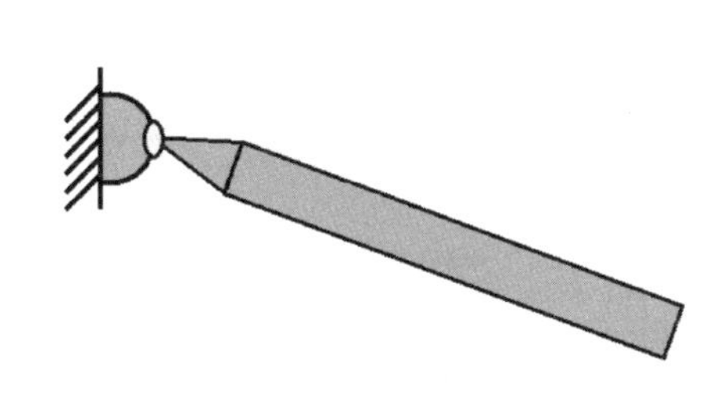

圖 2-2 (a) 插銷接頭 (b) 球插接頭

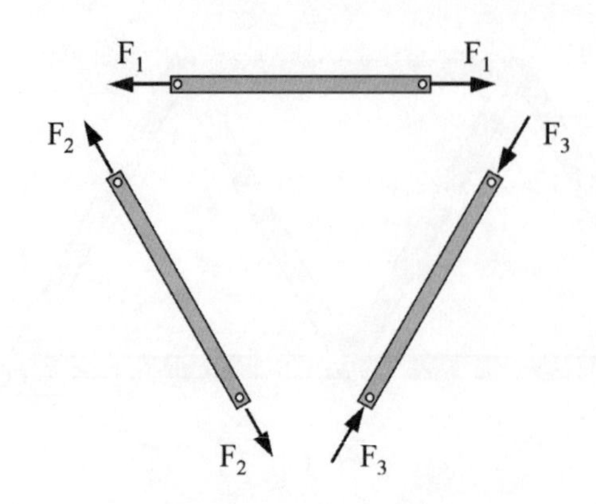

圖 2-3　桁架桿件自由體圖之示意圖

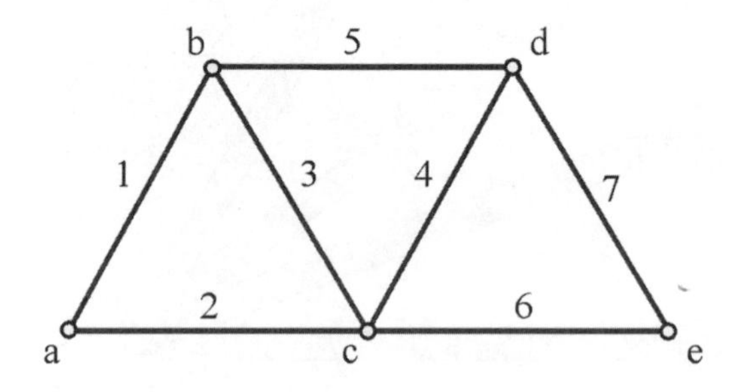

圖 2-4　桁架之有限元素模型（1～7 為元素，a～e 為節點）

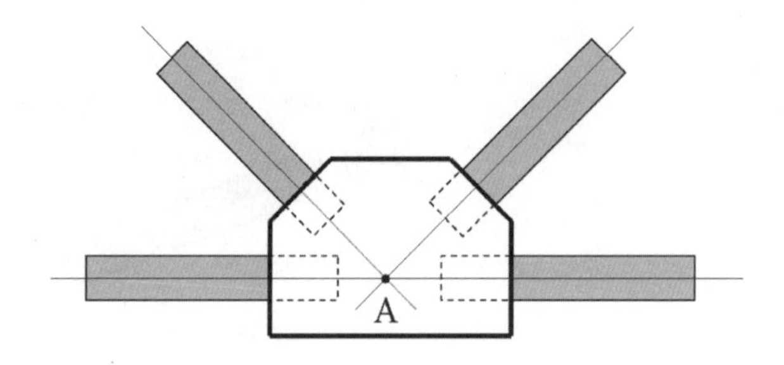

圖 2-5　桁架桿件之一種接法（採用 gusset plate）[1]

基於二力桿件的桁架分析，較易使用手算來求解反作用力與各桿件受力。此外，因各桿件只承受軸向力，所以單一桿件的變形與應力計算，即材料力學中的軸向負載桿件（axially loaded member）問題。

在有限元素分析中，是以簡化為一條直線的桁架元素（truss element）來模擬桁架之二力桿件，計算反力、受力、位移、應變與應力值。不論是針對平面桁架或空間桁架之二力桿件，均是以桁架元素來模擬，而一個桁架元素即代表一個桿件，節點則代表無磨擦的接頭，例如圖 2-4 的桁架元素模型，即用來模擬圖 2-1(a) 的桁架。

上述的桁架分析方法，是基於四點假設與二力桿件，因此可適用於採用插銷或球插接頭的實際桁架。但是，有的桁架接頭未必是插銷或球插，圖 2-5 的桁架桿件接法為銲接或螺栓連接（採用 gusset plate）[1]，當各桿件中心線相交於一點，且外力只施加於接頭時，我們可以採用二力桿件的分析方法來近似處理[1]，即假設桿件不會發生彎曲或扭轉。

若桿件會發生彎曲或扭轉，亦可於軸向伸長或縮短，便稱此系統為構架（frame）。若接頭之銲接或螺栓接合不同於圖 2-5，或外力施加於桿件本身，均會讓桿件產生彎曲或扭轉，其分析方法不同於二力桿件，這類問題將於第3章探討。

2-2 ANSYS 例題練習

圖 2-6 為平面桁架系統[1]，尺寸和邊界條件如圖所示，桿件材料之楊氏模數（Young's modulus）均為 50×10^9 Pa，每個桿件之截面積均為 0.01 m^2，且分析不考慮桿件重量。試以 ANSYS 求出：(1) A 點和 C 點的反作用力，(2) 各桿件的軸向受力，(3) 各桿件的軸向應力，(4) B 點和 D 點的位移。以下為 ANSYS 的求解流程解說，請讀者依指示操作 ANSYS 並完成分析。分析的單位系統採用 Pa、m、N。

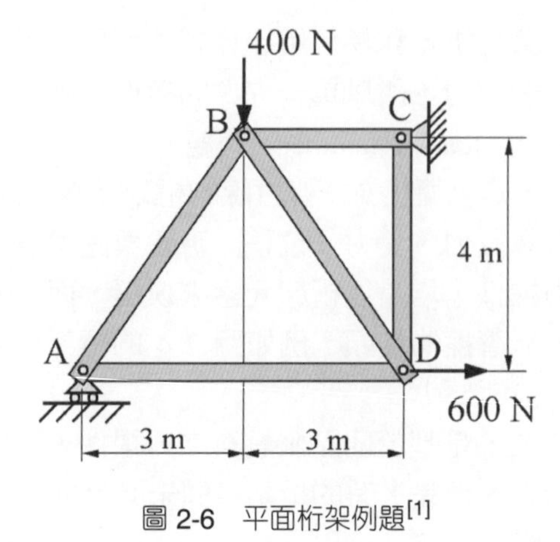

圖 2-6　平面桁架例題[1]

☞步驟 1　啓動 ANSYS

本例採用 ANSYS 傳統界面，其啓動方法請參考本書第 1 章的 1-5 節。啓動後的 ANSYS 傳統界面如圖 2-7。

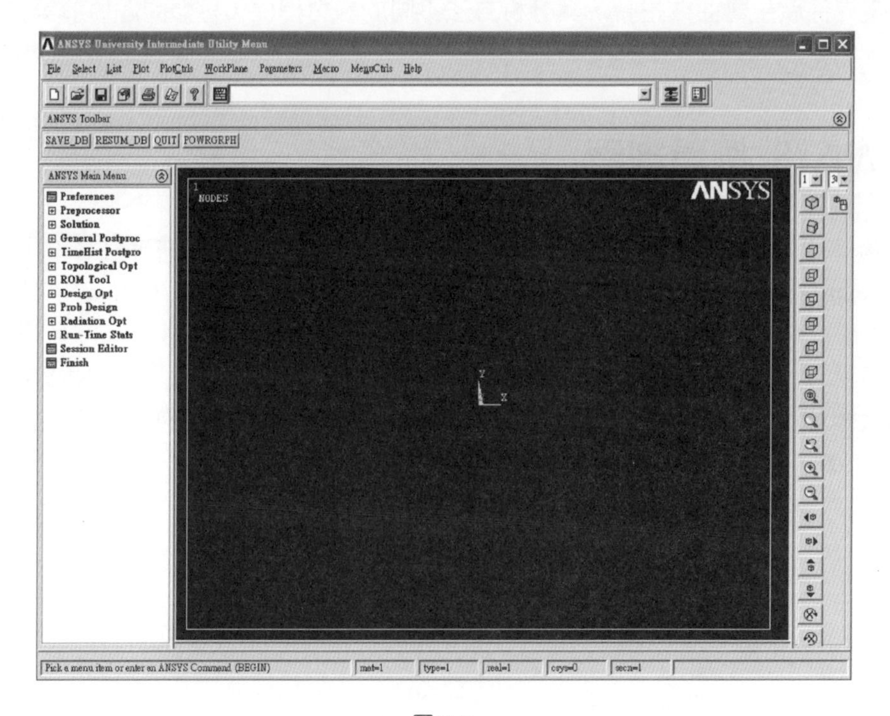

圖 2-7

☞步驟 2　設定 Jobname

(1) 如圖 2-8，採用滑鼠的左鍵，點擊 ANSYS GUI 視窗上方 Utility Menu 的「File」，在「File」的下拉視窗中，點擊「Change Jobname」。以上的游標點擊操作流程，可用以下簡要方式表達：Utility Menu → File → Change Jobname。

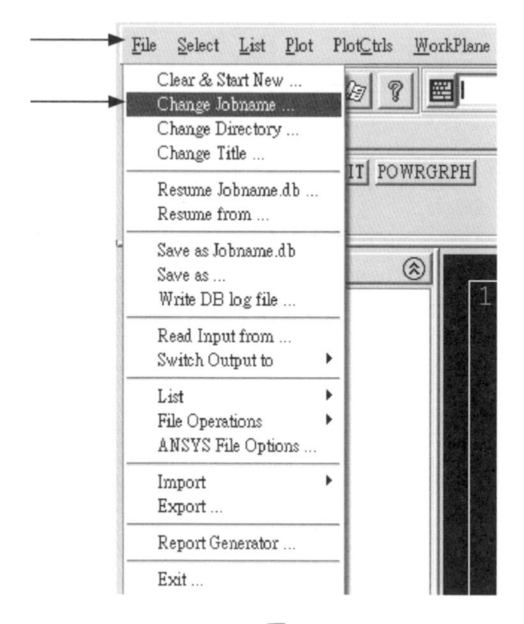

圖 2-8

(2) 接著出現圖 2-9 的設定畫面，輸入「ch2」的文字於空格中，再點擊「OK」。

(3) 說明：本步驟是設定分析的工作名稱（job name），此工作名稱將成為 ANSYS 各類檔案的主檔名。以本例來說，計算結果的檔案名稱將為 ch2.rst。

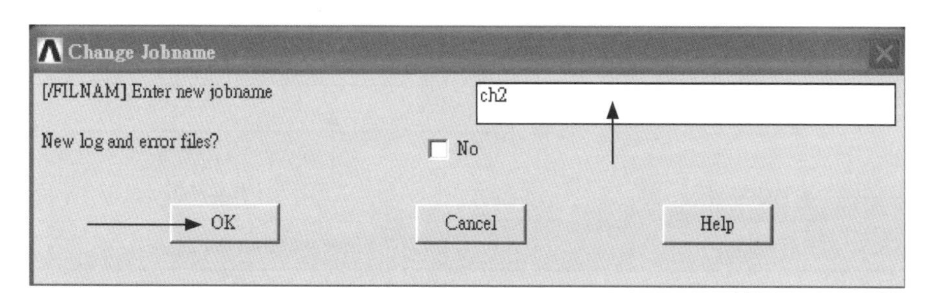

圖 2-9

☞步驟 3　設定 Title

(1) 如圖 2-10，操作流程：Utility Menu → File → Change Title。

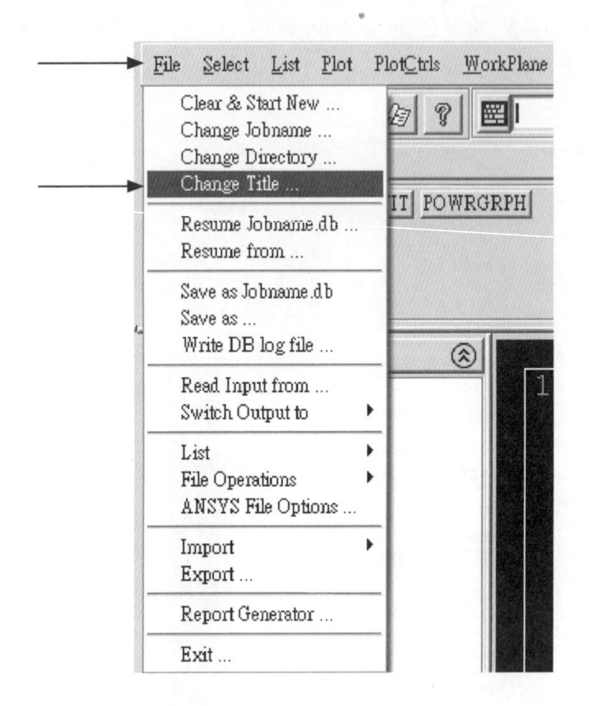

圖 2-10

(2) 接著出現圖 2-11 的設定畫面，輸入「Ch2 Truss」的文字於空格中，再點擊「OK」。

(3) 說明：本步驟是設定 Graphics Window 中顯示的註解文字。

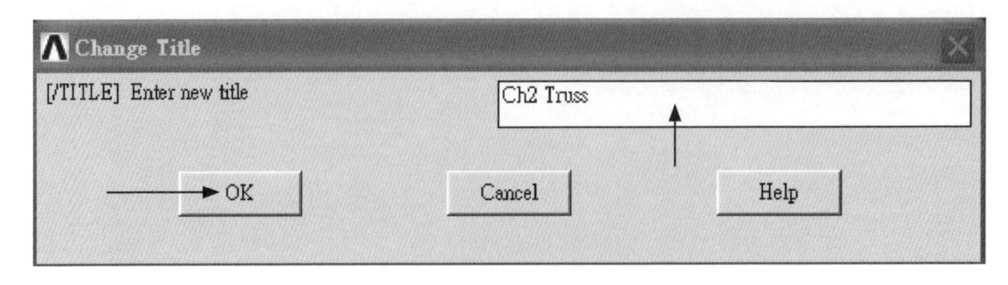

圖 2-11

☞步驟 4　設定分析的物理類型

(1) 如圖 2-12，操作流程：Main Menu → Preferences。

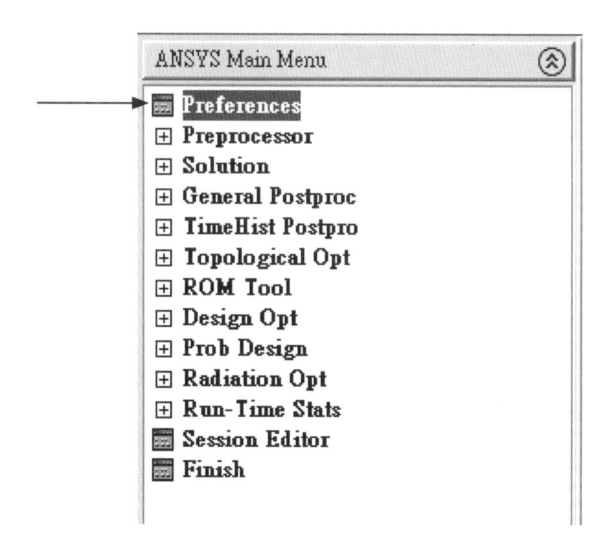

圖 2-12

(2) 接著出現圖 2-13 的設定畫面，以點擊方式選擇 Structural 和 h-Method，再點擊「OK」。

(3) 說明：本步驟是設定分析的物理類型為結構分析（structural analysis），且採用 h-method 的有限元素方法（關於 h-method，可參閱文獻 [2]）。

☞步驟 5　設定元素類型

(1) 如圖 2-14，操作流程：Main Menu → Preprocessor → Element Type → Add/Edit/Delete。

(2) 接著出現圖 2-15 的設定畫面，點擊 Add。接著出現圖 2-16 的設定畫面，依畫面選擇 Link 和 2D spar 1，再點擊 OK。最後於圖 2-17 會顯示 Type 1 LINK1，確定沒問題後，點擊 Close。

(3) 說明：本步驟是設定元素類型，即採用 ANSYS 的桁架元素 LINK1 來分析桁架系統。

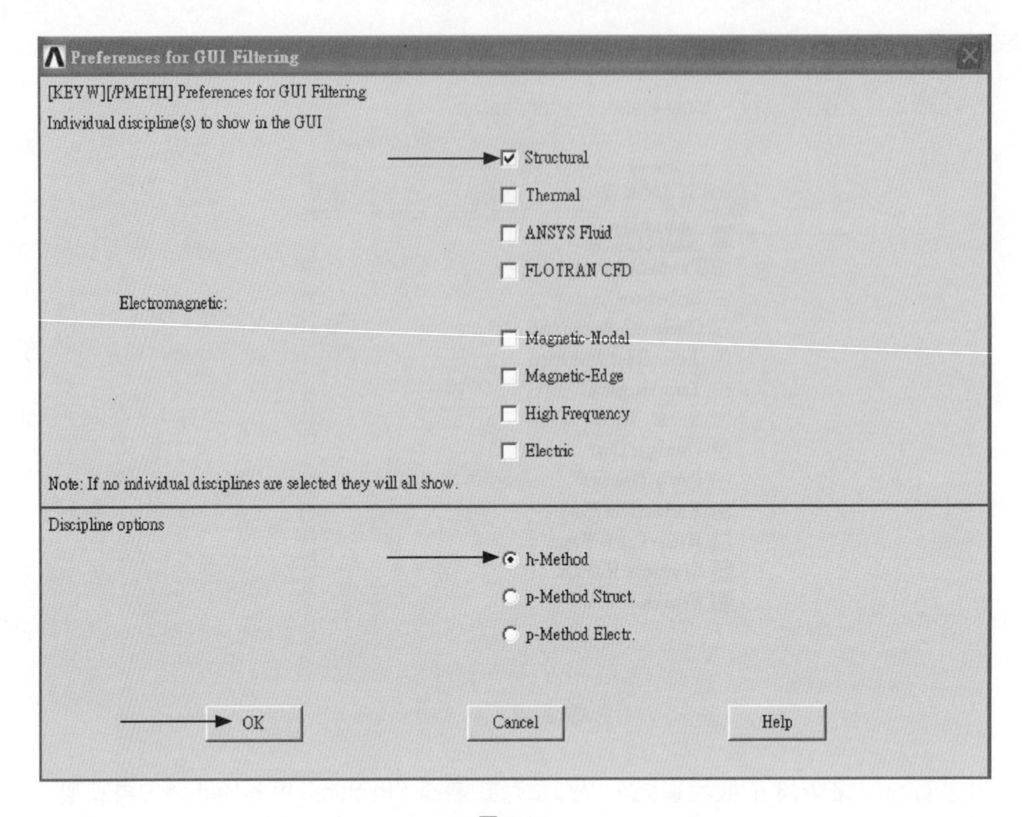
Preferences for GUI Filtering
[KEYW][/PMETH] Preferences for GUI Filtering
Individual discipline(s) to show in the GUI
Structural
Thermal
ANSYS Fluid
FLOTRAN CFD
Electromagnetic:
Magnetic-Nodal
Magnetic-Edge
High Frequency
Electric
Note: If no individual disciplines are selected they will all show.
Discipline options
h-Method
p-Method Struct.
p-Method Electr.
OK
Cancel
Help

圖 2-13

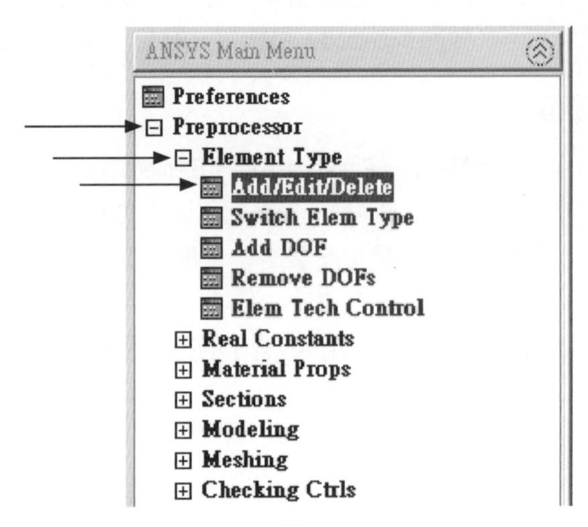
ANSYS Main Menu
Preferences
Preprocessor
Element Type
Add/Edit/Delete
Switch Elem Type
Add DOF
Remove DOFs
Elem Tech Control
Real Constants
Material Props
Sections
Modeling
Meshing
Checking Ctrls

圖 2-14

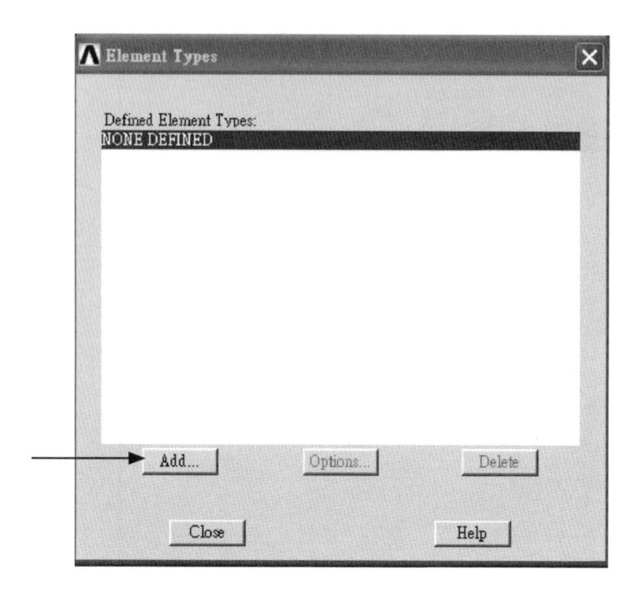
Element Types
Defined Element Types:
NONE DEFINED
Add...
Options...
Delete
Close
Help

圖 2-15

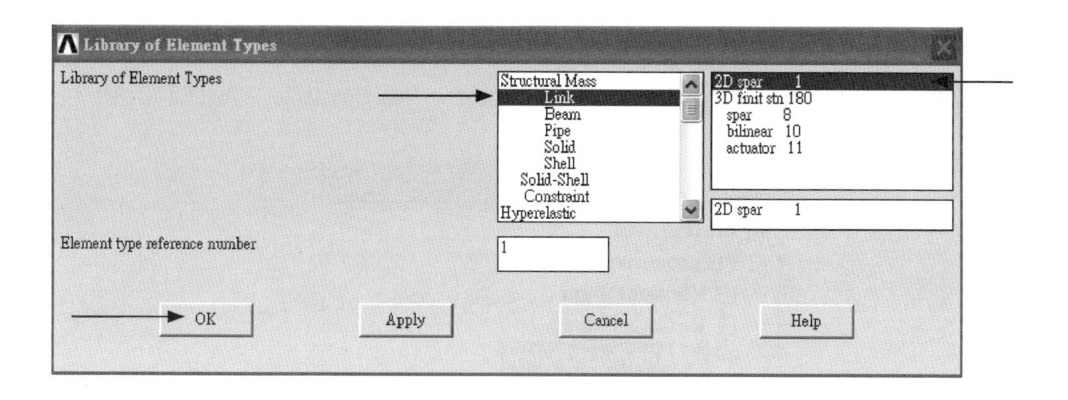
Library of Element Types
Library of Element Types
Structural Mass
Link
Beam
Pipe
Solid
Shell
Solid-Shell
Constraint
Hyperelastic
2D spar 1
3D finit stn 180
spar 8
bilinear 10
actuator 11
2D spar 1
Element type reference number
1
OK
Apply
Cancel
Help

圖 2-16

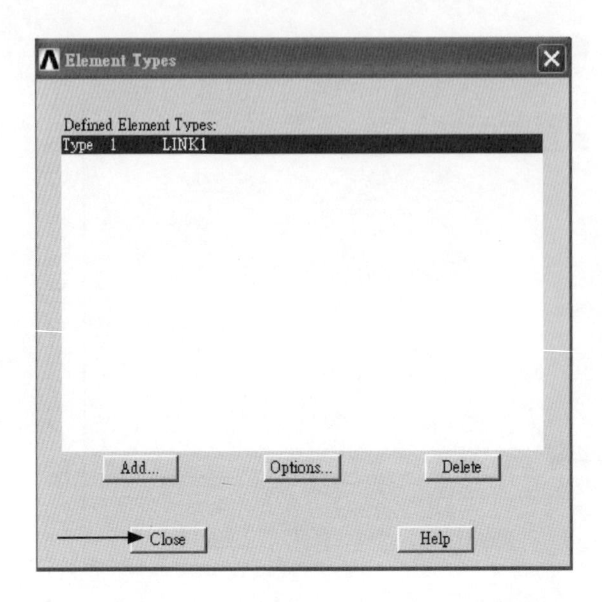

圖 2-17

☞步驟 6　設定截面積

(1) 如圖 2-18，操作流程：Main Menu → Preprocessor → Real Constants → Add/Edit/Delete。

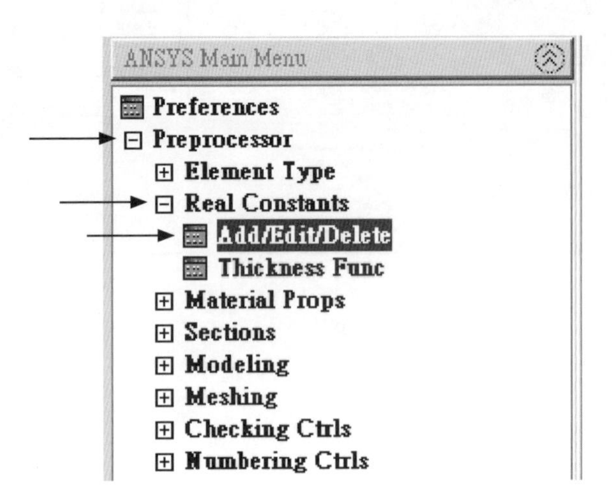

圖 2-18

⑵ 接著出現圖 2-19 的設定畫面，點擊 Add。接著出現圖 2-20 的設定畫面，點擊 LINK1，使 LINK1 以反白顯示後，再點擊 OK。接著出現圖 2-21，於 AREA 填入 0.01 後，再點擊 OK。（不必填 ISTRN 之值）

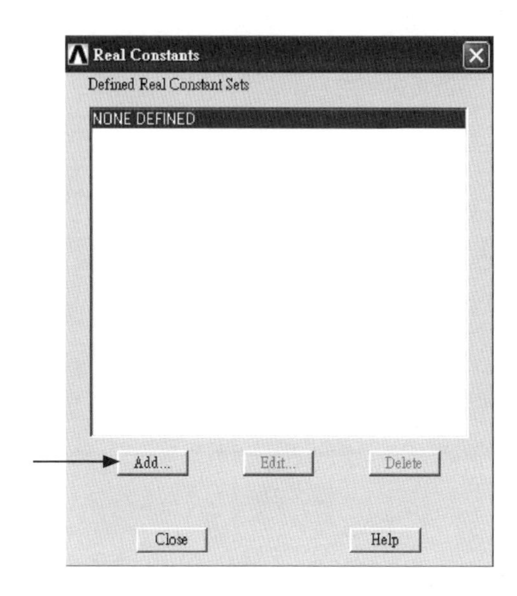

圖 2-19

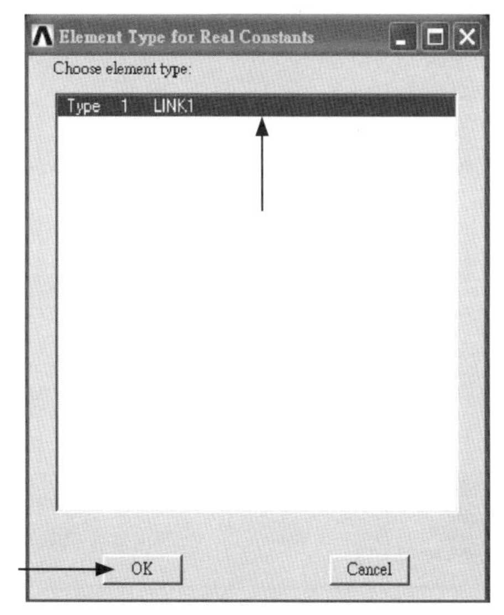

圖 2-20

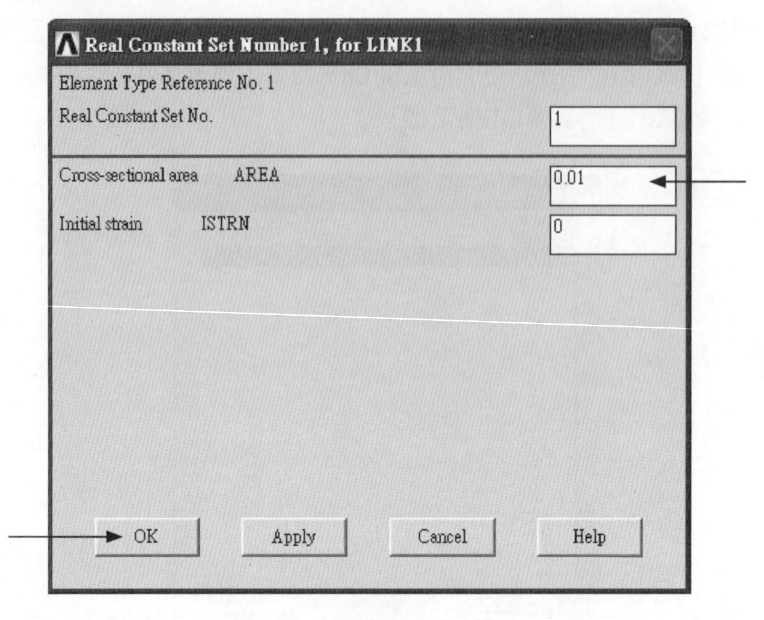

圖 2-21

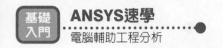

(3) 完成以上設定後，會出現圖 2-22 的畫面，顯示 Set 1 已設定。最後點擊Close。

(4) 說明：本步驟是設定桿件的截面積值。依據題目，截面積為 0.01 m^2。

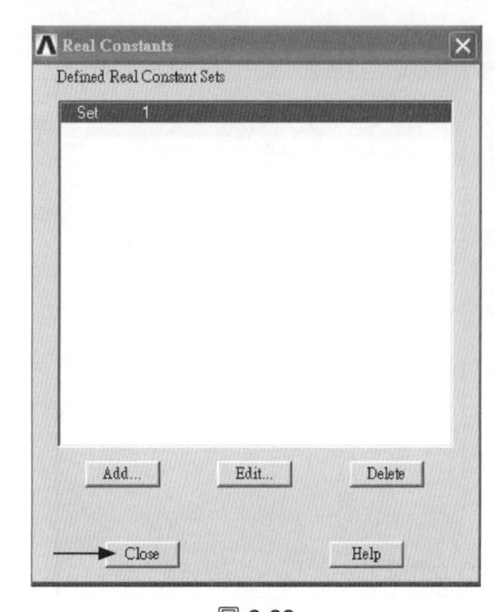

圖 2-22

☞步驟 7 設定材料係數

⑴如圖 2-23，操作流程：Main Menu → Preprocessor → Material Props → Material Models。

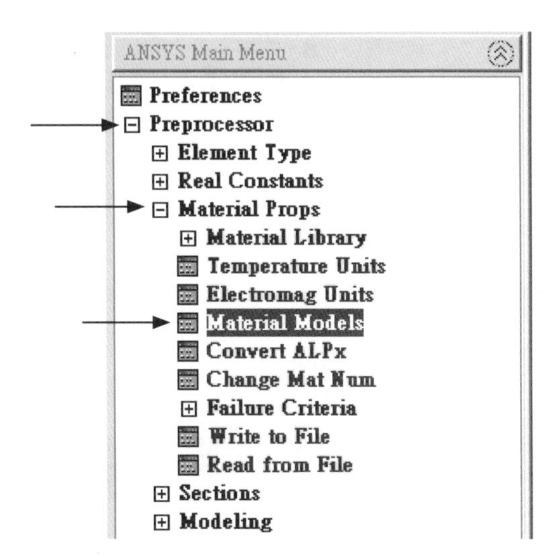

圖 2-23

⑵接著出現圖 2-24，確認左半部的 Material Model Number 1 是反白顯示。接著以圖 2-25 的方式，點擊（連續按兩次滑鼠左鍵）右半部的 Structural、Linear、Elastic、Isotropic，接著出現圖 2-26，於 EX（楊氏模數）輸入 50E9，於 PRXY（普松比）輸入 0，最後點擊 OK。

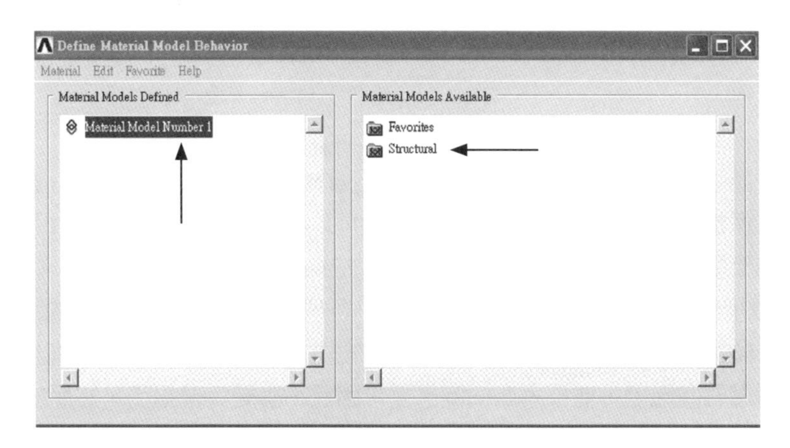

圖 2-24

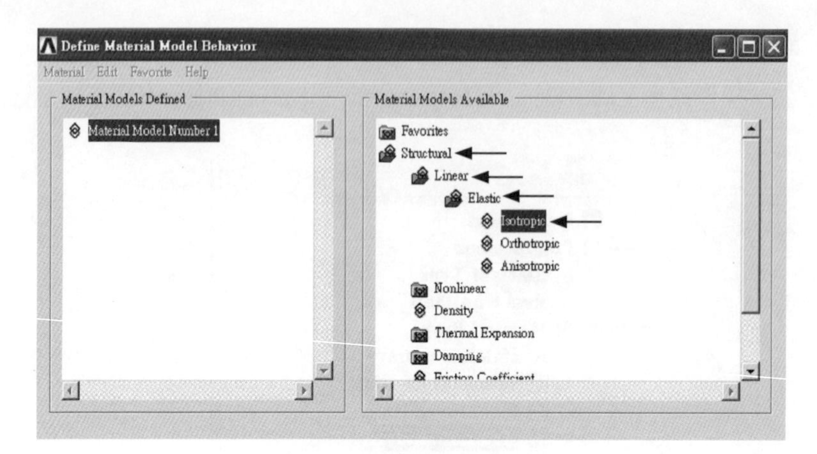

圖 2-25

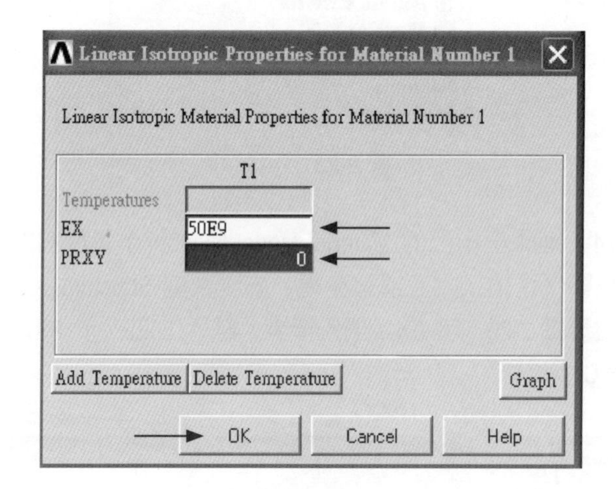

圖 2-26

(3) 接著出現圖 2-27，可於左半部看到 Material Model Number 1 含有 Linear Isotropic 這項，表示材料係數已完成設定。最後點擊右上角的 X，關掉此視窗。

(4) 說明：本步驟是設定材料係數的楊氏模數（Young's modulus）與普松比（Poisson's ratio）。題目給定的楊氏模數為 50×10^9 Pa，可於 ANSYS 中輸入 50E9 的科學符號表示法（50E9 = 50×10^9，類似 FORTRAN 程式語言格式）。此外，本例桁架的二力桿件只考慮軸向應變，並不考慮橫向應變，因此不必給定普松比，然而於 ANSYS 中輸入普松比為 0，亦表示不考慮普松比的效應。

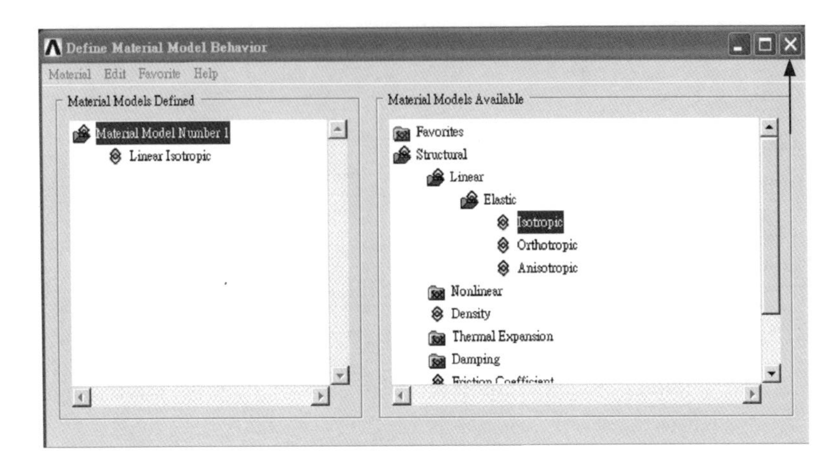

圖 2-27

☞步驟 8　建立節點

(1) 如圖 2-28，操作流程：Main Menu → Preprocessor → Modeling → Create → Nodes → In Active CS。接著於圖 2-29 中，輸入節點（node）座標為（0, 0, 0），再點擊 OK。

(2) 操作流程：Main Menu → Preprocessor → Modeling → Create → Nodes → In Active CS。接著於圖 2-30 中，輸入節點座標為（6, 0, 0），再點擊 OK。

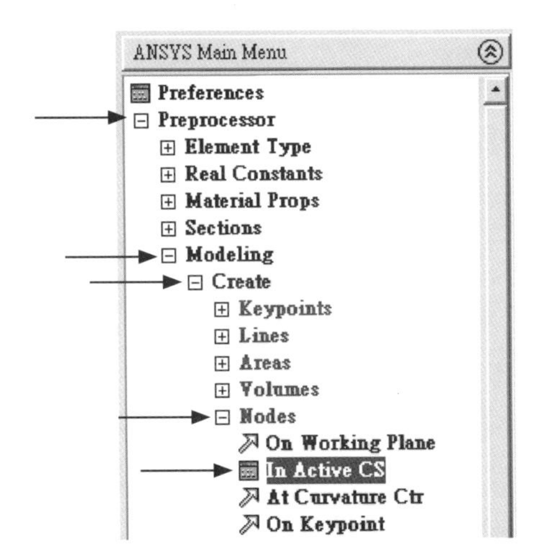

圖 2-28

Create Nodes in Active Coordinate System
[N] Create Nodes in Active Coordinate System
NODE Node number
X,Y,Z Location in active CS 0 0 0
THXY,THYZ,THZX
Rotation angles (degrees)
OK Apply Cancel Help

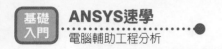

圖 2-29

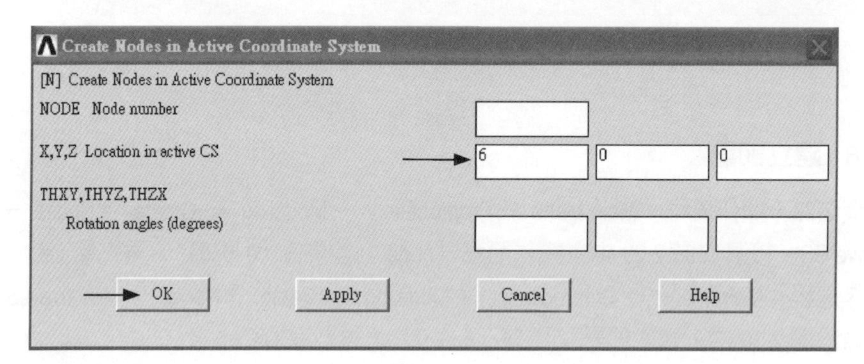

圖 2-30

(3) 操作流程：Main Menu → Preprocessor → Modeling → Create → Nodes → In Active CS。接著於圖 2-31 中，輸入節點座標為（6, 4, 0），再點擊 OK。

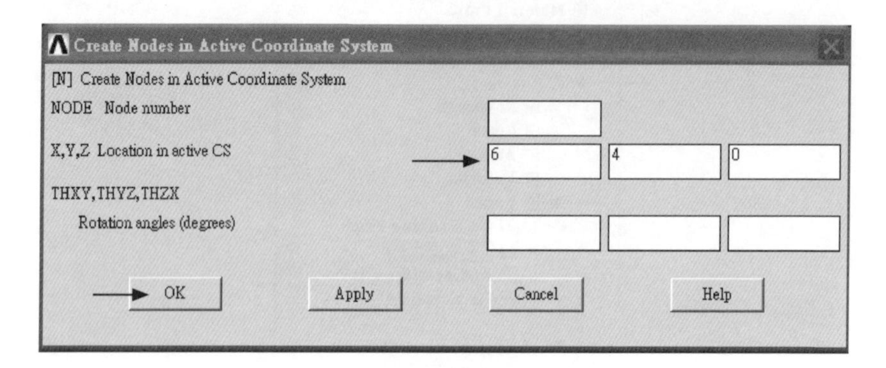

圖 2-31

(4) 操作流程：Main Menu → Preprocessor → Modeling → Create → Nodes → In Active CS。接著於圖 2-32 中，輸入節點座標為（3, 4, 0），再點擊 OK。

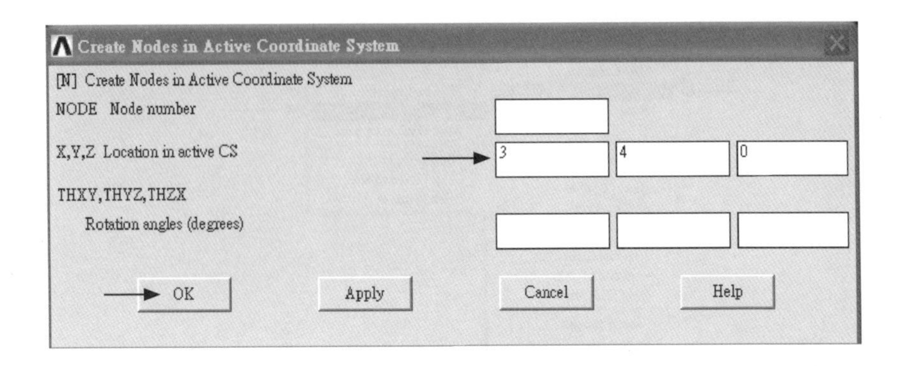

圖 2-32

(5) 4 個節點建立後，結果如圖 2-33(a)。接著把座標系圖示移到 Graphics Window 右下方，如圖 2-33(b)，操作流程：Utility Menu → PlotCtrls → Window Controls → Window Options。接著於圖 2-33(c)中，在「/TRIAD」之項選擇 At bottom right，再點擊 OK。最後如圖 2-33(d)。

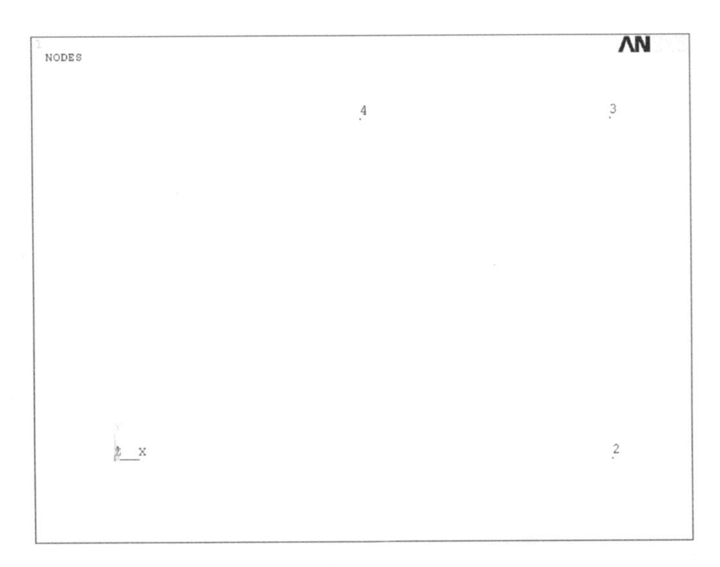

圖 2-33(a)

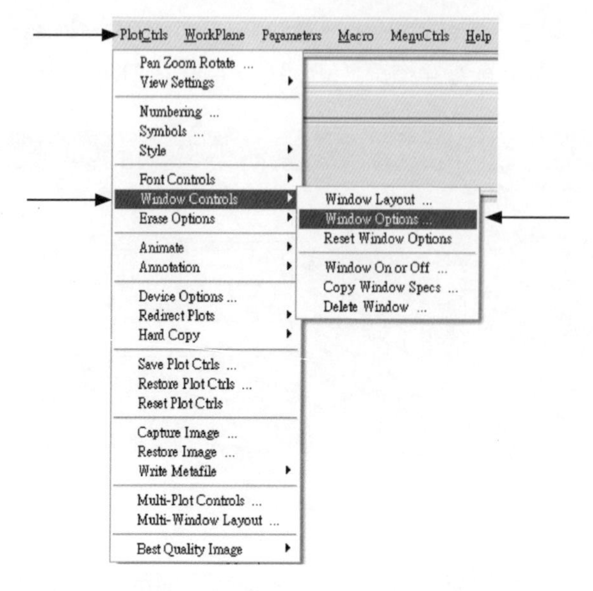
PlotCtrls
WorkPlane
Parameters
Macro
MenuCtrls
Help
Pan Zoom Rotate ...
View Settings
Numbering ...
Symbols ...
Style
Font Controls
Window Controls
Erase Options
Animate
Annotation
Device Options ...
Redirect Plots
Hard Copy
Save Plot Ctrls ...
Restore Plot Ctrls ...
Reset Plot Ctrls
Capture Image ...
Restore Image ...
Write Metafile
Multi-Plot Controls ...
Multi-Window Layout ...
Best Quality Image
Window Layout ...
Window Options ...
Reset Window Options
Window On or Off ...
Copy Window Specs ...
Delete Window ...

圖 2-33(b)

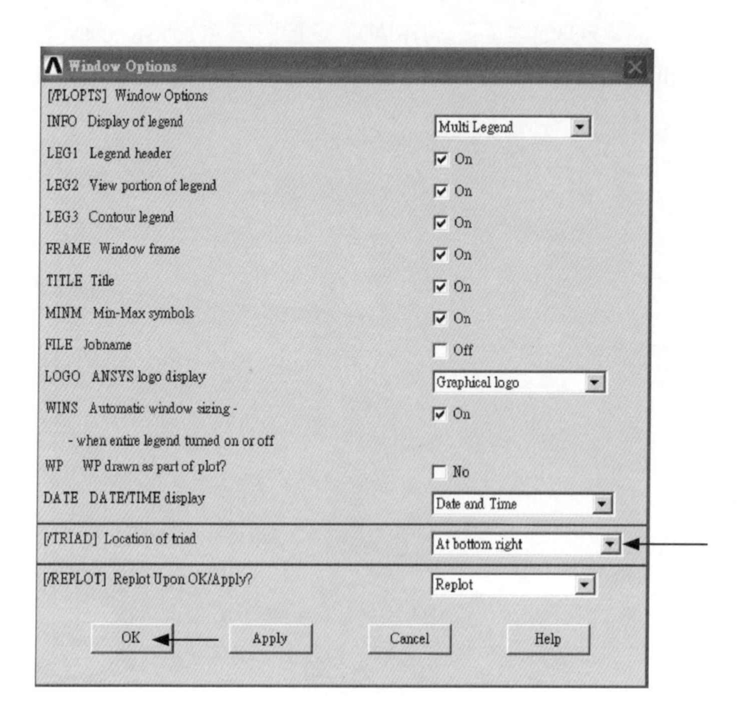
Window Options
[/PLOPTS] Window Options
INFO Display of legend
Multi Legend
LEG1 Legend header
On
LEG2 View portion of legend
On
LEG3 Contour legend
On
FRAME Window frame
On
TITLE Title
On
MINM Min-Max symbols
On
FILE Jobname
Off
LOGO ANSYS logo display
Graphical logo
WINS Automatic window sizing -
- when entire legend turned on or off
On
WP WP drawn as part of plot?
No
DATE DATE/TIME display
Date and Time
[/TRIAD] Location of triad
At bottom right
[/REPLOT] Replot Upon OK/Apply?
Replot
OK
Apply
Cancel
Help

圖 2-33(c)

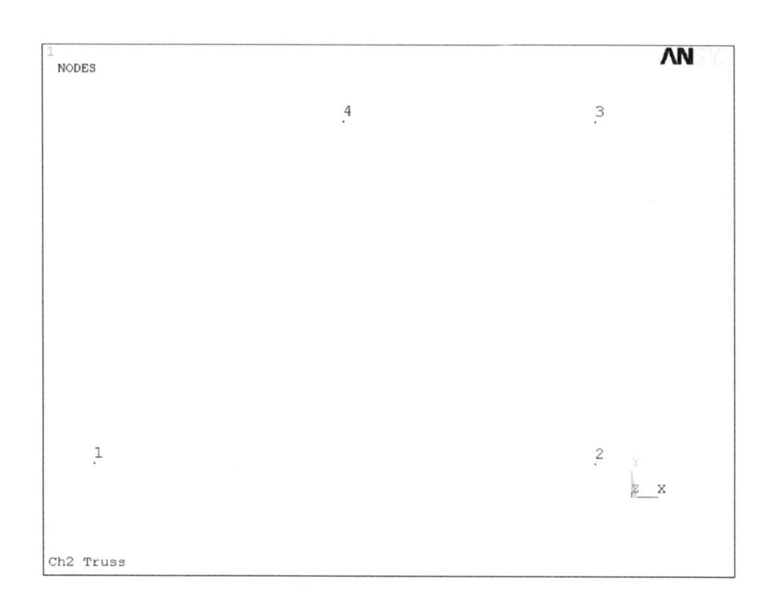

圖 2-33(d)

(6) 說明：本步驟是依題目（圖 2-6）建立 4 個節點，座標值的單位是 m。桁架元素 LINK1 的節點，即桁架桿件的接頭。

☞步驟 9　建立元素

(1) 如圖 2-34，操作流程：Main Menu → Preprocessor → Modeling → Create → Elements → Elem Attributes。接著出現圖 2-35，[TYPE] 選定為 LINK1，[MAT] 選定為 1，[REAL] 選定為 1。再點擊 OK。（MAT = 1和 REAL = 1 分別代表第 1 號材料係數設定值與第 1 號截面積設定值）

(2) 如圖 2-36，操作流程：Main Menu → Preprocessor → Modeling → Create → Elements → Auto Numbered → Thru Nodes。接著出現圖 2-37 畫面，以游標抓取 1 號和 4 號節點（按滑鼠左鍵），然後點擊左下角的 OK，即建立如圖 2-38 的 LINK1 桁架元素。

(3) 操作流程：Main Menu → Preprocessor → Modeling → Create → Elements → Auto Numbered → Thru Nodes。接著出現圖 2-39 畫面，以游標抓取 4 號和 3 號節點（按滑鼠左鍵），然後點擊左下角的 OK，即建立如圖 2-40 的另一個 LINK1 桁架元素。

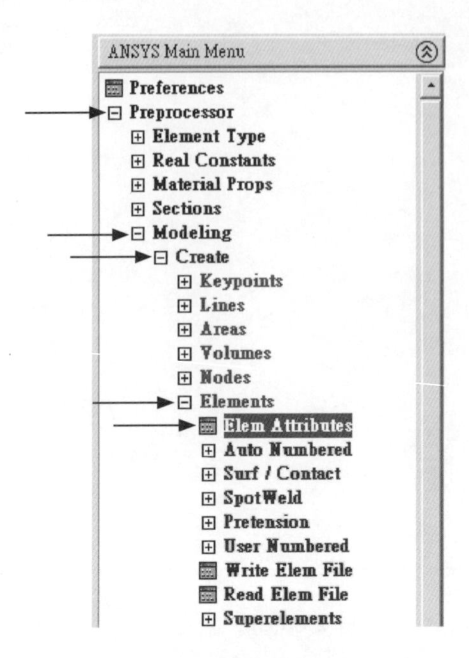
ANSYS Main Menu
Preferences
Preprocessor
Element Type
Real Constants
Material Props
Sections
Modeling
Create
Keypoints
Lines
Areas
Volumes
Nodes
Elements
Elem Attributes
Auto Numbered
Surf / Contact
SpotWeld
Pretension
User Numbered
Write Elem File
Read Elem File
Superelements

圖 2-34

Element Attributes
Define attributes for elements
[TYPE] Element type number
1 LINK1
[MAT] Material number
1
[REAL] Real constant set number
1
[ESYS] Element coordinate sys
0
[SECNUM] Section number
None defined
[TSHAP] Target element shape
Straight line
OK
Cancel
Help

圖 2-35

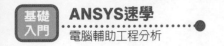

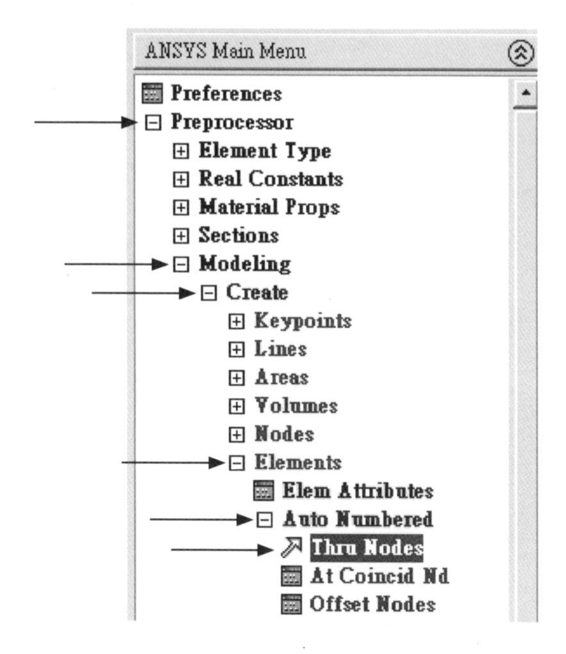
ANSYS Main Menu
Preferences
Preprocessor
Element Type
Real Constants
Material Props
Sections
Modeling
Create
Keypoints
Lines
Areas
Volumes
Nodes
Elements
Elem Attributes
Auto Numbered
Thru Nodes
At Coincid Nd
Offset Nodes

圖 2-36

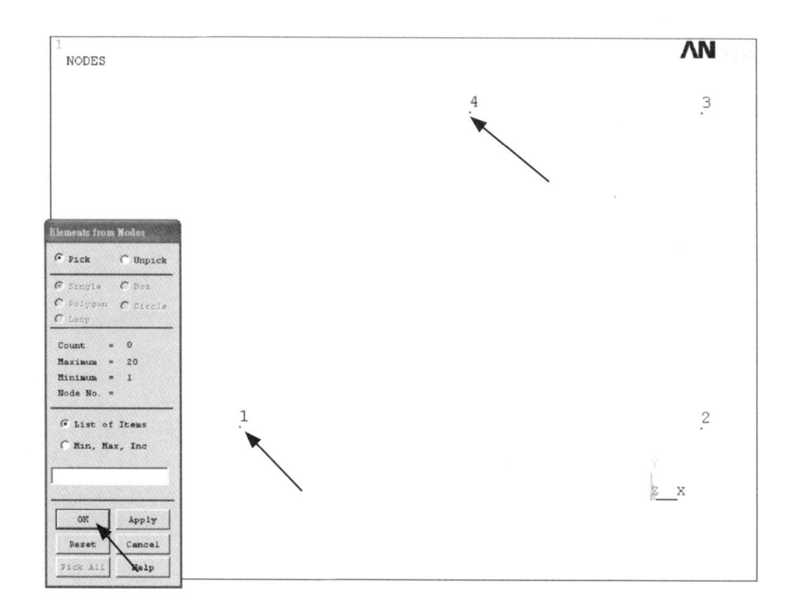
NODES
4
3
1
2
Elements from Nodes
Pick
Unpick
Count = 0
Maximum = 20
Minimum = 1
Node No. =
List of Items
Min, Max, Inc
OK
Apply
Reset
Cancel
Pick All
Help

圖 2-37

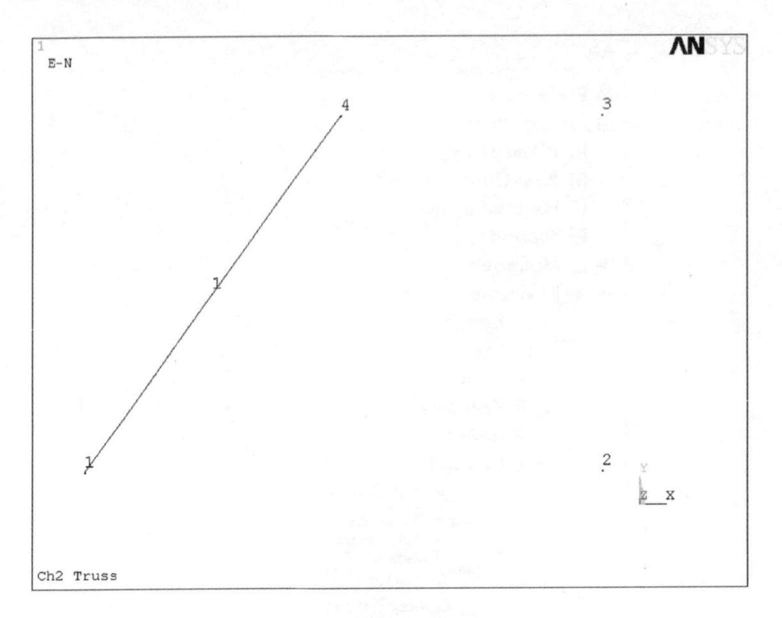
E-N
4
3
1
1
2
Y
Z X
Ch2 Truss
ANSYS

圖 2-38

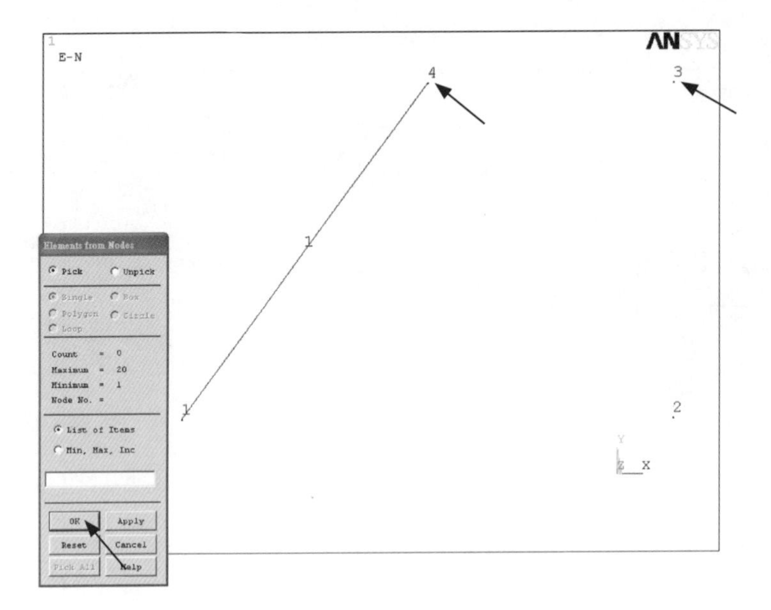
E-N
4
3
1
1
2
Y
Z X
ANSYS
Elements from Nodes
Pick
Unpick
Single
Box
Polygon
Circle
Loop
Count = 0
Maximum = 20
Minimum = 1
Node No. =
List of Items
Min, Max, Inc
OK
Apply
Reset
Cancel
Pick All
Help

圖 2-39

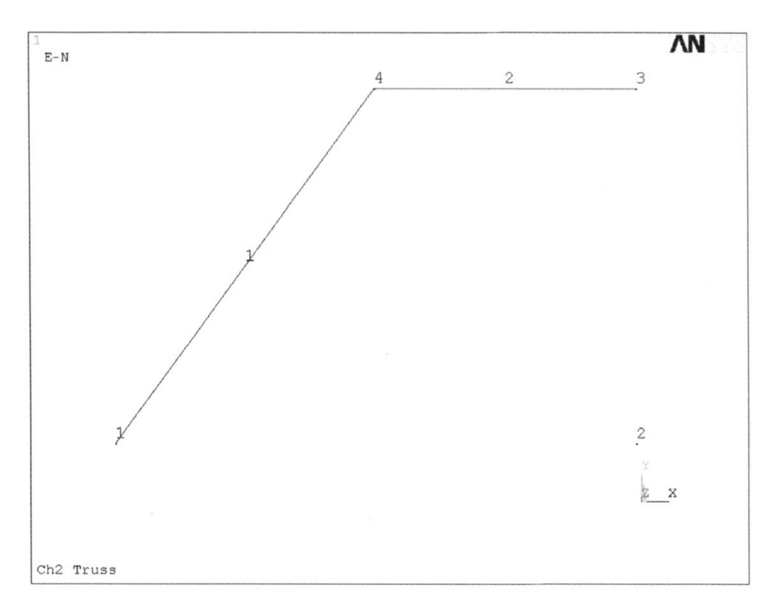

圖 2-40

(4) 操作流程：Main Menu → Preprocessor → Modeling → Create → Elements → Auto Numbered → Thru Nodes。接著出現圖 2-41 畫面，以游標抓取 3 號和 2 號節點（按滑鼠左鍵），然後點擊左下角的 OK，即建立如圖 2-42 的另一個 LINK1 桁架元素。

(5) 操作流程：Main Menu → Preprocessor → Modeling → Create → Elements → Auto Numbered → Thru Nodes。接著出現圖 2-43 畫面，以游標抓取 1 號和 2 號節點（按滑鼠左鍵），然後點擊左下角的 OK，即建立如圖 2-44 的另一個 LINK1 桁架元素。

(6) 操作流程：Main Menu → Preprocessor → Modeling → Create → Elements → Auto Numbered → Thru Nodes。接著出現圖 2-45 畫面，以游標抓取 4 號和 2 號節點（按滑鼠左鍵），然後點擊左下角的 OK，即建立如圖 2-46 的另一個 LINK1 桁架元素。

(7) 說明：本步驟是建立 5 個桁架元素，即 5 個桿件。透過兩個節點，可構成單一個元素。

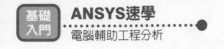

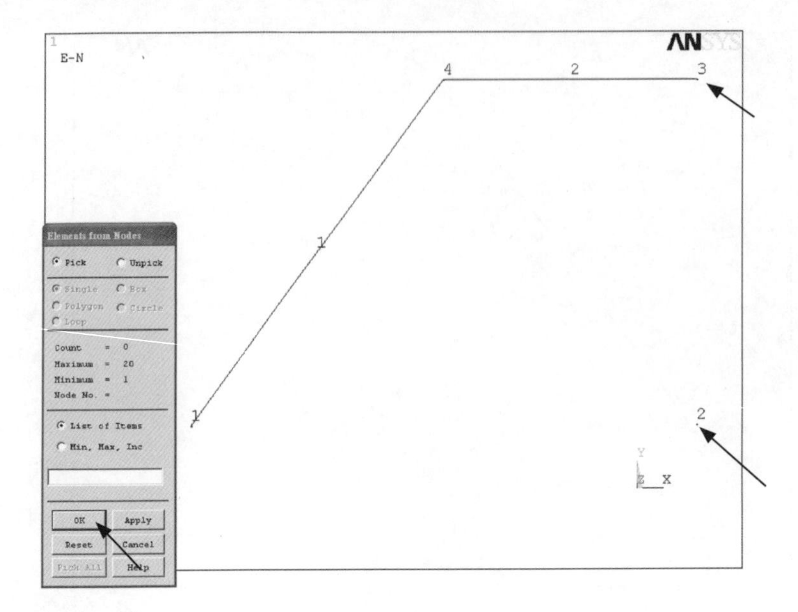

E-N
4
2
3
1
1
2
Elements from Nodes
Pick
Unpick
Single
Box
Polygon
Circle
Loop
Count = 0
Maximum = 20
Minimum = 1
Node No. =
List of Items
Min, Max, Inc
OK
Apply
Reset
Cancel
Pick All
Help
Y
Z X

圖 2-41

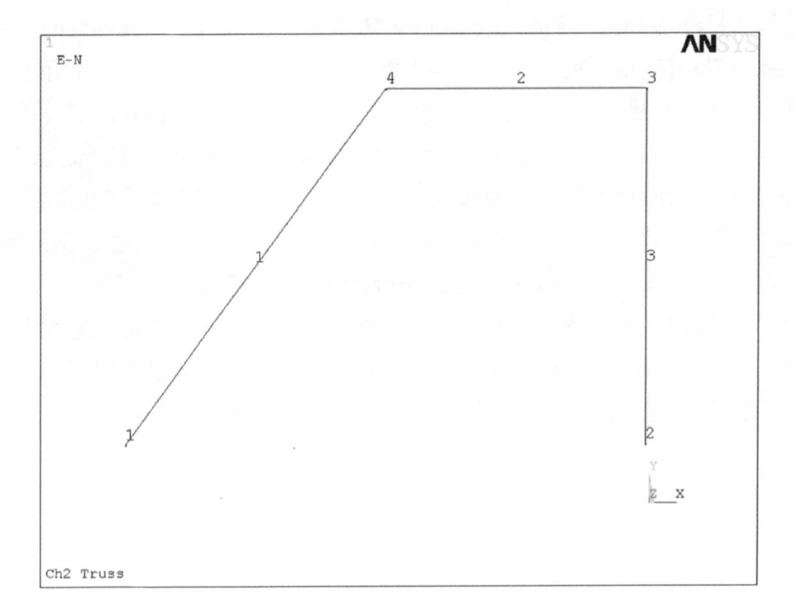

E-N
4
2
3
1
3
1
2
Y
Z X
Ch2 Truss

圖 2-42

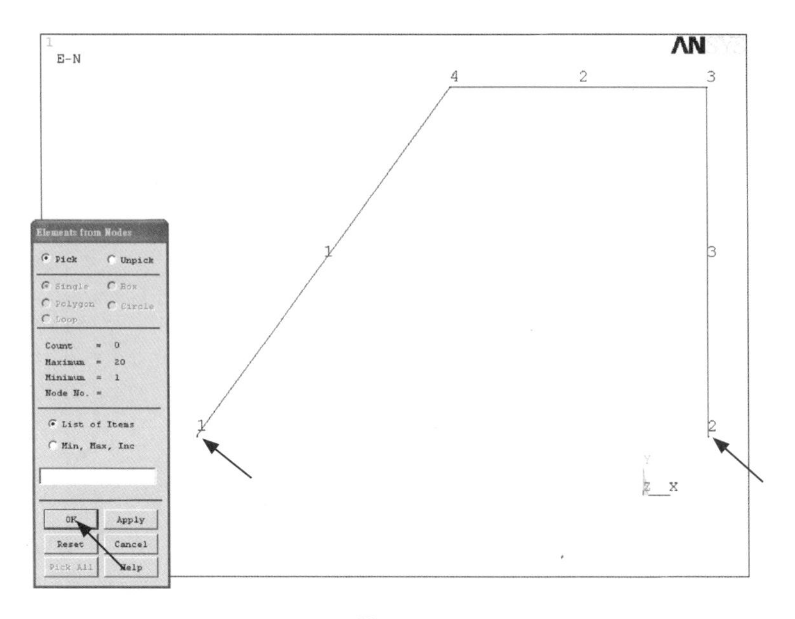
E-N
Elements from Nodes
Pick
Unpick
Single
Box
Polygon
Circle
Loop
Count = 0
Maximum = 20
Minimum = 1
Node No. =
List of Items
Min, Max, Inc
OK
Apply
Reset
Cancel
Pick All
Help

圖 2-43

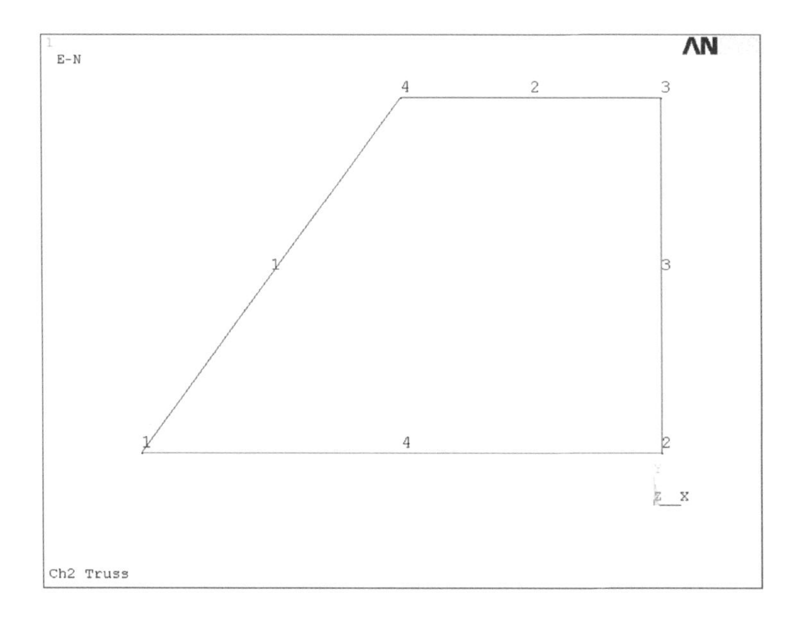
E-N
Ch2 Truss

圖 2-44

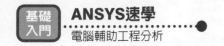

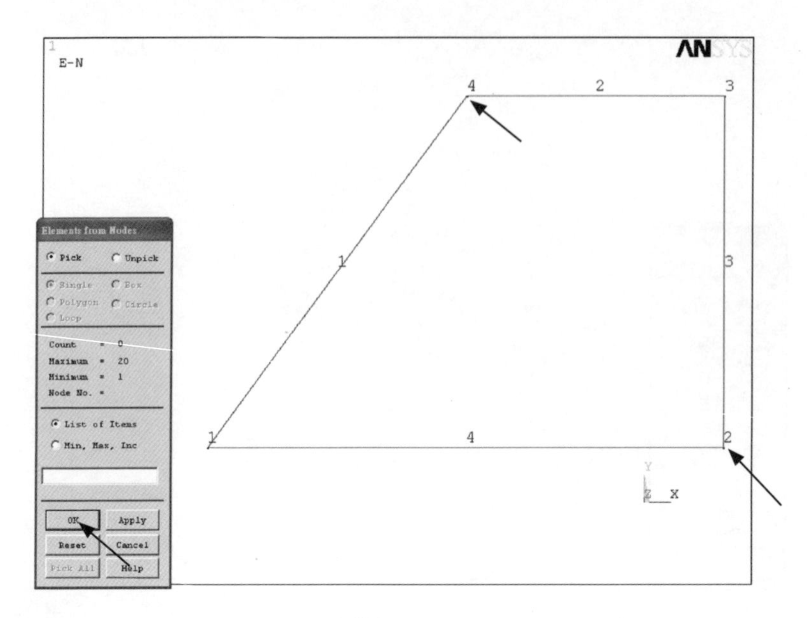
E-N
Elements from Nodes
Pick
Unpick
Single
Box
Polygon
Circle
Loop
Count = 0
Maximum = 20
Minimum = 1
Node No. =
List of Items
Min, Max, Inc
OK
Apply
Reset
Cancel
Pick All
Help

圖 2-45

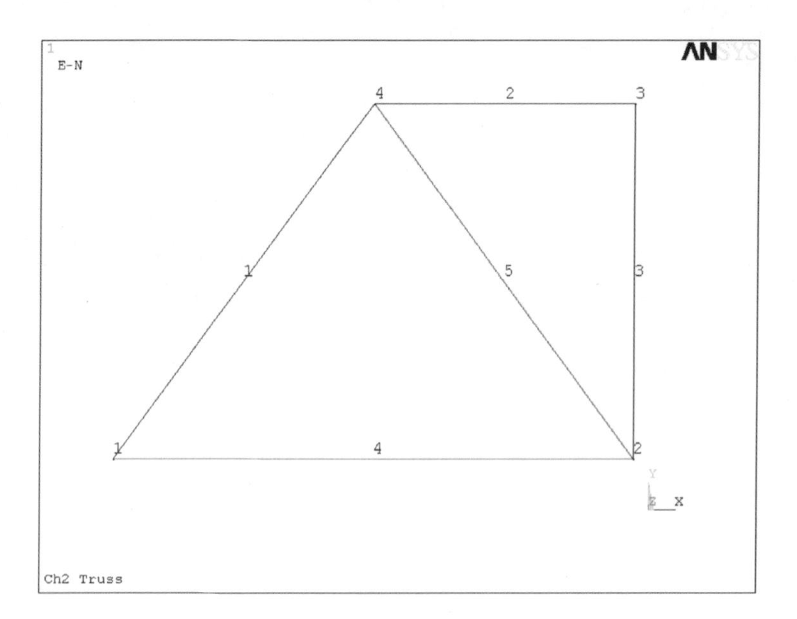
E-N
Ch2 Truss

圖 2-46

☞步驟 10　顯示節點與元素編號

(1) 如圖 2-47，操作流程：Utility Menu → PlotCtrls → Numbering。

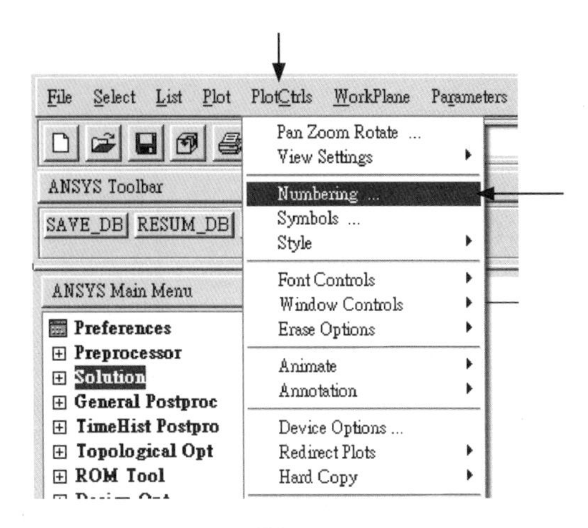

圖 2-47

(2) 接著於圖 2-48 中，點擊 Node numbers 的空格，讓該空格打勾。亦於 Elem/Attrib numbering 之項目，選擇 Element numbers。最後點擊 OK。

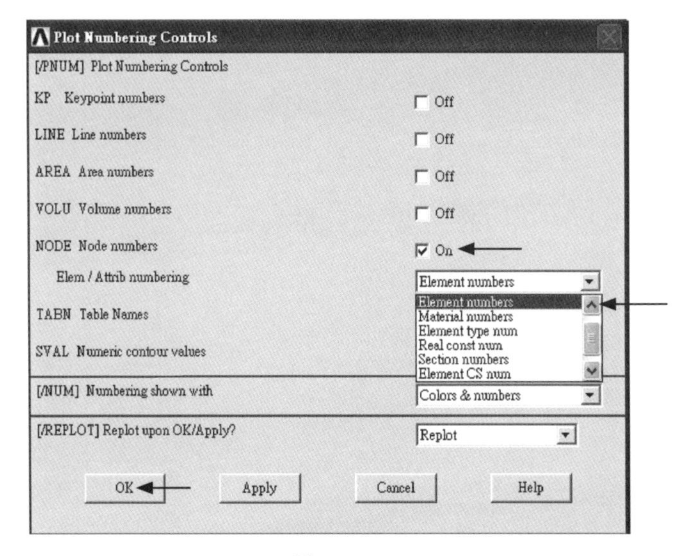

圖 2-48

(3) 如圖 2-49，操作流程：Utility Menu → Plot → Multi-Plots，接著 Graphics Window 畫面如圖 2-50。（於圖 2-50 右側的圖示中，點擊箭頭所指的符號，將圖形顯示最適化）

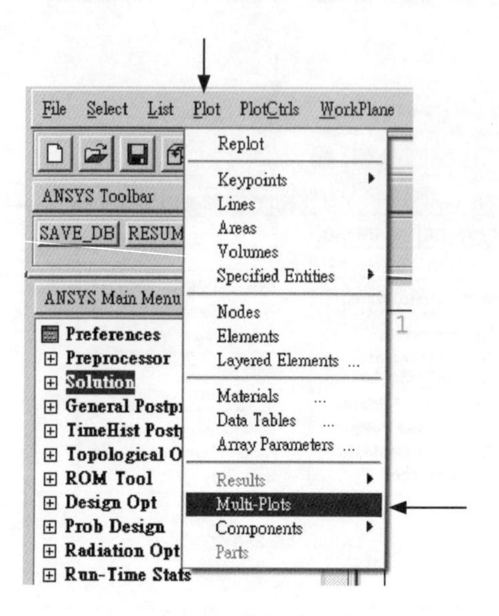

圖 2-49

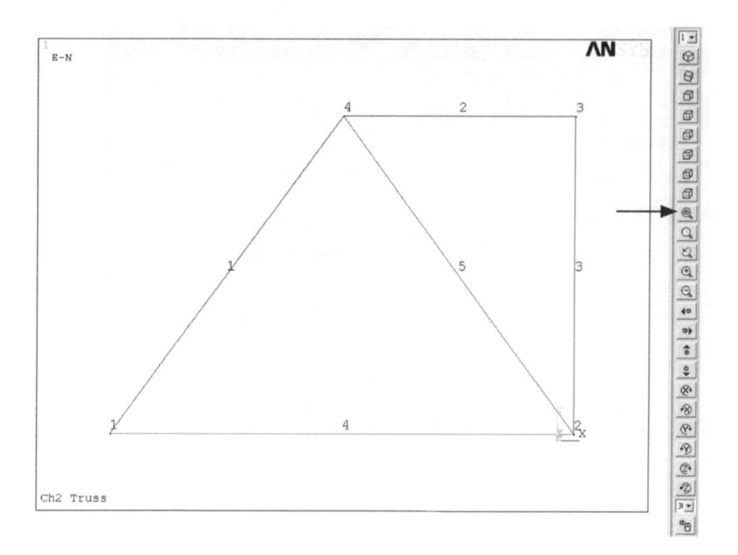

圖 2-50

⑷ 說明：Numbering 的設定，在於顯示節點與元素編號。Multi-Plots 則是將節點與元素同時顯示於 Graphics Window。

☞步驟 11　設定分析型式

⑴ 如圖 2-51，操作流程：Main Menu → Solution → Analysis Type → New Analysis。

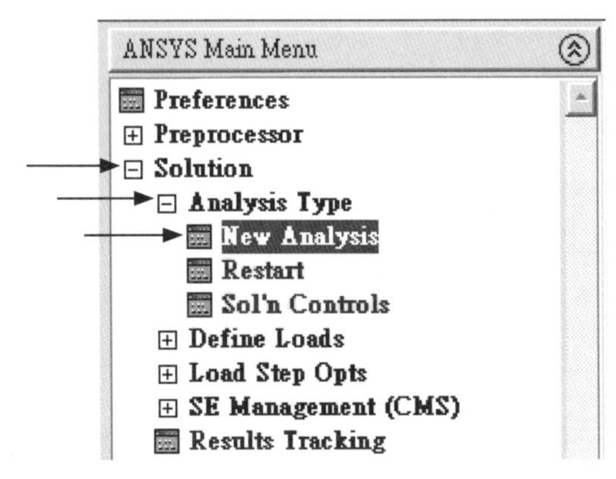

圖 2-51

⑵ 接著在圖 2-52 中，點擊選定 Static，再點擊 OK。

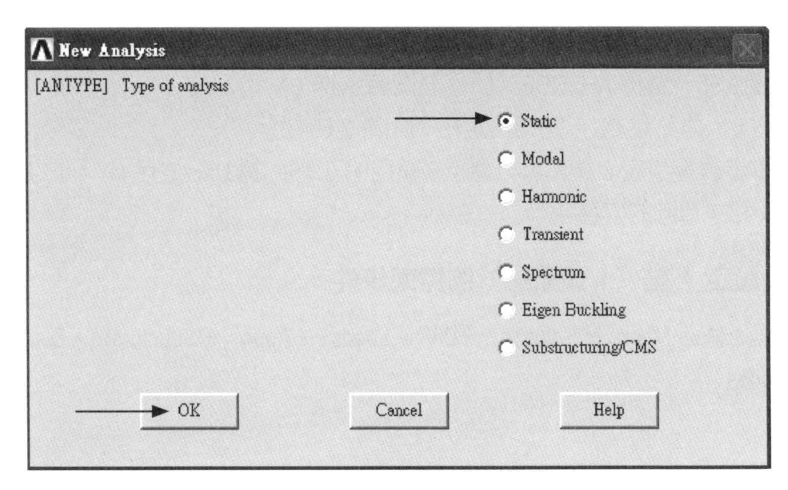

圖 2-52

⑶ 說明：本步驟是將分析型式設定為靜態分析（static analysis）。

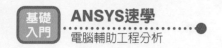

☞步驟 12　設定 C 點（3 號節點）的拘束條件

(1) 如圖 2-53，操作流程：Main Menu → Solution → Define Loads → Apply → Structural → Displacement → On Nodes。

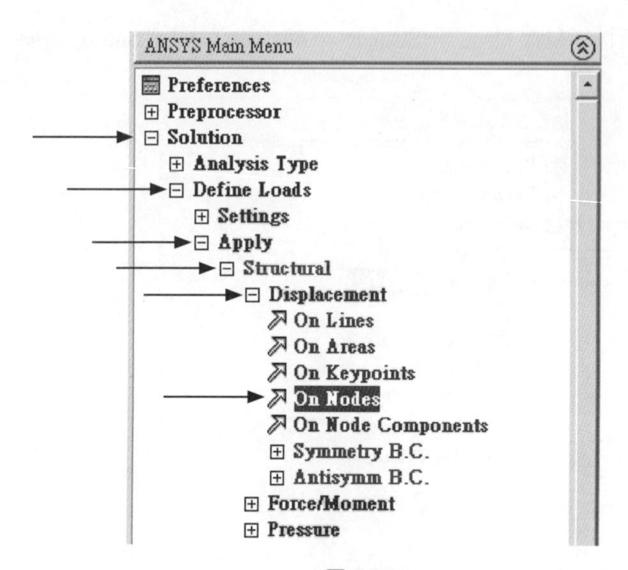

圖 2-53

(2) 接著在圖 2-54 中，以游標抓取 3 號節點（按滑鼠左鍵），再點擊左下角的 OK，接著出現圖 2-55，選擇 ALL DOF（即代表同時選擇 UX 和 UY），於下方的 VALUE 空格中填入 0，再點擊 OK。完成設定後，如圖 2-56 所示。

(3) 說明：本步驟是設定 3 號節點（圖 2-6 題目的 C 點）為 UX = 0 且 UY = 0，UX 和 UY 分別是 x 和 y 方向的位移。

☞步驟 13　設定 A 點（1 號節點）的拘束條件

(1) 操作流程：Main Menu → Solution → Define Loads → Apply → Structural → Displacement → On Nodes。

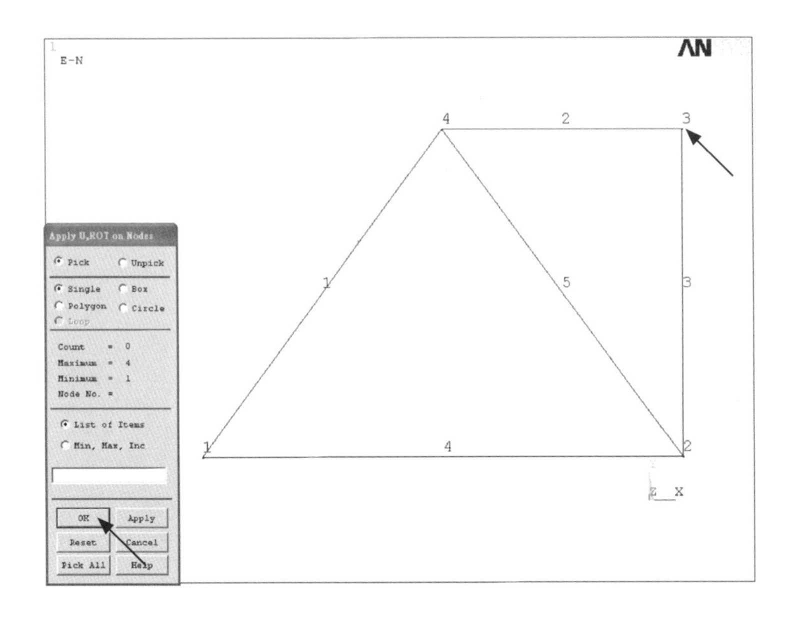
E-N
Apply U,ROT on Nodes
Pick
Unpick
Single
Box
Polygon
Circle
Loop
Count = 0
Maximum = 4
Minimum = 1
Node No. =
List of Items
Min, Max, Inc
OK
Apply
Reset
Cancel
Pick All
Help

圖 2-54

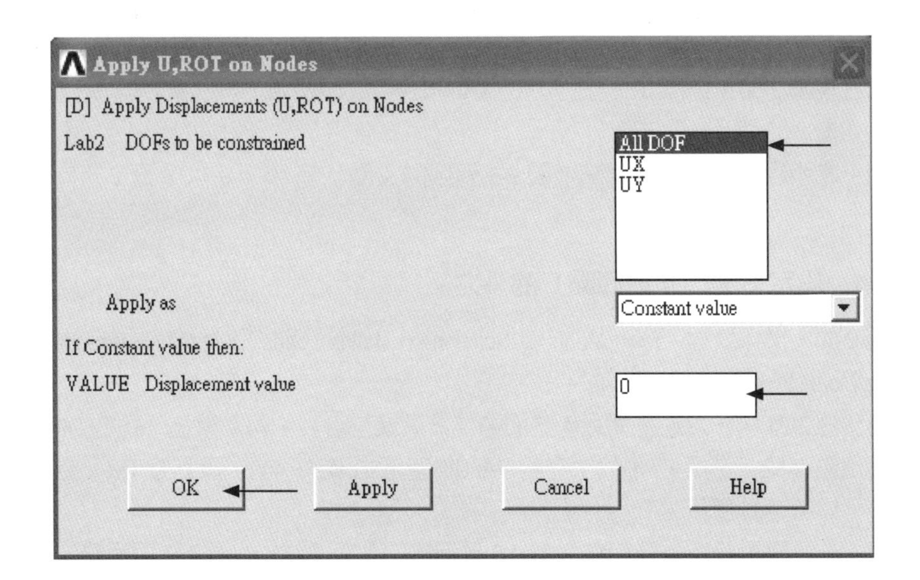
Apply U,ROT on Nodes
[D] Apply Displacements (U,ROT) on Nodes
Lab2 DOFs to be constrained
All DOF
UX
UY
Apply as
Constant value
If Constant value then:
VALUE Displacement value
0
OK
Apply
Cancel
Help

圖 2-55

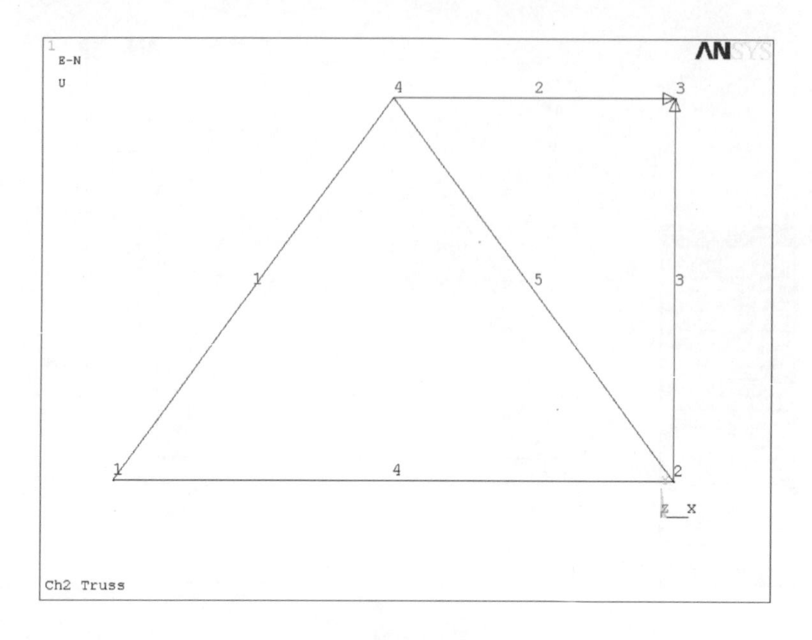

圖 2-56

(2) 接著在圖 2-57 中，以游標抓取 1 號節點（按滑鼠左鍵），再點擊左下角的 OK，接著出現圖 2-58，選擇 UY，於下方的 VALUE 空格中填入 0，再點擊 OK。完成設定後，如圖 2-59 所示。

(3) 說明：本步驟是設定 1 號節點（圖 2-6 題目的 A 點）為 UY = 0，UY 是 y 方向的位移。

☞步驟 14　設定 B 點（4 號節點）的外力

(1) 如圖 2-60，操作流程：Main Menu → Solution → Define Loads → Apply → Structural → Force/Moment → On Nodes。

(2) 接著於圖 2-61 中，以游標抓取 4 號節點（按滑鼠左鍵），再點擊左下角的 OK，接著出現圖 2-62，選擇 FY，於下方的 VALUE 空格中填入−400，再點擊 OK。完成設定後，如圖 2-63 所示。

(3) 說明：本步驟是設定 4 號節點（圖 2-6 題目的 B 點）為 FY = −400 N，FY 是 y 方向的力，FY = −400 N 代表 400 N 的力施加於負 y 方向。

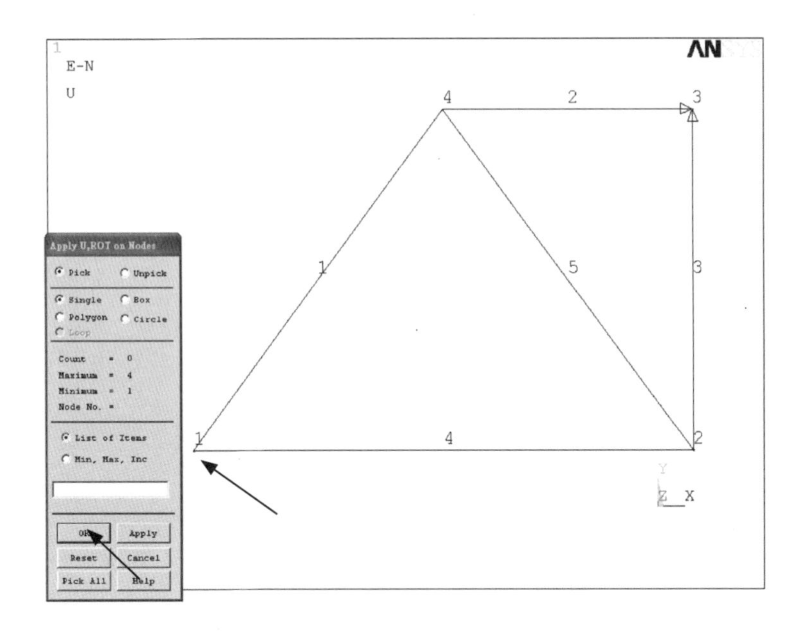
E-N
U
Apply U,ROT on Nodes
Pick
Unpick
Single
Box
Polygon
Circle
Loop
Count = 0
Maximum = 4
Minimum = 1
Node No. =
List of Items
Min, Max, Inc
OK
Apply
Reset
Cancel
Pick All
Help

圖 2-57

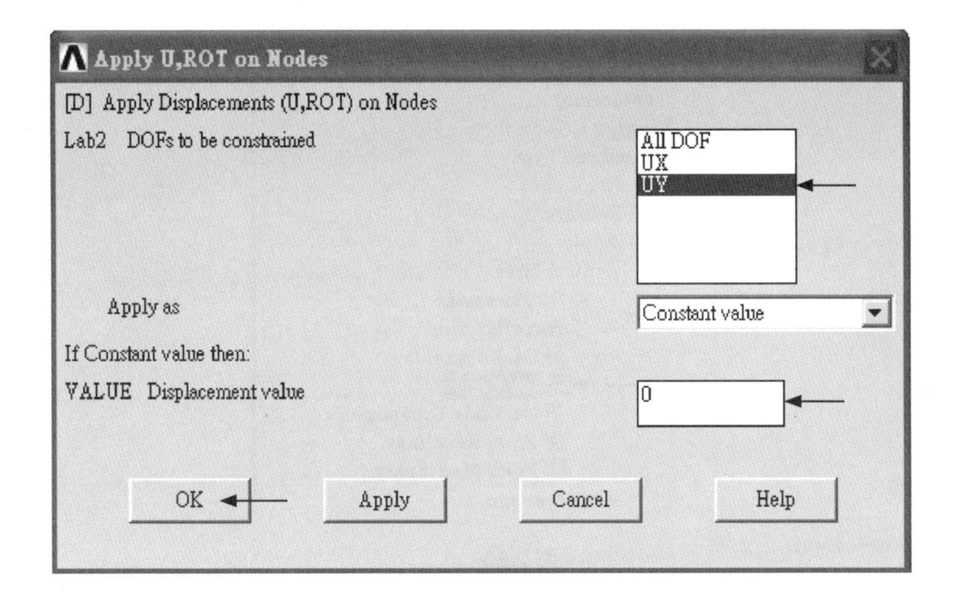
Apply U,ROT on Nodes
[D] Apply Displacements (U,ROT) on Nodes
Lab2 DOFs to be constrained
All DOF
UX
UY
Apply as
Constant value
If Constant value then:
VALUE Displacement value
0
OK
Apply
Cancel
Help

圖 2-58

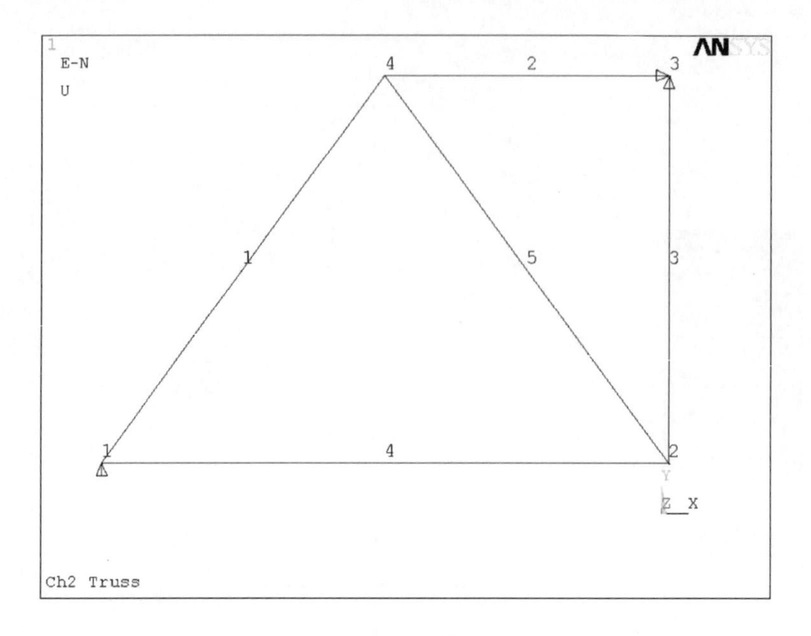
1
E-N
U
Ch2 Truss

圖 2-59

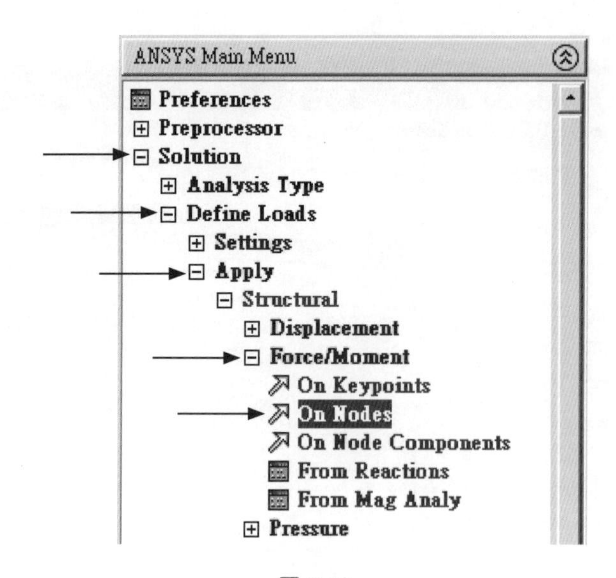
ANSYS Main Menu
Preferences
Preprocessor
Solution
Analysis Type
Define Loads
Settings
Apply
Structural
Displacement
Force/Moment
On Keypoints
On Nodes
On Node Components
From Reactions
From Mag Analy
Pressure

圖 2-60

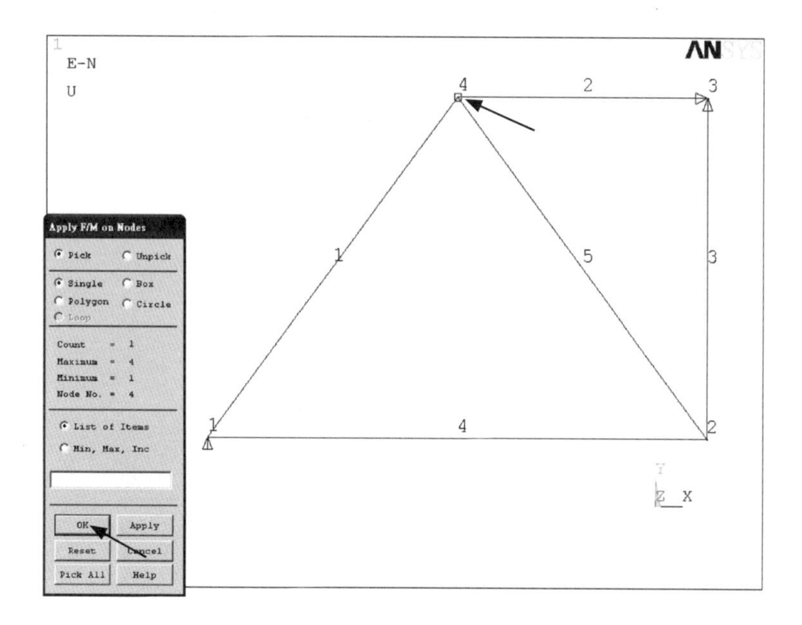
E-N
U
Apply F/M on Nodes
Pick
Unpick
Single
Box
Polygon
Circle
Loop
Count = 1
Maximum = 4
Minimum = 1
Node No. = 4
List of Items
Min, Max, Inc
OK
Apply
Reset
Cancel
Pick All
Help

圖 2-61

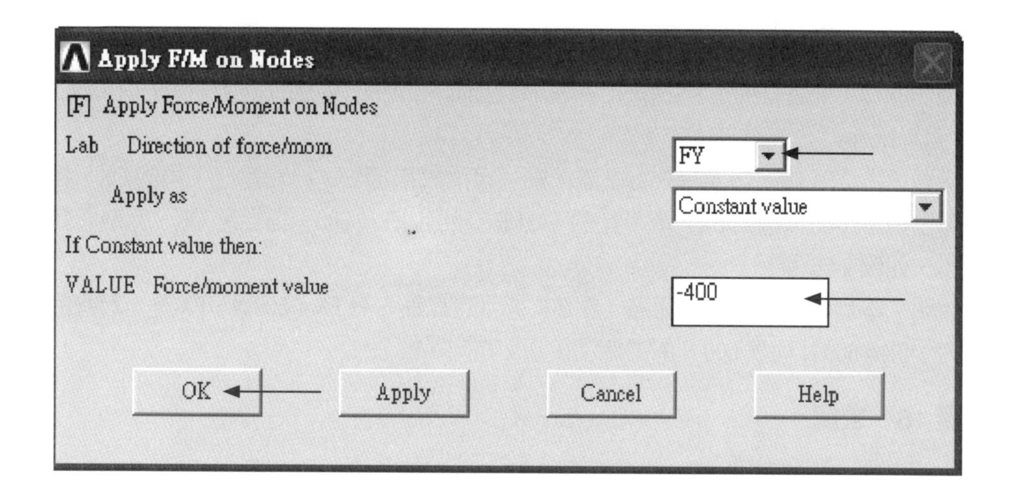
Apply F/M on Nodes
[F] Apply Force/Moment on Nodes
Lab Direction of force/mom
FY
Apply as
Constant value
If Constant value then:
VALUE Force/moment value
-400
OK
Apply
Cancel
Help

圖 2-62

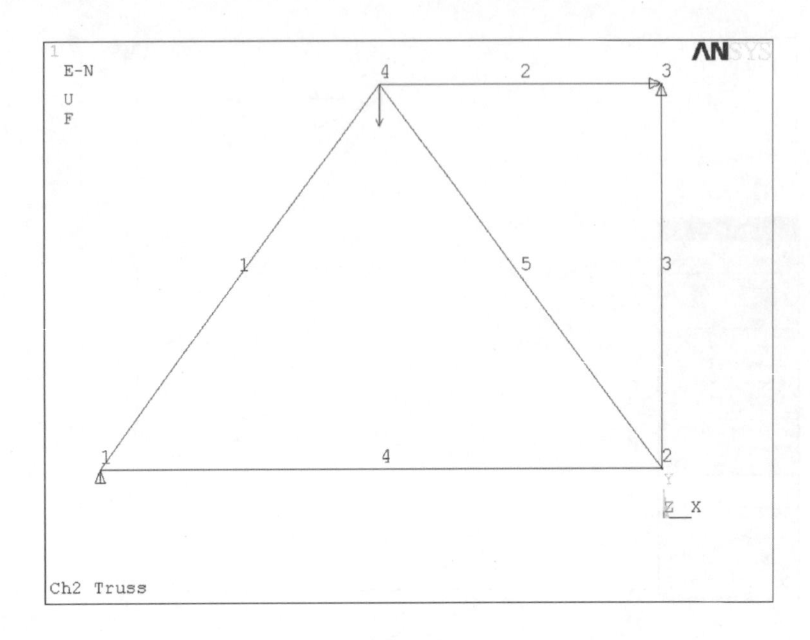

圖 2-63

☞步驟 15　設定 D 點（2 號節點）的外力

(1) 操作流程：Main Menu → Solution → Define Loads → Apply → Structural → Force/Moment → On Nodes。

(2) 接著於圖 2-64 中，以游標抓取 2 號節點（按滑鼠左鍵），再點擊左下角的 OK，接著出現圖 2-65，選擇 FX，於下方的 VALUE 空格中填入 600，再點擊 OK。完成設定後，如圖 2-66 所示。

(3) 說明：本步驟是設定 2 號節點（圖 2-6 題目的 D 點）為 FX = 600 N，FX 是 x 方向的力，FX = 600 N 代表 600 N 的力施加於正 x 方向。

☞步驟 16　求解

(1) 求解之前，先儲存 db 檔，方法如圖 2-67，在 ANSYS Toolbar 點擊 SAVE_DB。db 檔 ch2.db 將儲存於工作目錄（ch2 為 job name）。

(2) 求解，如圖 2-68(a)，操作流程：Main Menu → Solution → Solve → Current LS。接著出現圖 2-68(b) 的畫面，點擊 OK 後，ANSYS 便開始求解。

(3) 完成求解後，會出現圖 2-69 的「Solution is done！」訊息。

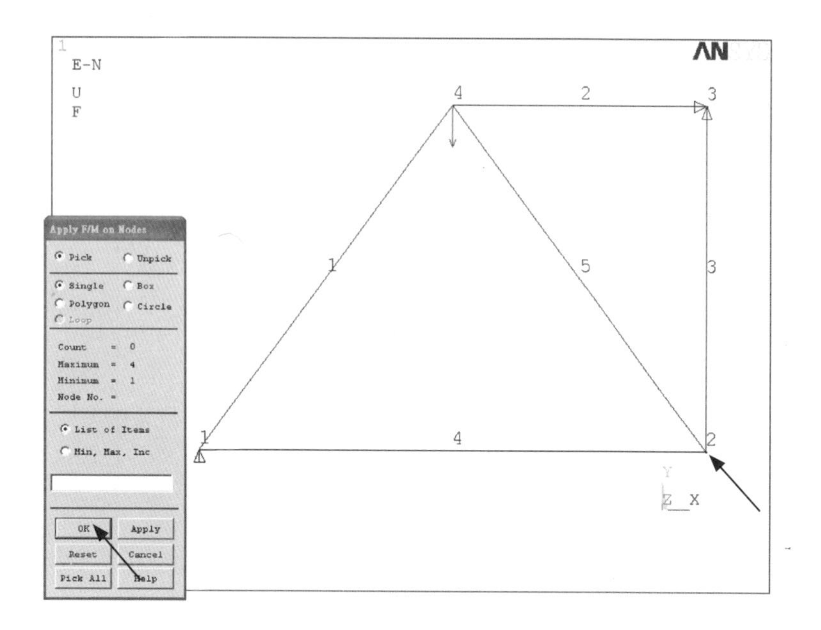
E-N
U
F
Apply F/M on Nodes
Pick
Unpick
Single
Box
Polygon
Circle
Loop
Count = 0
Maximum = 4
Minimum = 1
Node No. =
List of Items
Min, Max, Inc
OK
Apply
Reset
Cancel
Pick All
Help

圖 2-64

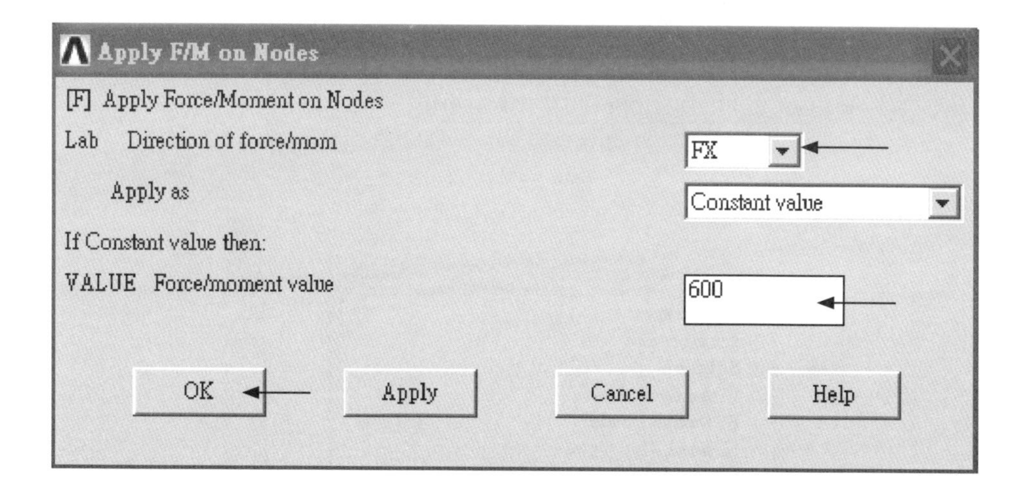
Apply F/M on Nodes
[F] Apply Force/Moment on Nodes
Lab Direction of force/mom
FX
Apply as
Constant value
If Constant value then:
VALUE Force/moment value
600
OK
Apply
Cancel
Help

圖 2-65

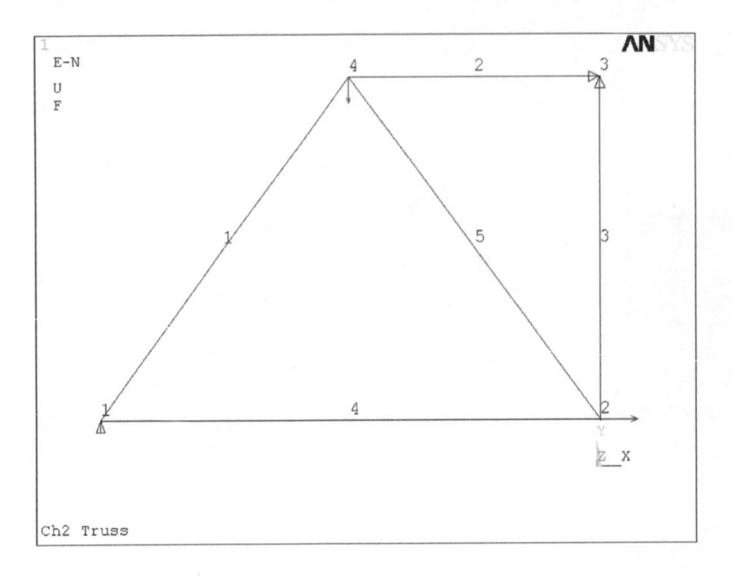

圖 2-66

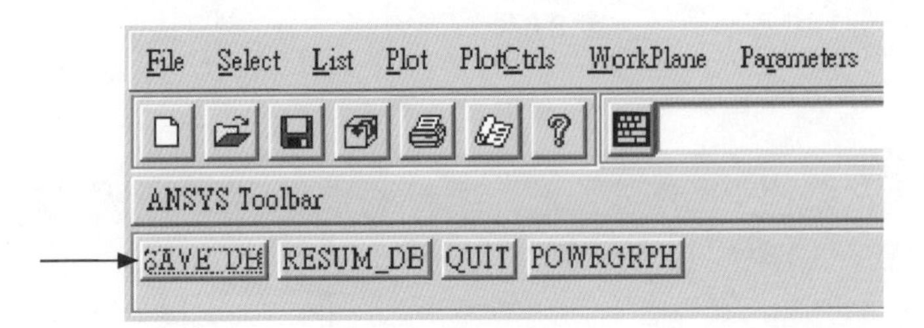

圖 2-67

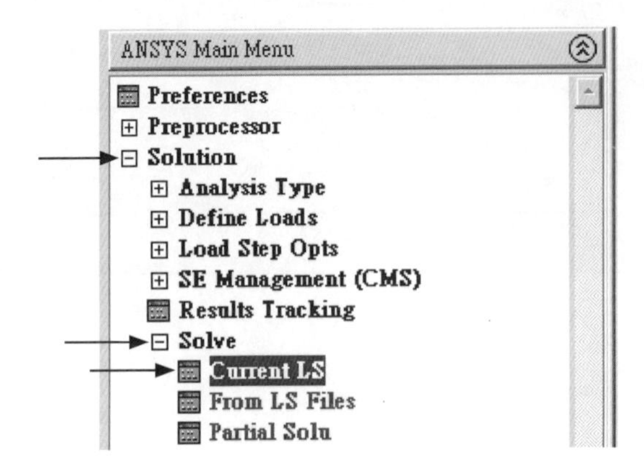

圖 2-68(a)

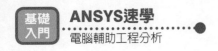

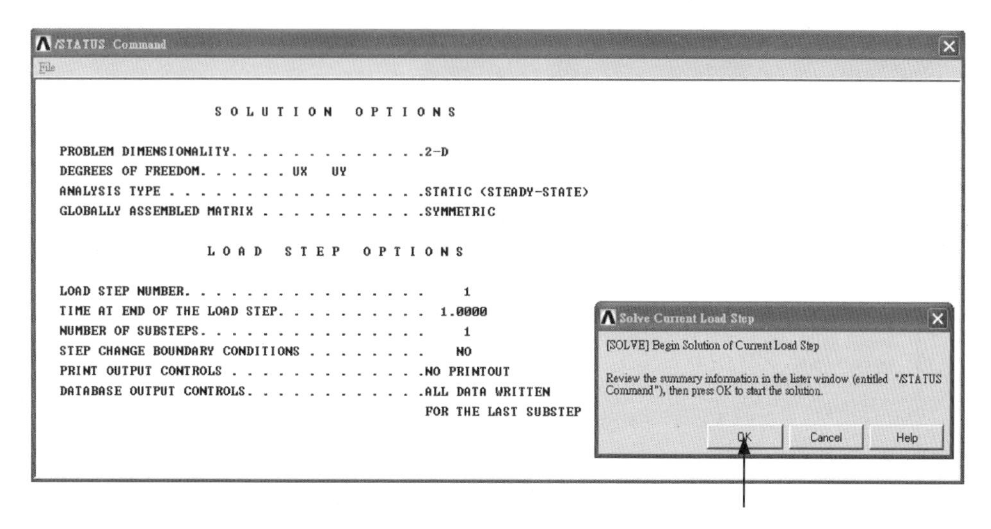
SOLUTION OPTIONS

PROBLEM DIMENSIONALITY. 2-D
DEGREES OF FREEDOM. . . . . . UX UY
ANALYSIS TYPE . . . . .STATIC (STEADY-STATE)
GLOBALLY ASSEMBLED MATRIX . . . . .SYMMETRIC

LOAD STEP OPTIONS

LOAD STEP NUMBER. 1
TIME AT END OF THE LOAD STEP. 1.0000
NUMBER OF SUBSTEPS. 1
STEP CHANGE BOUNDARY CONDITIONS . . . . NO
PRINT OUTPUT CONTROLS . . . . .NO PRINTOUT
DATABASE OUTPUT CONTROLS. . . . . .ALL DATA WRITTEN
FOR THE LAST SUBSTEP

圖 2-68(b)

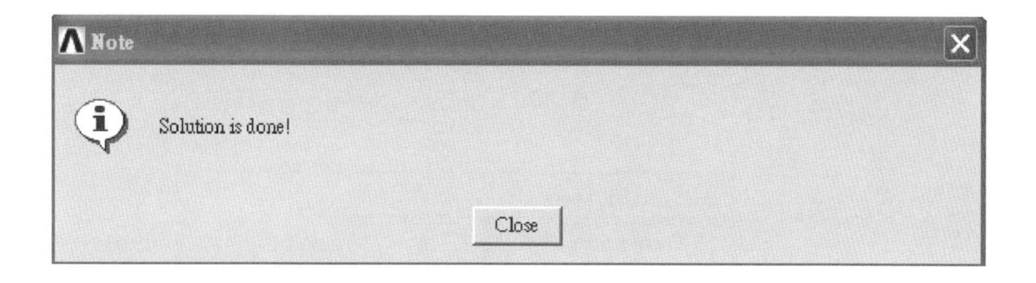

圖 2-69

⑷ 如圖 2-70，點擊「Solution is done！」訊息視窗的 Close，且點擊「/STATUS Command」視窗右上角的 X，關閉這兩個視窗。

☞步驟 17　判讀分析結果：畫出變形圖

⑴ 如圖 2-71，操作流程：Main Menu → General Postproc → Plot Results → Deformed Shape。

⑵ 接著於圖 2-72中，以游標選取「Def + undeformed」，再點擊 OK。「Def + undeformed」的意義是「變形 + 未變形」。

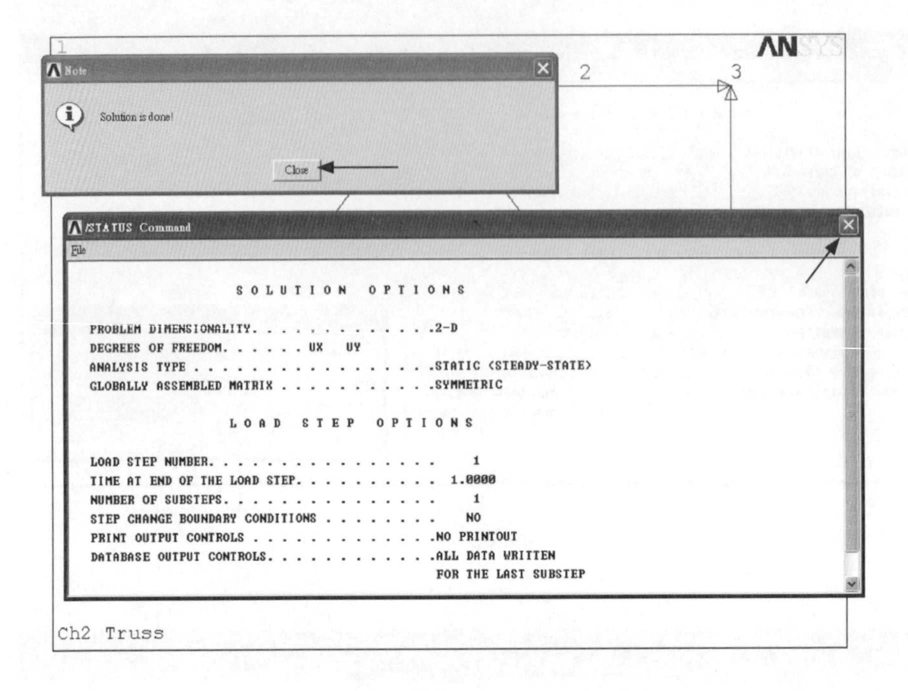

Note
Solution is done!
Close
/STATUS Command
File
SOLUTION OPTIONS
PROBLEM DIMENSIONALITY. 2-D
DEGREES OF FREEDOM. . . . . . UX UY
ANALYSIS TYPE . . . . .STATIC (STEADY-STATE)
GLOBALLY ASSEMBLED MATRIX . . . . .SYMMETRIC
LOAD STEP OPTIONS
LOAD STEP NUMBER. 1
TIME AT END OF THE LOAD STEP. 1.0000
NUMBER OF SUBSTEPS. 1
STEP CHANGE BOUNDARY CONDITIONS . . . . NO
PRINT OUTPUT CONTROLS . . . . .NO PRINTOUT
DATABASE OUTPUT CONTROLS. . . . . .ALL DATA WRITTEN
FOR THE LAST SUBSTEP
Ch2 Truss

圖 2-70

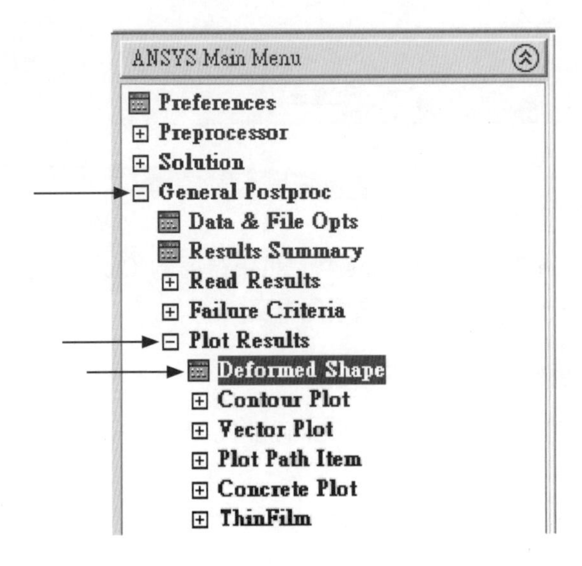

ANSYS Main Menu
Preferences
Preprocessor
Solution
General Postproc
Data & File Opts
Results Summary
Read Results
Failure Criteria
Plot Results
Deformed Shape
Contour Plot
Vector Plot
Plot Path Item
Concrete Plot
ThinFilm

圖 2-71

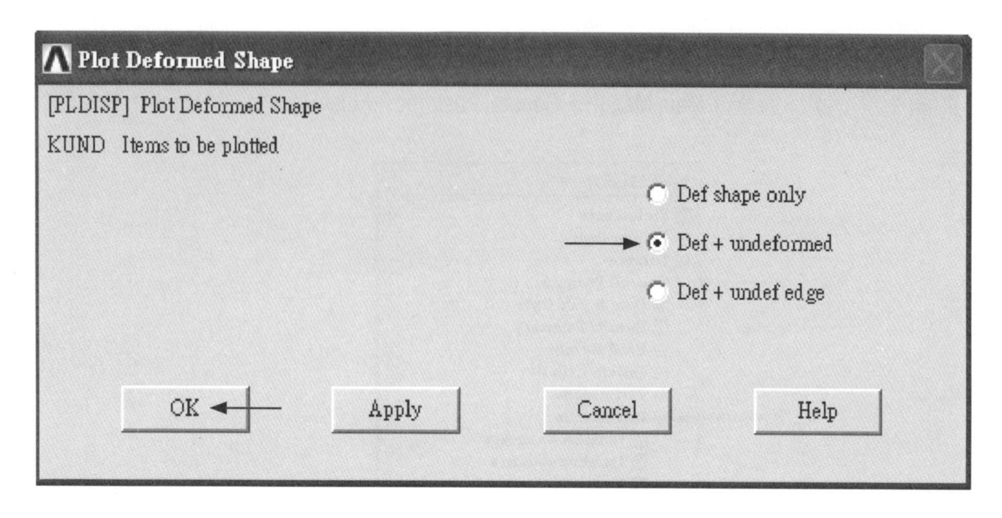

圖 2-72

(3) 接著出現圖 2-73，此為桁架系統受力前後的變形結果，虛線表示受力前的形狀，實線表示受力後的形狀。注意：在圖 2-73 中，ANSYS 已自動將位移量誇張放大顯示，以方便使用者判讀。

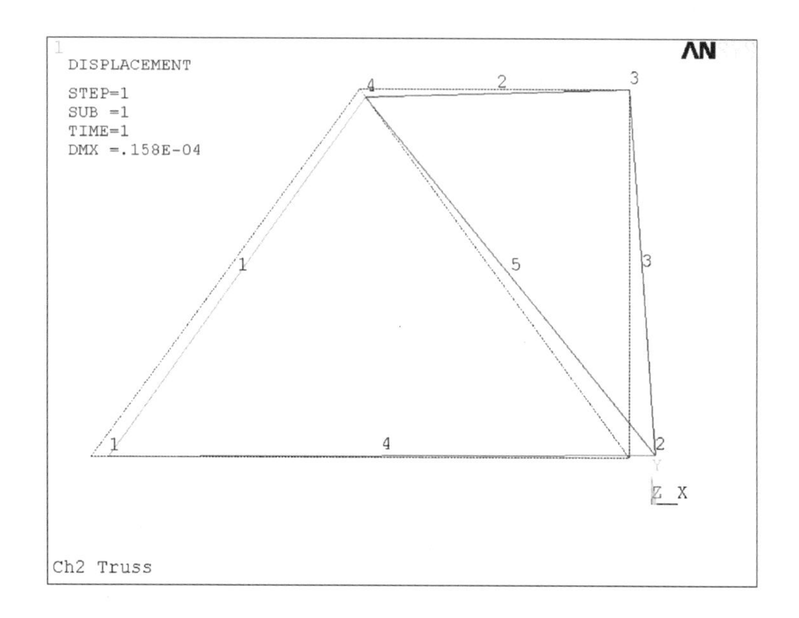

圖 2-73

☞步驟 18　判讀分析結果：列出 A 點和 C 點的反作用力值

(1) 如圖 2-74，操作流程：Main Menu → General Postproc → List Results → Reaction Solu。

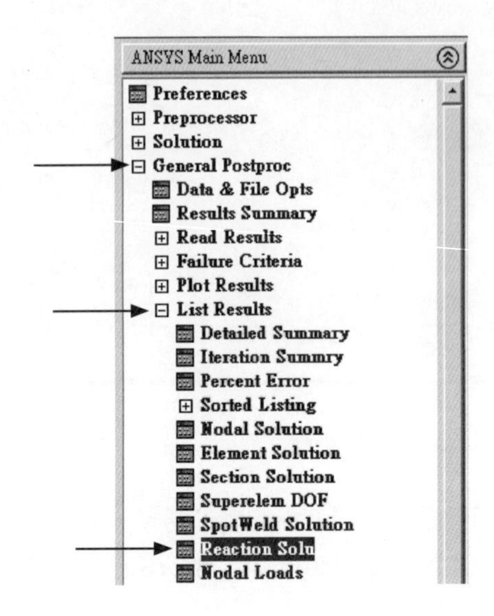

圖 2-74

(2) 接著於圖 2-75 中，以游標選取「All items」，再點擊 OK。

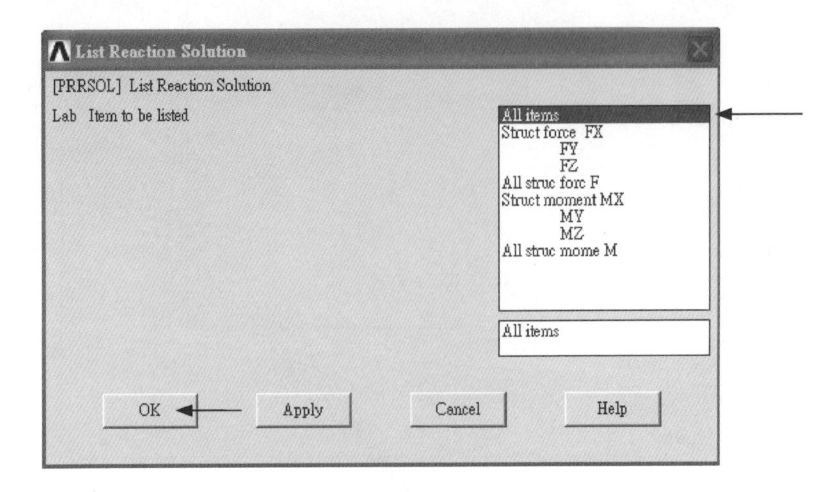

圖 2-75

(3) 接著出現圖 2-76 的視窗，列出的數據是桁架系統拘束點（A 和 C 點）的反作用力，FX 和 FY 分別代表 x 和 y 方向的力。A 點即 1 號節點（NODE 1），反作用力 FY 為 600 N。C 點即 3 號節點（NODE 3），該點兩個反作用力 FX 和 FY 分別為−600 N 和−200 N。

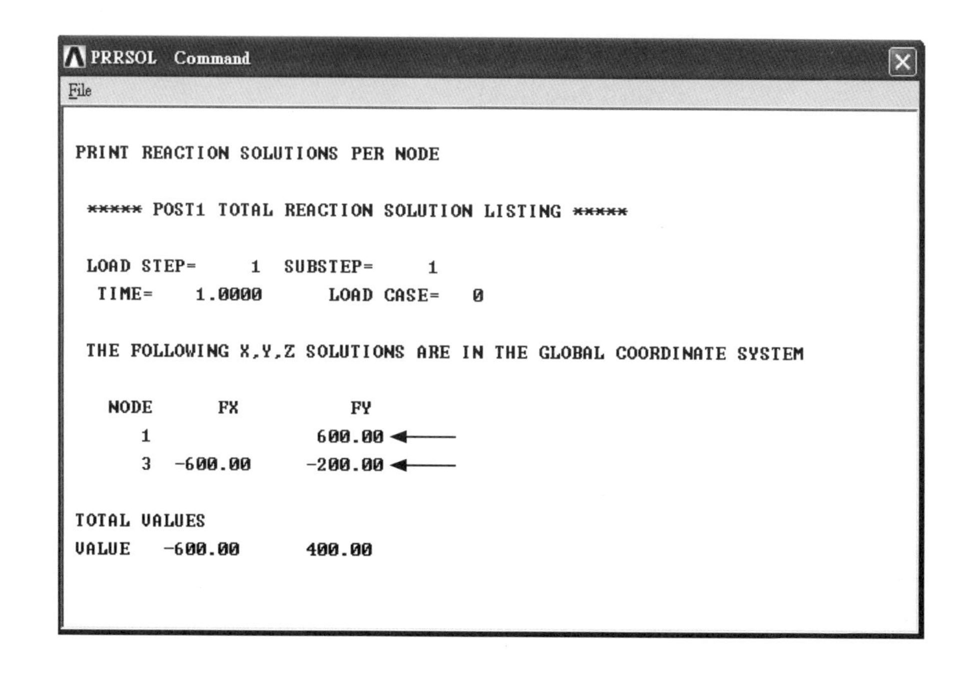

圖 2-76

☞ 步驟 19 判讀分析結果：列出各桿件的軸向力與軸向應力

(1) 如圖 2-77，操作流程：Main Menu → General Postproc → Element Table → Define Table。

(2) 於圖 2-78 中，點擊 Add。接著於圖 2-79 中，在 User label for item 後的空格填入「force」，於左邊選項中選擇「By sequence num」，於右邊選項中選擇「SMISC,」，再於下方的空格填入「SMISC,1」。最後點擊 OK。

(3) 接著出現圖 2-80，點擊 Add。接著於圖 2-81 中，在 User label for item 後的空格填入「stress」，於左邊選項中選擇「By sequence num」，於右邊選項中選擇「LS,」，再於下方的空格填入「LS,1」。最後點擊 OK。

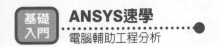

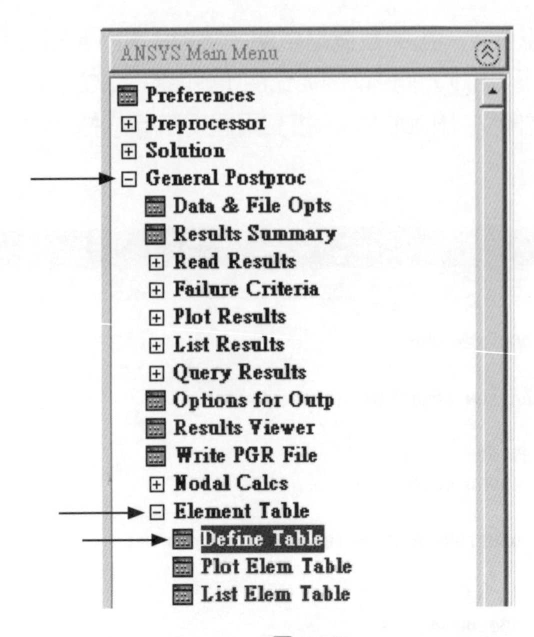
ANSYS Main Menu
Preferences
Preprocessor
Solution
General Postproc
Data & File Opts
Results Summary
Read Results
Failure Criteria
Plot Results
List Results
Query Results
Options for Outp
Results Viewer
Write PGR File
Nodal Calcs
Element Table
Define Table
Plot Elem Table
List Elem Table

圖 2-77

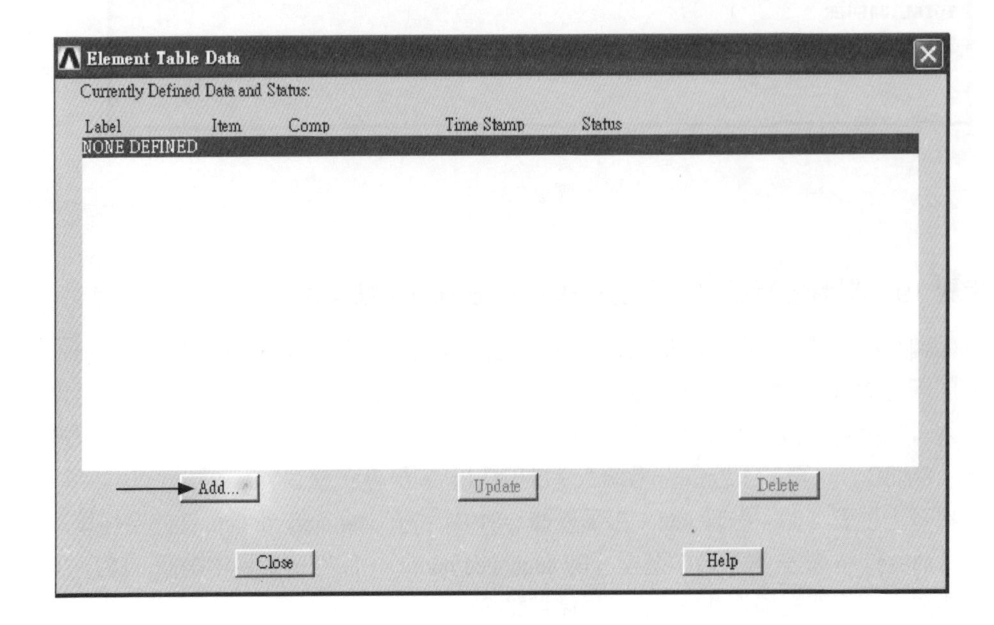
Element Table Data
Currently Defined Data and Status:
Label
Item
Comp
Time Stamp
Status
NONE DEFINED
Add...
Update
Delete
Close
Help

圖 2-78

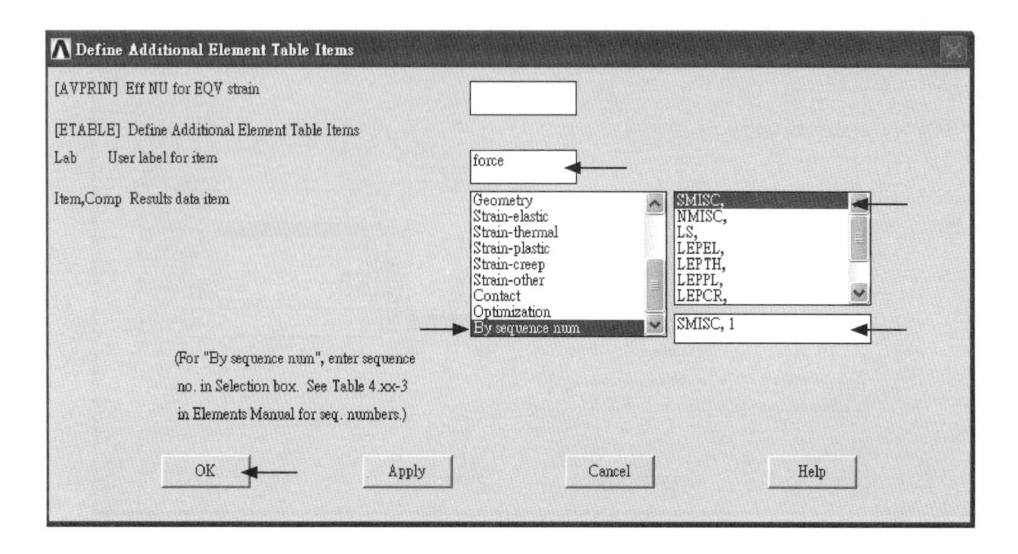

圖 2-79

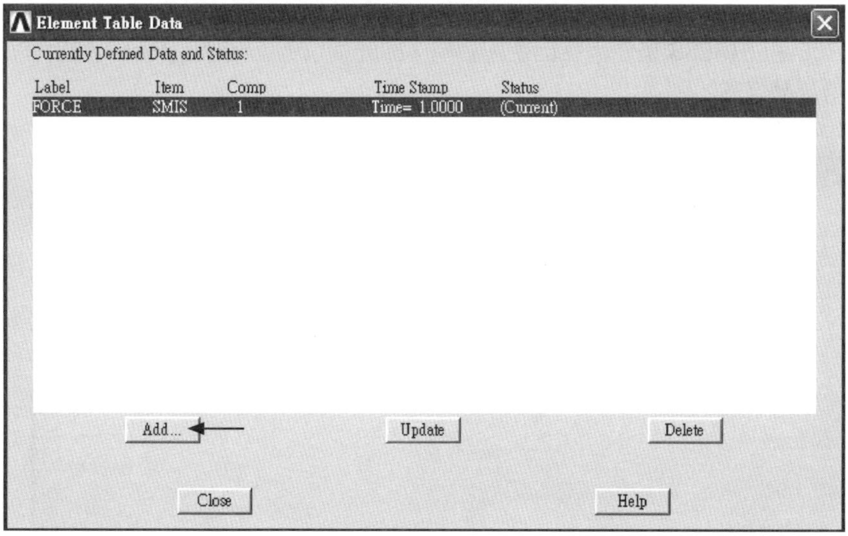

Element Table Data

Currently Defined Data and Status:

Label	Item	Comp	Time Stamp	Status
FORCE	SMIS	1	Time= 1.0000	(Current)

Add... Update Delete

Close Help

圖 2-80

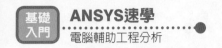

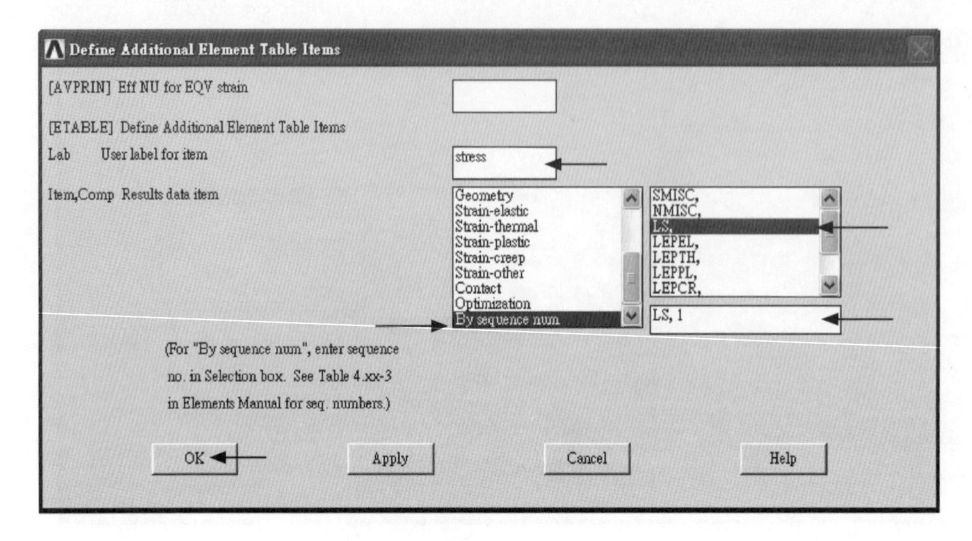

圖 2-81

⑷ 接著出現圖 2-82，圖中列出的 FORCE 和 STRESS 分別代表桿件的軸向力與軸向應力，FORCE 的代碼為 SMISC,1，STRESS 的代碼為 LS,1。最後點擊 Close。（上述的 FORCE 和 STRESS 是使用者自定的名稱，即先前填的 force 和 stress，使用者亦可自取其他名稱）

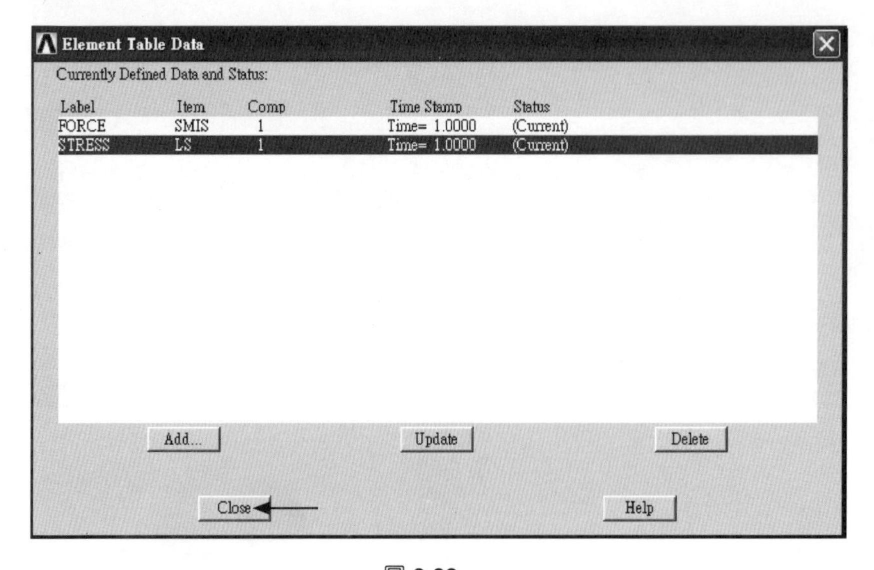

圖 2-82

(5) 如圖 2-83，操作流程：Main Menu → General Postproc → Element Table → List Elem Table。

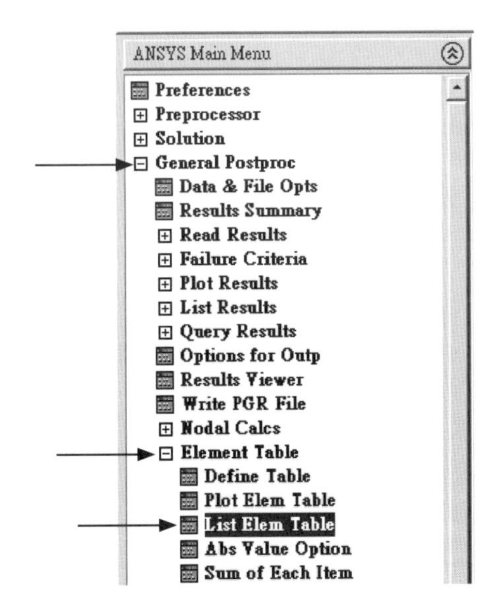

圖 2-83

(6) 接著出現圖 2-84，同時點擊選擇 FORCE 和 STRESS，讓兩者同時呈現反白，再點擊 OK。接著出現圖 2-85 的視窗，列出每個桿件的軸向力（即 FORCE）與軸向應力（即 STRESS）。其中 ELEM 1～5 是代表元素 1～5 號。

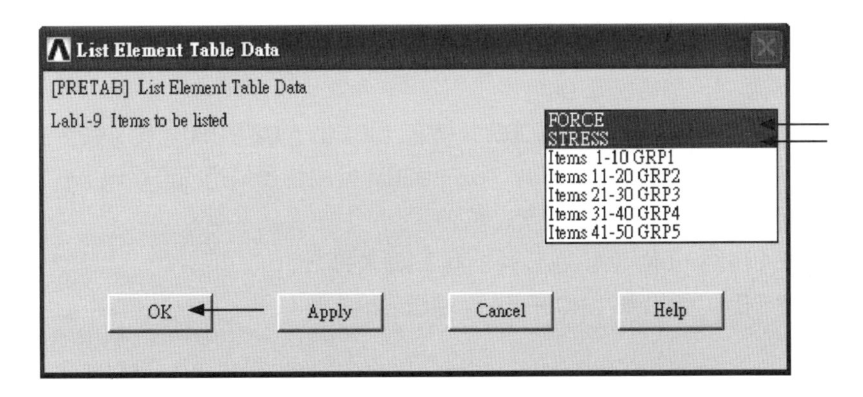

圖 2-84

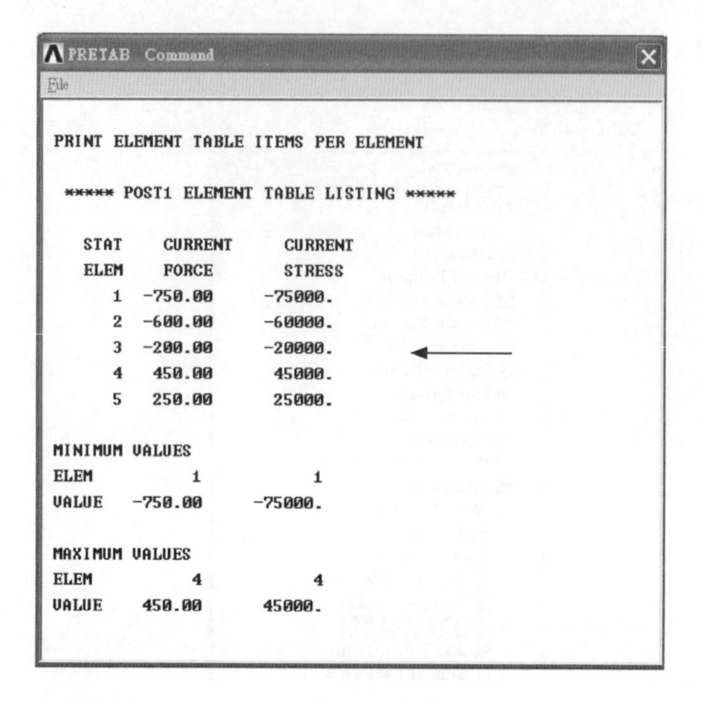


```
PRINT ELEMENT TABLE ITEMS PER ELEMENT

 ***** POST1 ELEMENT TABLE LISTING *****

   STAT     CURRENT     CURRENT
   ELEM     FORCE       STRESS
      1  -750.00     -75000.
      2  -600.00     -60000.
      3  -200.00     -20000.
      4   450.00      45000.
      5   250.00      25000.

MINIMUM VALUES
ELEM          1           1
VALUE   -750.00     -75000.

MAXIMUM VALUES
ELEM          4           4
VALUE    450.00      45000.
```

圖 2-85

(7) 說明：本步驟目的是列出各桿件的軸向力與軸向應力。代碼 SMISC,1 和 LS,1 的意義，必須由 ANSYS Element Reference 手冊中查詢。

☞步驟 20　判讀分析結果：列出節點位移值

(1) 如圖 2-86，操作流程：Main Menu → General Postproc → List Results → Nodal Solution。

(2) 於圖 2-87 中，點擊 DOF Solution，於下拉的選項中，點擊 Displacement vector sum 且使它呈現反白。最後點擊 OK。

(3) 接著出現圖 2-88，列出節點 NODE 1～4 的 UX、UY、UZ、USUM 值，圖 2-6 之 B 和 D 點即 NODE 4 和 2。（UX、UY、UZ、USUM 分別代表 x 方向位移值、y 方向位移值、z 方向位移值、位移合向量之值）

(4) 以 NODE 1 為例，UX = 0.10300E-04 即為 0.103×10^{-4} m。

(5) B 點（NODE 4）和 D 點（NODE 2）位移值如圖 2-88 所列。

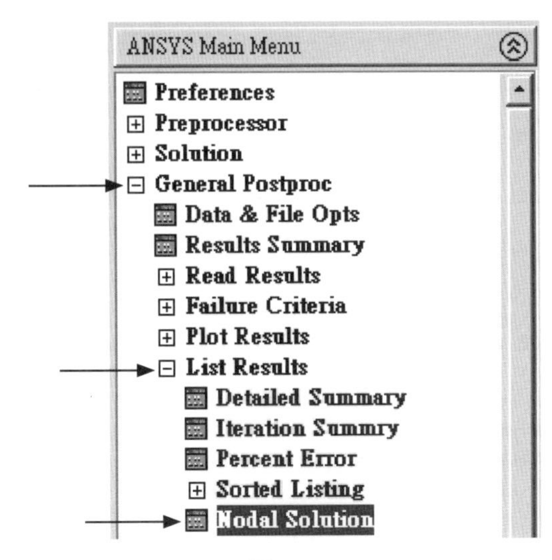
ANSYS Main Menu
Preferences
Preprocessor
Solution
General Postproc
Data & File Opts
Results Summary
Read Results
Failure Criteria
Plot Results
List Results
Detailed Summary
Iteration Summry
Percent Error
Sorted Listing
Nodal Solution

圖 2-86

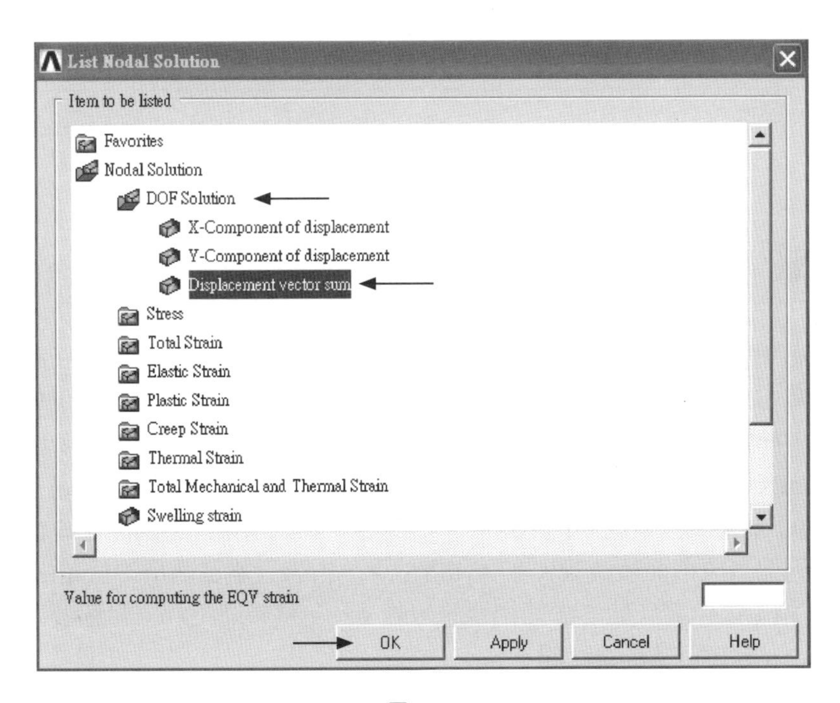
List Nodal Solution
Item to be listed
Favorites
Nodal Solution
DOF Solution
X-Component of displacement
Y-Component of displacement
Displacement vector sum
Stress
Total Strain
Elastic Strain
Plastic Strain
Creep Strain
Thermal Strain
Total Mechanical and Thermal Strain
Swelling strain
Value for computing the EQV strain
OK
Apply
Cancel
Help

圖 2-87

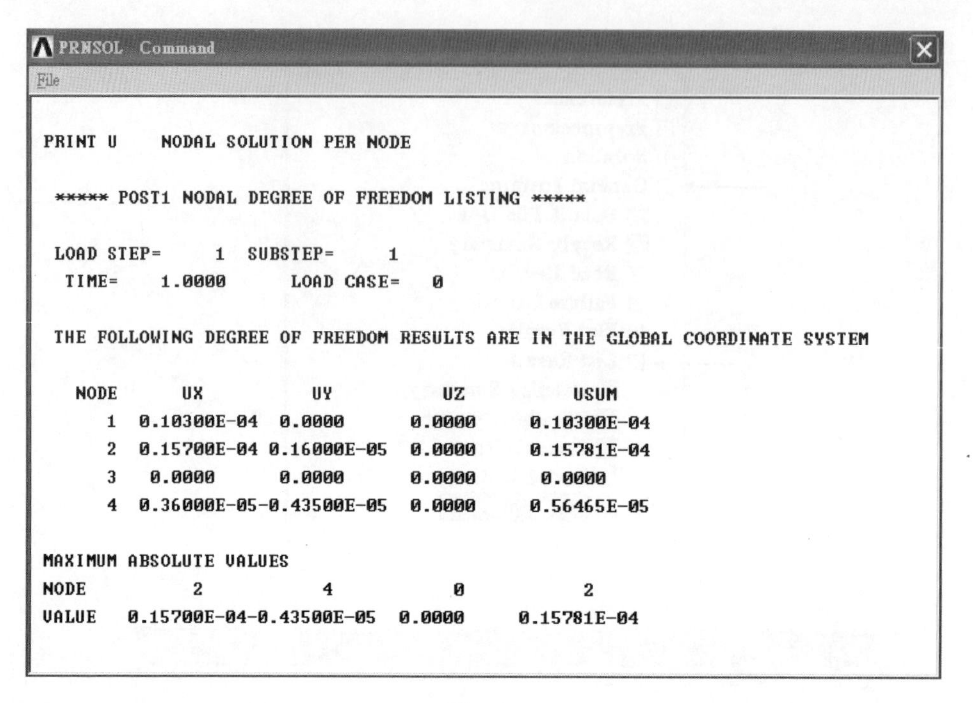
PRNSOL Command

File

```
PRINT U     NODAL SOLUTION PER NODE

 ***** POST1 NODAL DEGREE OF FREEDOM LISTING *****

 LOAD STEP=      1  SUBSTEP=      1
  TIME=    1.0000      LOAD CASE=   0

 THE FOLLOWING DEGREE OF FREEDOM RESULTS ARE IN THE GLOBAL COORDINATE SYSTEM

   NODE       UX          UY          UZ          USUM
      1  0.10300E-04  0.0000      0.0000      0.10300E-04
      2  0.15700E-04 0.16000E-05  0.0000      0.15781E-04
      3   0.0000      0.0000      0.0000       0.0000
      4  0.36000E-05-0.43500E-05  0.0000      0.56465E-05

MAXIMUM ABSOLUTE VALUES
NODE          2           4           0           2
VALUE   0.15700E-04-0.43500E-05  0.0000      0.15781E-04
```

圖 2-88

2-3 LINK 元素

2-2 節例題採用的 LINK1 元素，是 ANSYS 用來模擬平面桁架的元素，節點自由度有 UX 和 UY 兩個位移。此外，ANSYS 的 LINK8 元素則是用來模擬空間桁架，節點自由度有 UX、UY 和 UZ 三個位移。LINK1 和 LINK8 都是桁架元素（truss element），它們的外形如圖 2-89 所示，均簡化成一條直線。

圖 2-90 為桁架元素的簡化示意圖。需注意，雖然桁架元素為簡化的直線，但這直線仍保有原截面積數據，在 ANSYS 中，桁架元素截面積的值是由 Real Constants 指令來給定（如 2-2 節例題的步驟 6）。這類簡化方法的意義，在於方便計算，亦縮短電腦計算時間。

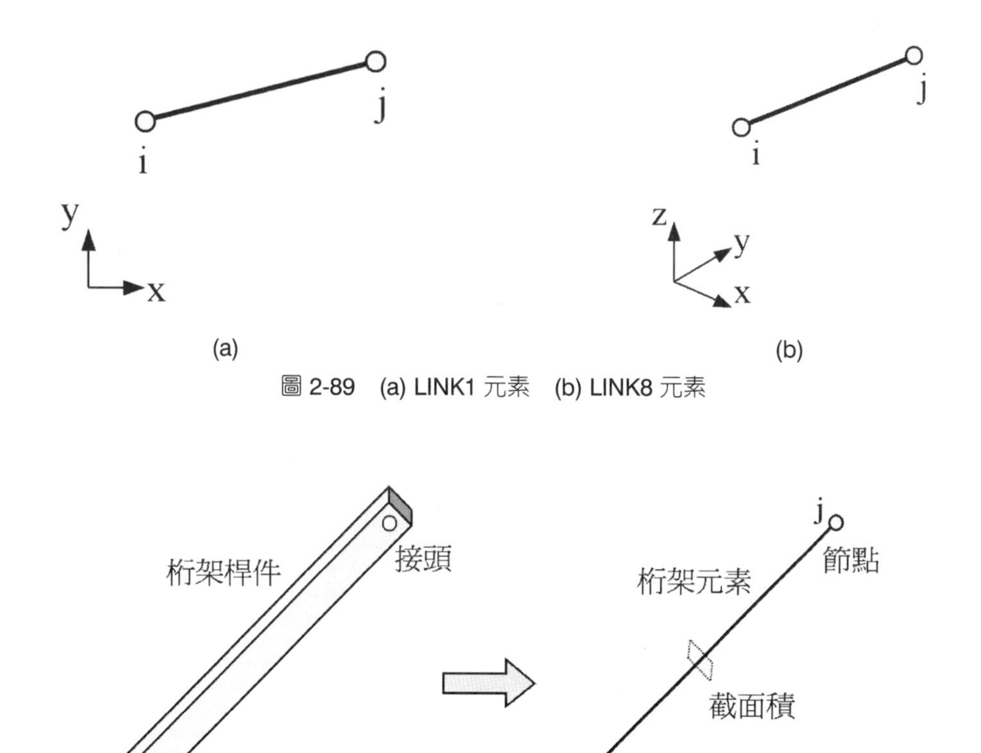

圖 2-89　(a) LINK1 元素　(b) LINK8 元素

圖 2-90　桁架元素的簡化示意圖

2-4 例題討論

2-2 節例題的 ANSYS 計算結果，可以和文獻 [1] 的標準答案做比較，以確認 ANSYS 的做法與答案均正確。圖 2-85 的 FORCE 是 ANSYS 求出的各桿件軸向力，其中的正號代表軸向力是拉力，負號代表軸向力是壓力。根據靜力學的定義與寫法，由圖 2-85 和圖 2-50 的資料，可畫出圖 2-91 的各桿件自由體圖，此結果和文獻 [1] 是一樣的。此外，ANSYS 計算的節點 1 和 3 之反作用力，亦和文獻 [1] 相同，外力與反力之標示如圖 2-92。

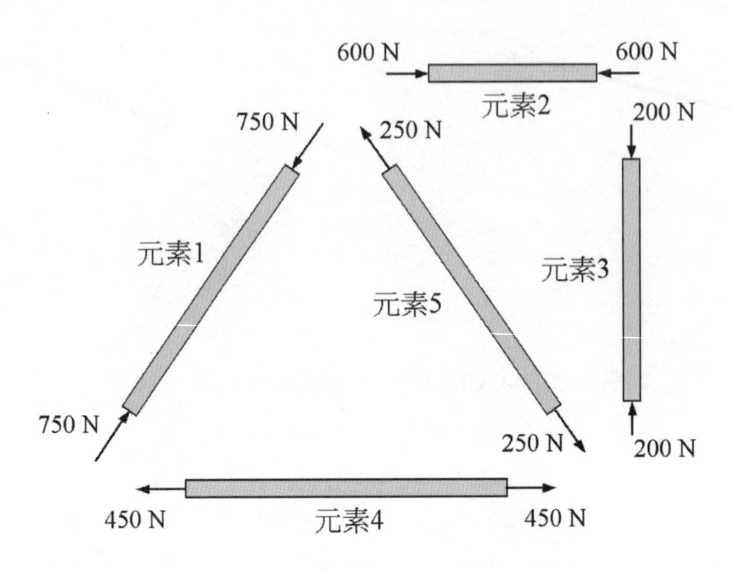

圖 2-91　2-2 節例題的桁架桿件自由體圖

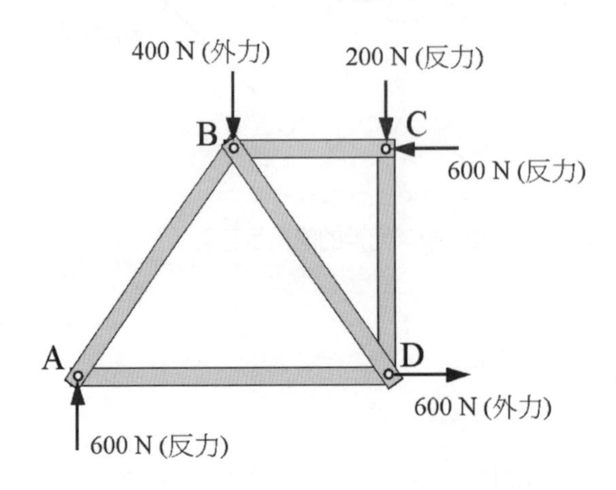

圖 2-92　2-2 節例題的桁架外力與反力圖

由以上得知，ANSYS 以有限元素法算出的答案，和文獻 [1] 的答案是一樣的。

求出各桿件的軸向力後，便可輕易求出軸向應力。圖 2-85 的 STRESS 是 ANSYS 求出的各桿件軸向應力，其中的正號代表拉應力，負號代表壓應力。

本例的桿件為單軸應力問題，軸向應力等於軸向力除以截面積之值，以元素 1（ELEM 1）為例，FORCE = −750 N，STRESS = (−750)/0.01 = −75000 Pa。（桿件截面積 = 0.01 m^2）

本例最大的應力絕對值為 75000 Pa，且為壓應力，發生於元素 1。以延性材料為例，在單軸應力狀況下，該應力值 75000 Pa 若小於降伏強度，桿件結構便安全。（關於強度理論，可參考文獻 [2] 或材料力學書籍）

一個桁架系統必須穩定且具有足夠的拘束，若不穩定或拘束不足，桁架系統將無法抵抗外力，亦無法求解。圖 2-93(a) 為拘束不足的狀況，整個系統會自由轉動，無法抵抗外力。圖 2-93(b) 為不穩定的狀況，此系統少了一個桿件，無法抵抗外力。

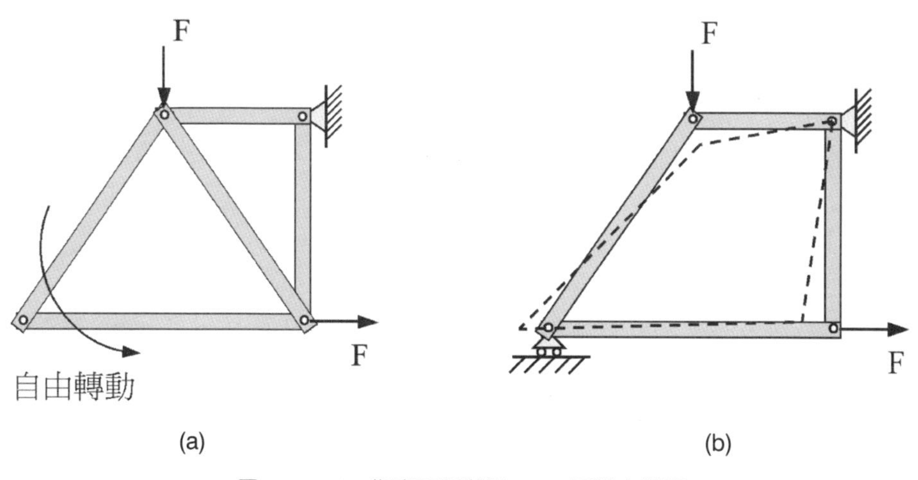

圖 2-93　(a) 拘束不足狀況　(b) 不穩定狀況

此外，要注意 ANSYS 的計算過程是不考慮物理單位的，因此軟體使用者必須自定相容的單位，而本例的相容單位為 SI 制的 m、N、Pa。對於初學者來說，採用 m、N、Pa 這種單位系統，較不會出錯。

經由 2-2 節的例題，讀者可了解 ANSYS 和 FEM 的標準分析流程。一般來說，ANSYS 或其他 FEM 軟體，均可略分為三大部分：⑴ 前處理器（pre-processor）、⑵ 求解器（solver）、⑶ 後處理器（post-processor），在 2-2 節中，第 1～10 步驟是在前處理器（ANSYS 的 Preprocessor）完成，第 11～16 步驟是在求解器（ANSYS 的 Solution）完成，第 17～20 步驟是在後處理器

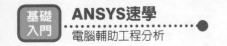

（ANSYS 的 General Postproc）完成。需注意，ANSYS 的拘束和外力設定，可於 Solution 完成，亦可於 Preprocessor 完成。

2-5 參考文獻

[1] R.C. Hibbeler, *Engineering Mechanics - Statics.* 5th edition, New York: Macmillan Publishing, 1989.

[2] 劉晉奇，褚晴暉，*有限元素分析與 ANSYS 的工程應用*。滄海書局，台灣台中，2006。

構架之應力分析

3-1 構架簡介
3-2 ANSYS 例題練習
3-3 BEAM 元素
3-4 例題討論
3-5 參考文獻

本章目標

- 本章爲第 3 天的學習教材，學習時間爲 6 小時。
- 將材料力學和 ANSYS 分析知識做整合。
- 了解樑和構架的位移、旋轉角、應力、反作用力的求法。
- 了解構架與桁架的差別。

3-1 構架簡介

結構力學中的構架（frame），是指圖 3-1 這類結構系統，其桿件為細長形。它的桿件可以同時產生伸縮、彎曲和扭轉，也就是它能同時承受軸向力、彎矩和扭矩。構架與桁架性質不同，構架桿件的計算多了彎曲和扭轉特性，可以應用於一些建築結構或機械結構的設計。構架桿件允許外力加在桿件本身，且桿件間的連接方式可採用剛接（rigid connection）。剛接的方式如銲接、膠合或螺栓接合，可以傳遞彎矩。

圖 3-2 是材料力學探討的樑（beam），它只含彎曲現象，可說是構架的一種簡單型式。此外，材料力學亦探討過複合負載（combined loading）問題，即桿件可同時承受軸向力、彎矩和扭矩，而圖 3-1 這類構架系統，便是屬於複合負載的一種題型。

在有限元素分析中，是以簡化為線的構架元素（frame element）來模擬構架桿件，計算其反力、位移、旋轉角與應力值等。不論是針對平面構架或空間構架，均是以構架元素來模擬，然而一個構架桿件必須切割為多個構架元素，因為使用多個元素和節點才能表達一根桿件的彎曲變形。

圖 3-3 的構架元素模型，即用來模擬圖 3-1 和 3-2 的問題。需注意，不論是桿件上的節點，或是桿與桿相接處的節點，均可以傳遞彎矩。

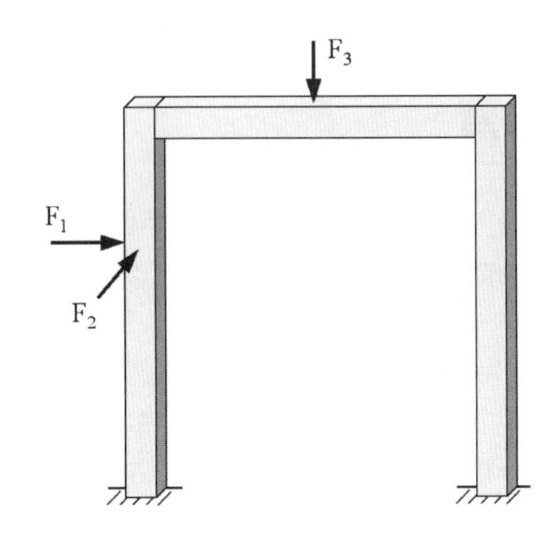

圖 3-1　構架系統

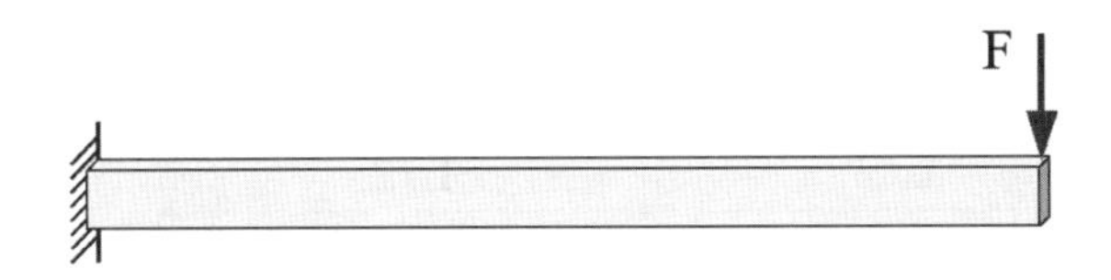

圖 3-2　懸臂樑

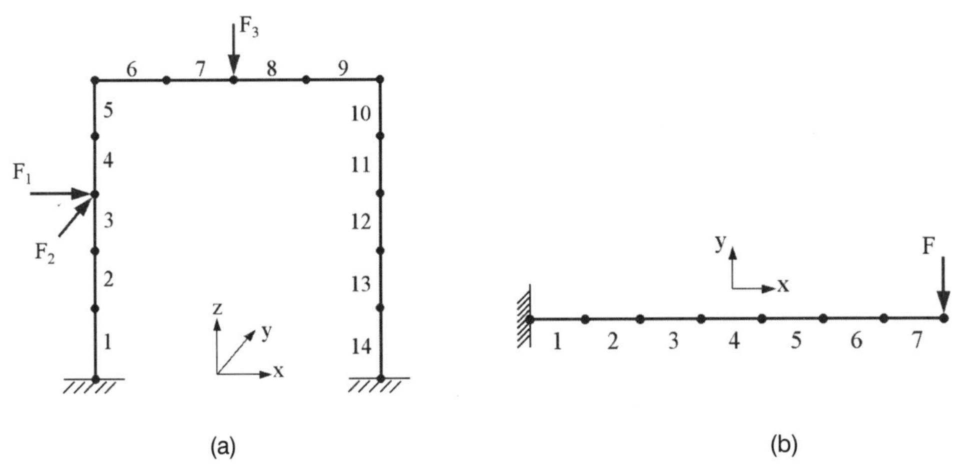

圖 3-3　(a)構架的有限元素模型　(b)樑的有限元素模型（數字為元素編號，圓點為節點）

3-2 ANSYS 例題練習

分析題目如圖 3-4 的工字樑[1]，尺寸和邊界條件如圖所示，a = b = 0.1 m，t = 0.01 m，L = 5 m，均布負荷 w = 3000 N/m，樑材料之楊氏模數（Young's modulus）為 210×10^9 Pa，普松比（Poisson's ratio）為 0.3，分析不考慮樑的自身重量。試以 ANSYS 求出：(1) A 和 B 點的反作用力，(2) A 點的彎曲應力，(3) B 點的旋轉角，(4) 最大撓曲位移。以下為 ANSYS 的求解流程解說，請讀者依指示操作 ANSYS 並完成分析。分析的單位系統採用 Pa、m、N。

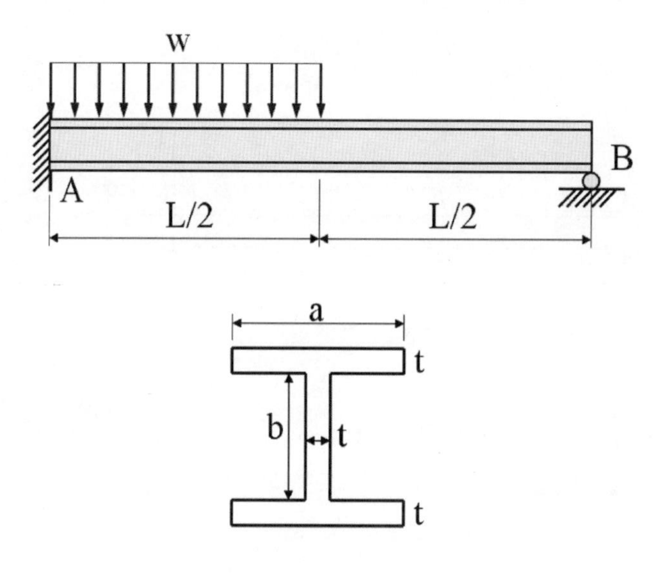

圖 3-4　工字樑例題[1]

☞步驟 1　啓動 ANSYS

本例採用 ANSYS 傳統界面。首先重新啓動 ANSYS，其啓動方法請參考本書第 1 章的 1-5 節，啓動後的 ANSYS 傳統界面如圖 3-5。（若第 2 章分析結果還在，就須先離開 ANSYS 再重新啓動，離開 ANSYS 之操作流程：Utility Menu → File → Exit，選擇 Quit-No Save，再點擊 OK）

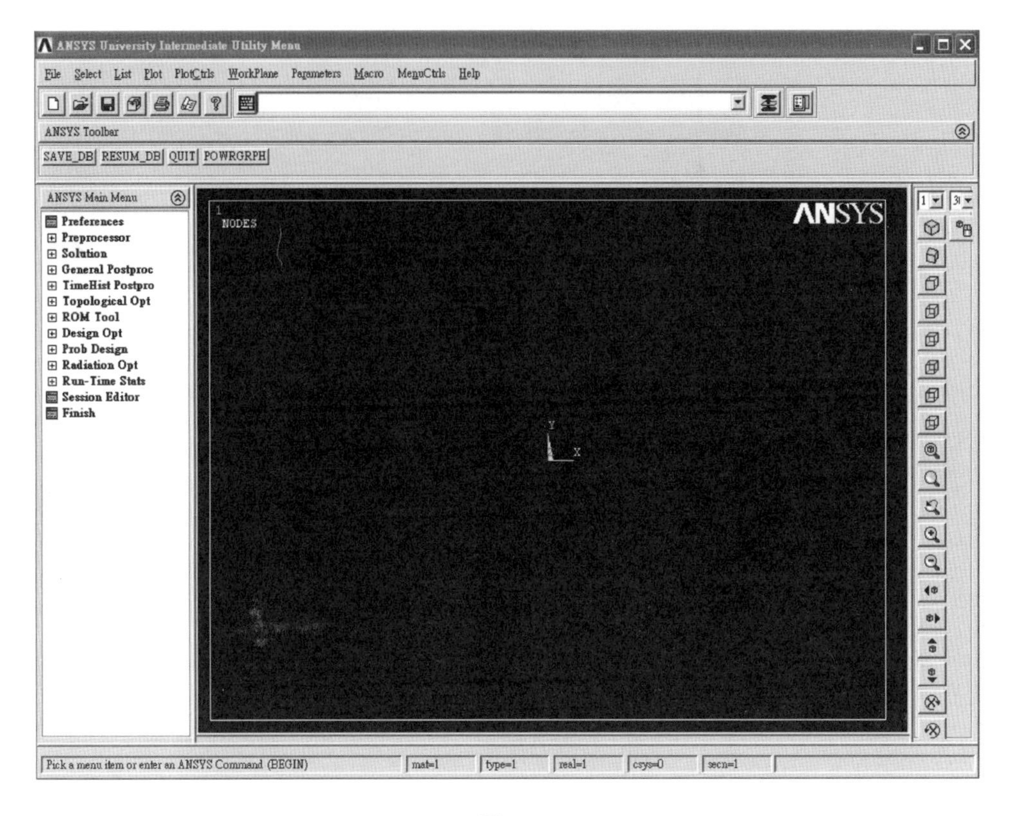

圖 3-5

☞步驟 2　設定 Jobname

(1) 如圖 3-6，操作流程：Utility Menu → File → Change Jobname。

(2) 接著出現圖 3-7 的設定畫面，輸入「ch3」的文字於空格中，再點擊「OK」。

(3) 說明：本步驟是設定分析的工作名稱（job name），此工作名稱將成為 ANSYS 各類檔案的主檔名。以本例來說，計算結果的檔案名稱將為 ch3.rst。

☞步驟 3　設定 Title

(1) 如圖 3-8，操作流程：Utility Menu → File → Change Title。

(2) 接著出現圖 3-9 的設定畫面，輸入「Ch3 Frame」的文字於空格中，再點擊「OK」。

(3) 說明：本步驟是設定 Graphics Window 中顯示的註解文字。

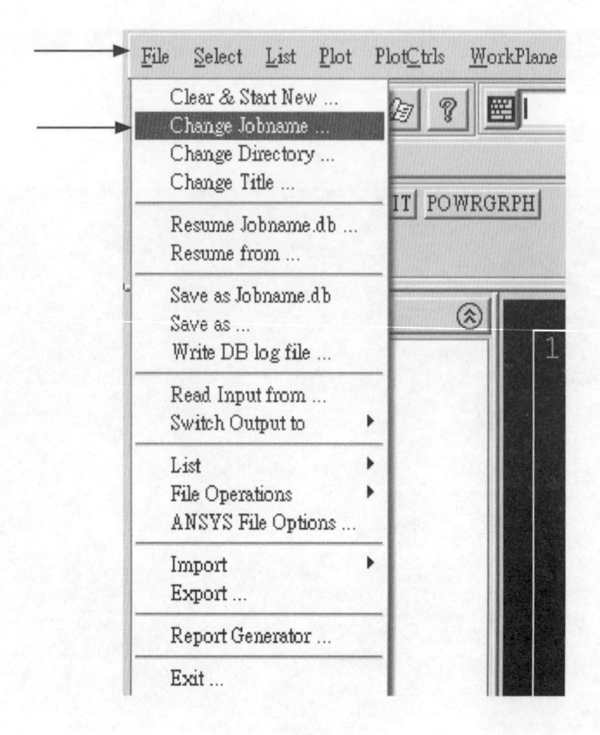
File
Select
List
Plot
PlotCtrls
WorkPlane
Clear & Start New ...
Change Jobname ...
Change Directory ...
Change Title ...
Resume Jobname.db ...
Resume from ...
Save as Jobname.db
Save as ...
Write DB log file ...
Read Input from ...
Switch Output to
List
File Operations
ANSYS File Options ...
Import
Export ...
Report Generator ...
Exit ...
POWRGRPH

圖 3-6

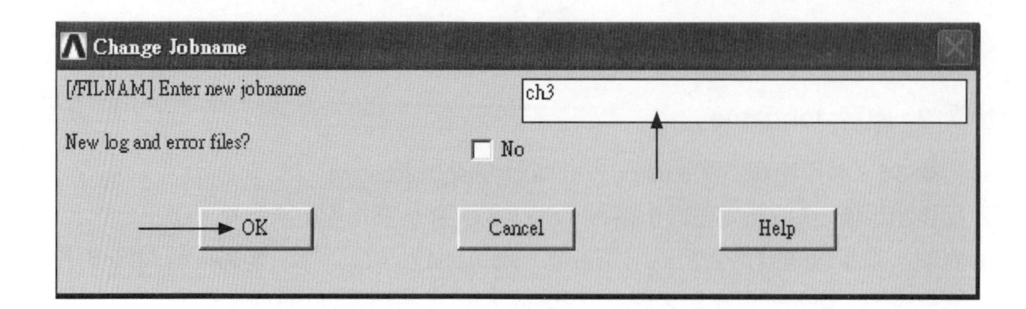
Change Jobname
[/FILNAM] Enter new jobname
ch3
New log and error files?
No
OK
Cancel
Help

圖 3-7

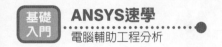

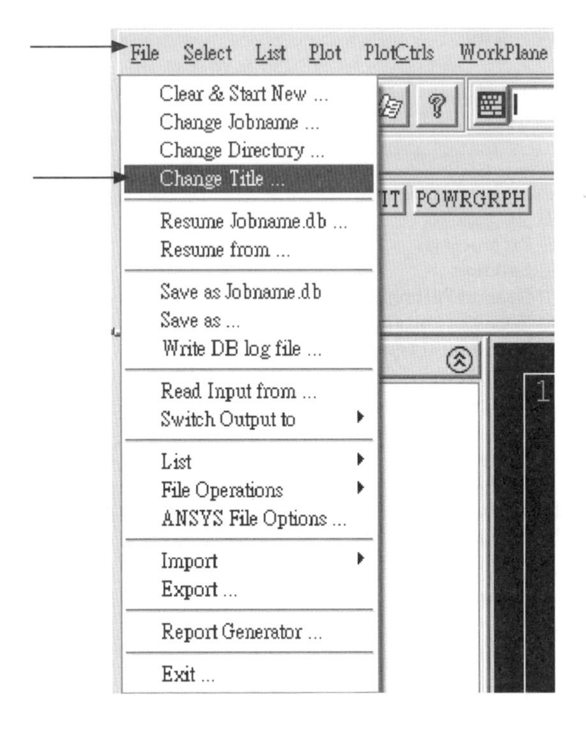
File
Select
List
Plot
PlotCtrls
WorkPlane
Clear & Start New ...
Change Jobname ...
Change Directory ...
Change Title ...
Resume Jobname.db ...
Resume from ...
Save as Jobname.db
Save as ...
Write DB log file ...
Read Input from ...
Switch Output to
List
File Operations
ANSYS File Options ...
Import
Export ...
Report Generator ...
Exit ...
POWRGRPH

圖 3-8

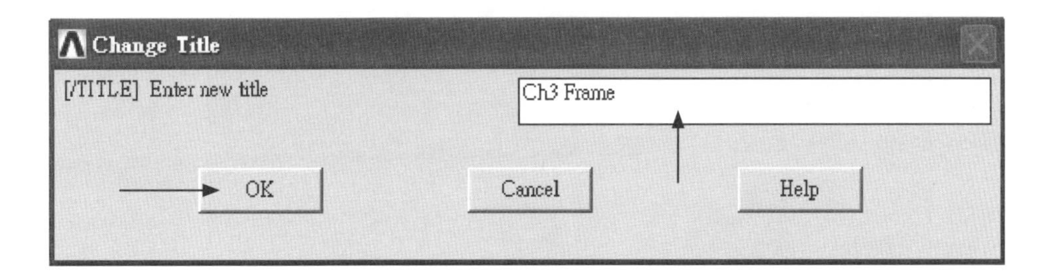
Change Title
[/TITLE] Enter new title
Ch3 Frame
OK
Cancel
Help

圖 3-9

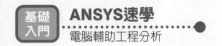

☞步驟 4　設定分析的物理類型

⑴ 如圖 3-10，操作流程：Main Menu → Preferences。

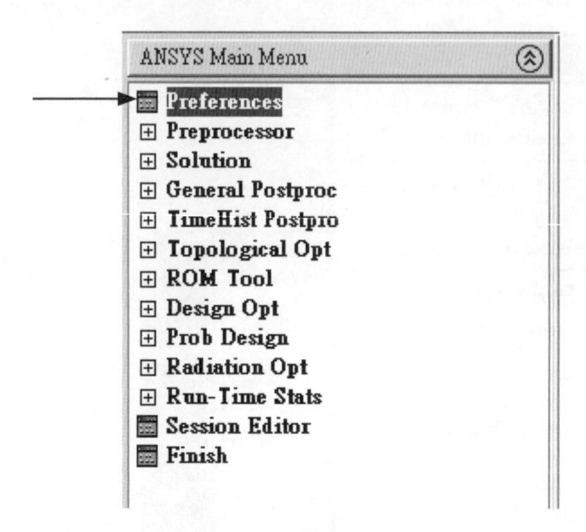

圖 3-10

⑵ 接著出現圖 3-11 的設定畫面，以點擊方式選擇 Structural 和 h-Method，再點擊「OK」。

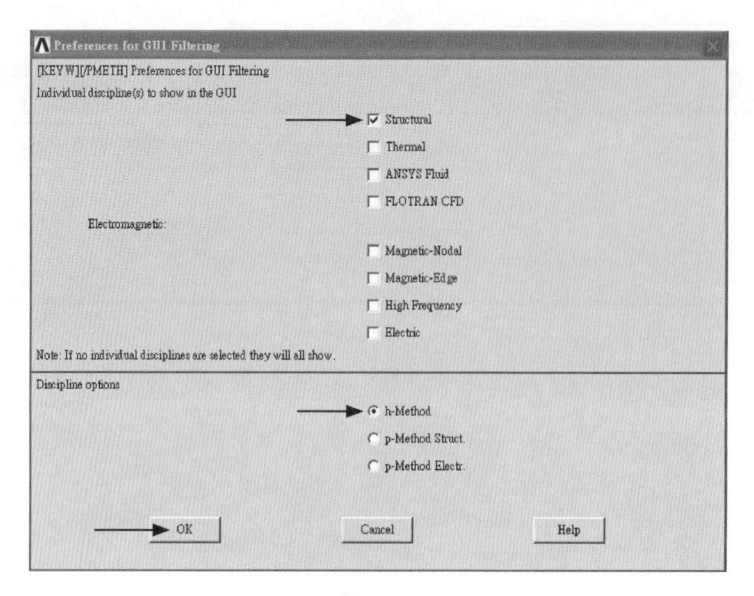

圖 3-11

(3) 說明：本步驟是設定分析的物理類型為結構分析（structural analysis），且採用 h-method 的有限元素方法（關於 h-method，可參閱文獻 [2]）。

☞步驟 5　設定元素類型

(1) 如圖 3-12，操作流程：Main Menu → Preprocessor → Element Type → Add/Edit/Delete。

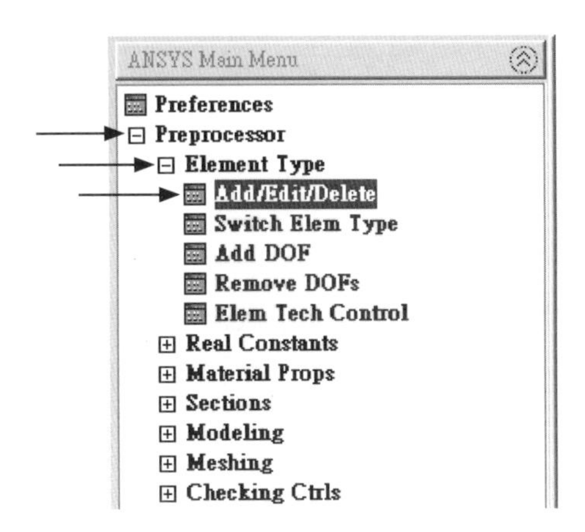

圖 3-12

(2) 接著出現圖 3-13 的設定畫面，點擊 Add。接著出現圖 3-14 的設定畫面，依畫面選擇 Beam 和 2 node 188，再點擊 OK。

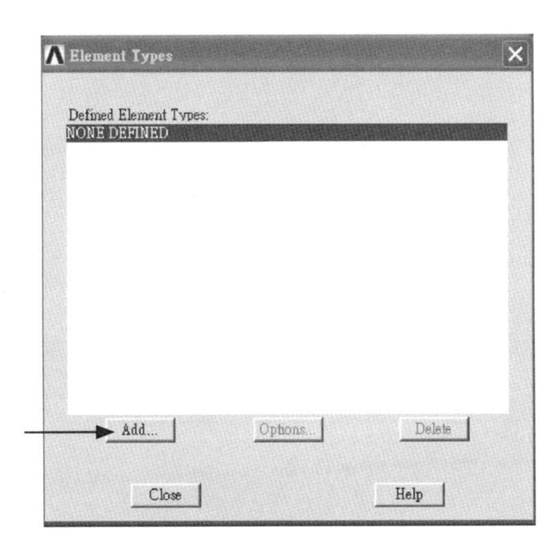

圖 3-13

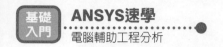

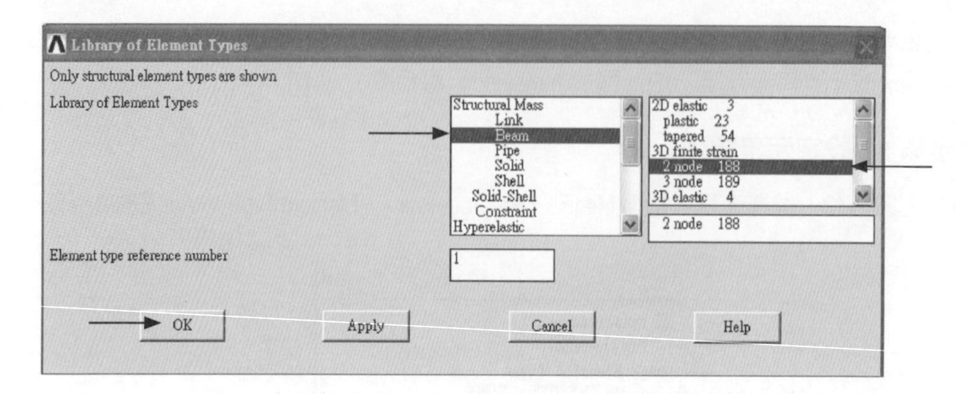

圖 3-14

(3) 圖 3-15(a) 顯示 Type 1 BEAM188，點擊下方的 Options。接著於圖 3-15(b)中，於 K4 項選擇 Include Both，再點擊 OK。確定沒問題後，於圖 3-15(c)中，點擊 Close。

(4) 說明：本步驟是設定元素類型，採用 ANSYS 的構架元素 BEAM188 來分析構架系統（ANSYS 將構架元素稱為樑元素，即稱為 beam element）。Options 的 K4 採用 Include Both，是將樑的扭轉剪應力和橫向剪應力之和，存於輸出資料。

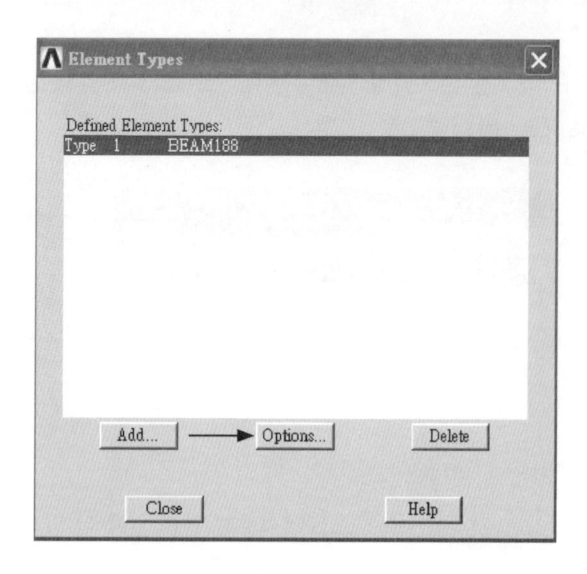

圖 3-15(a)

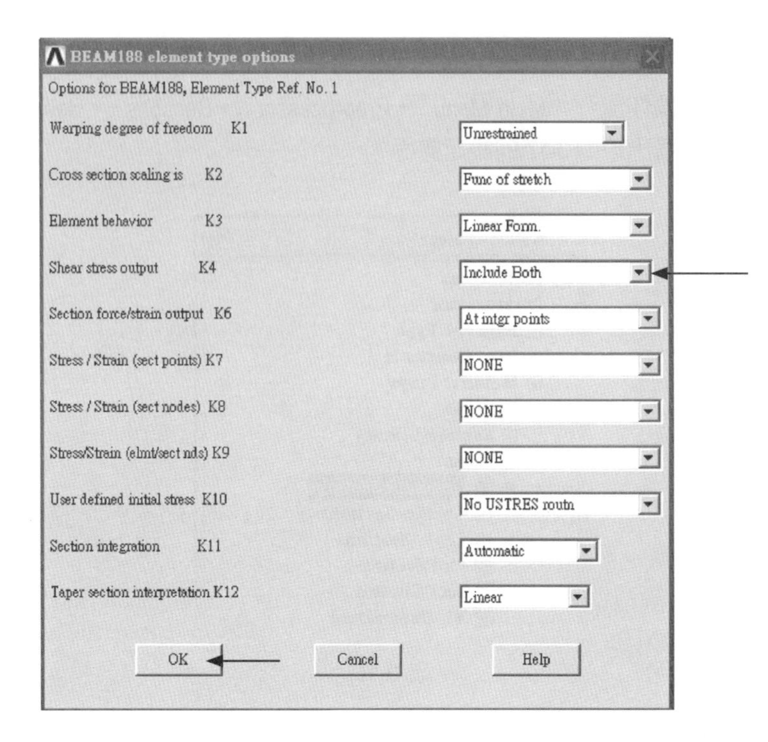

圖 3-15(b)

Element Types

Defined Element Types:

Type 1 BEAM188

Add... Options... Delete

Close Help

圖 3-15(c)

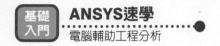

☞步驟 6 設定截面外形與尺寸

(1) 如圖 3-16，操作流程：Main Menu → Preprocessor → Sections → Beam → Common Sections。接著出現圖 3-17 的設定畫面。

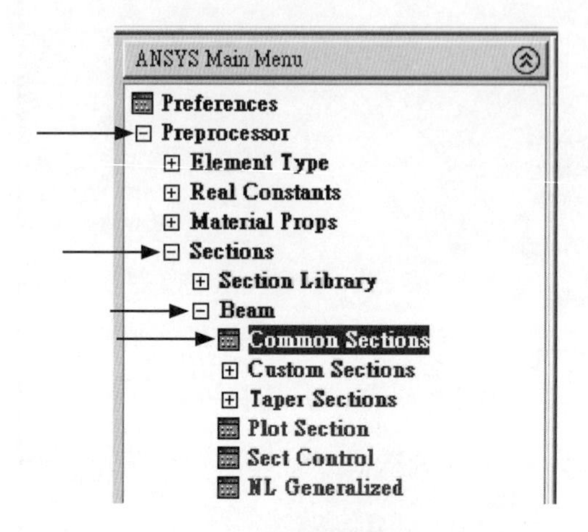

圖 3-16

Beam Tool
ID 1
Name
Sub-Type
Offset To Centroid
Offset-Y 0
Offset-Z 0
H
B
B 0
H 0
Nb 0
Nh 0
OK Apply
Close Preview
Help Meshview

圖 3-17

(2) 如圖 3-18，點擊 Sub-Type，於下拉選項中選擇「工」形，完成後如圖 3-19。

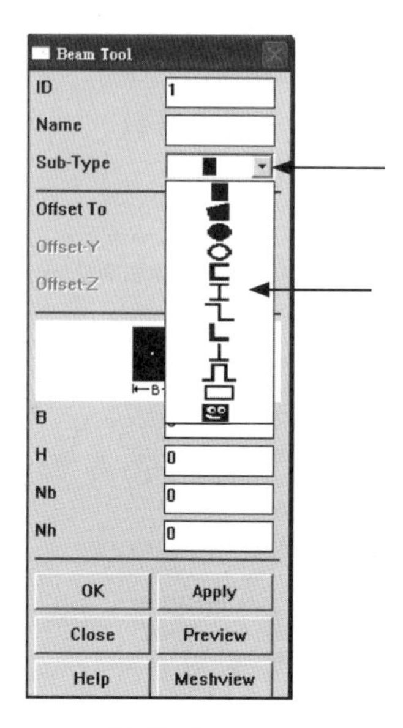

圖 3-18

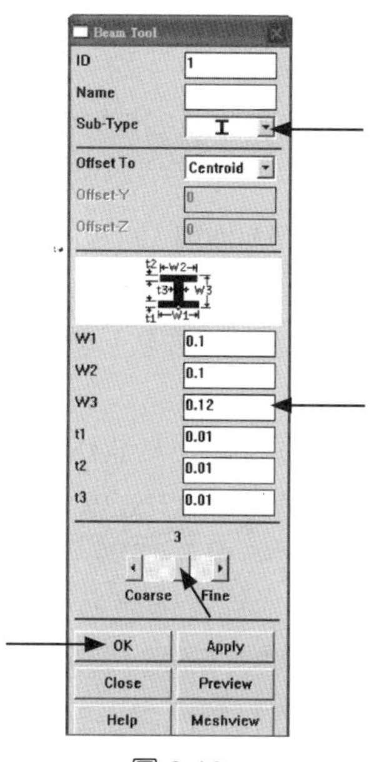

圖 3-19

(3) 在圖 3-19 中，輸入「工」形截面的尺寸，根據圖 3-4，輸入以下數字：W1 = 0.1，W2 = 0.1，W3 = 0.12，t1 = t2 = t3 = 0.01。
(4) 於圖 3-19 下方，將 Coarse-Fine 的按鍵拉到中央，顯示為 3。最後點擊OK。
(5) 說明：本步驟是設定樑的「工」形截面性質。

☞步驟 7 設定材料係數

(1) 如圖 3-20，操作流程：Main Menu → Preprocessor → Material Props → Material Models。

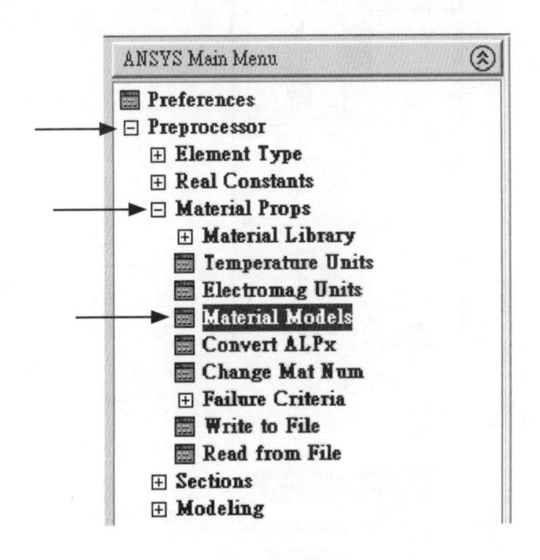

圖 3-20

(2) 接著出現圖 3-21，確認左半部的 Material Model Number 1 是反白顯示。接著以圖 3-22 的方式，點擊（連續按兩次滑鼠左鍵）右半部的 Structural、Linear、Elastic、Isotropic，接著出現圖 3-23，於 EX（楊氏模數）輸入 210E9，於 PRXY（普松比）輸入 0.3，最後點擊 OK。
(3) 接著出現圖 3-24，可於左半部看到 Material Model Number 1 含有 Linear Isotropic 這項，表示材料係數已完成設定。最後點擊右上角的 X，關掉此視窗。
(4) 說明：本步驟是設定材料係數的楊氏模數（Young's modulus）與普松比（Poisson's ratio）。題目給定的楊氏模數為 210×10^9 Pa (210 GPa)，可於 ANSYS 中輸入 210E9 的科學符號表示法（210E9 = 210×10^9，類似 FORTRAN 程式語言格式）。此外，本例的構架元素 BEAM188 是採用 Timoshenko 樑理論[2]，因此必須給定普松比，其值為 0.3。

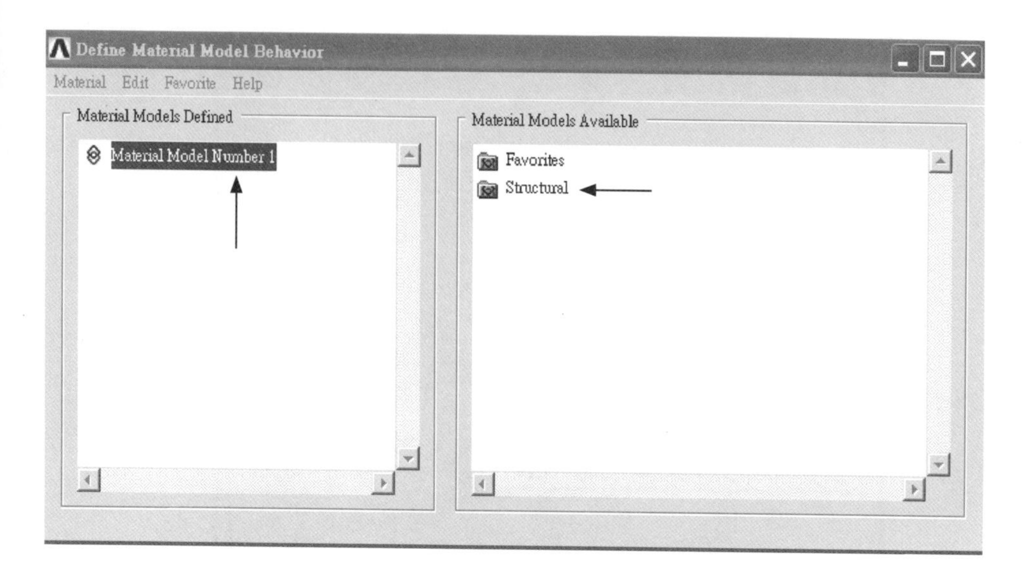
Define Material Model Behavior
Material Edit Favorite Help
Material Models Defined
Material Model Number 1
Material Models Available
Favorites
Structural

圖 3-21

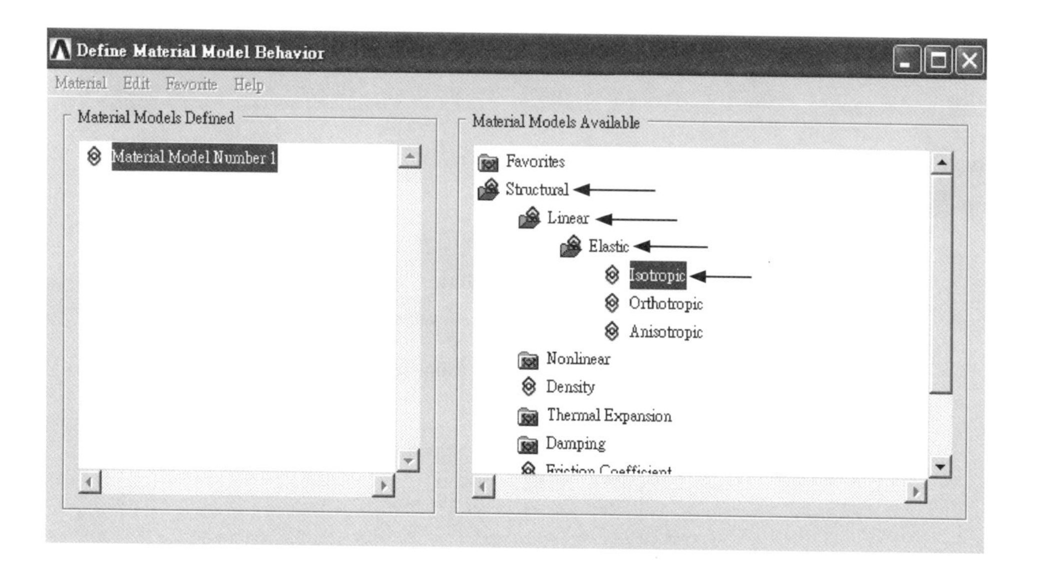
Define Material Model Behavior
Material Edit Favorite Help
Material Models Defined
Material Model Number 1
Material Models Available
Favorites
Structural
Linear
Elastic
Isotropic
Orthotropic
Anisotropic
Nonlinear
Density
Thermal Expansion
Damping

圖 3-22

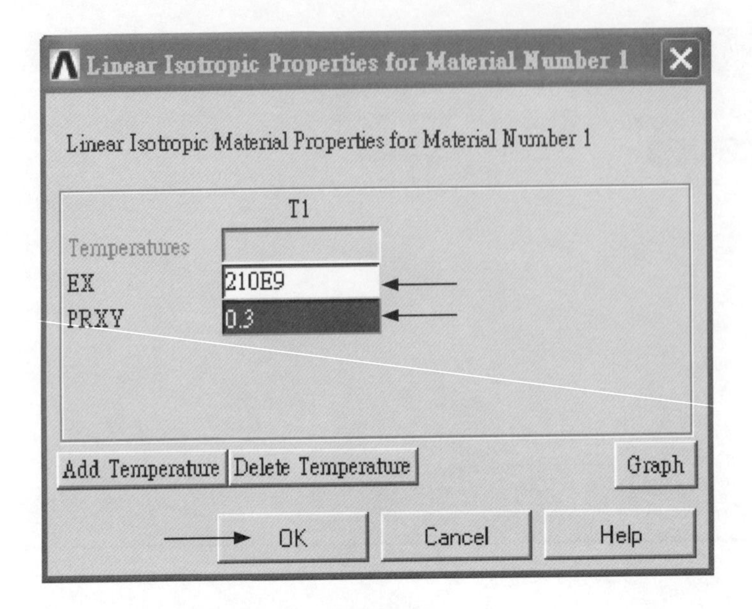
Linear Isotropic Properties for Material Number 1
Linear Isotropic Material Properties for Material Number 1
T1
Temperatures
EX
210E9
PRXY
0.3
Add Temperature
Delete Temperature
Graph
OK
Cancel
Help

圖 3-23

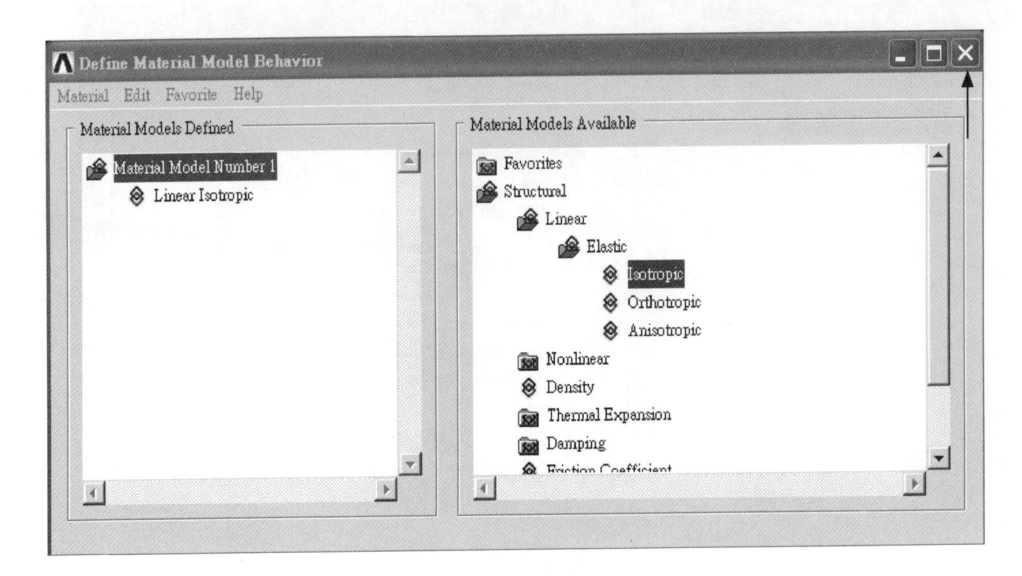
Define Material Model Behavior
Material
Edit
Favorite
Help
Material Models Defined
Material Model Number 1
Linear Isotropic
Material Models Available
Favorites
Structural
Linear
Elastic
Isotropic
Orthotropic
Anisotropic
Nonlinear
Density
Thermal Expansion
Damping

圖 3-24

☞步驟 8　建立關鍵點

(1) 如圖 3-25，操作流程：Main Menu → Preprocessor → Modeling → Create → Keypoints → In Active CS。接著於圖 3-26 中，輸入關鍵點（keypoint）座標為（0, 0, 0），再點擊 OK。

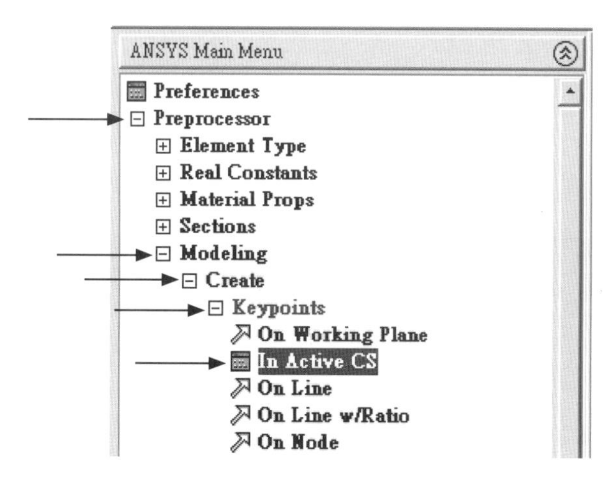

圖 3-25

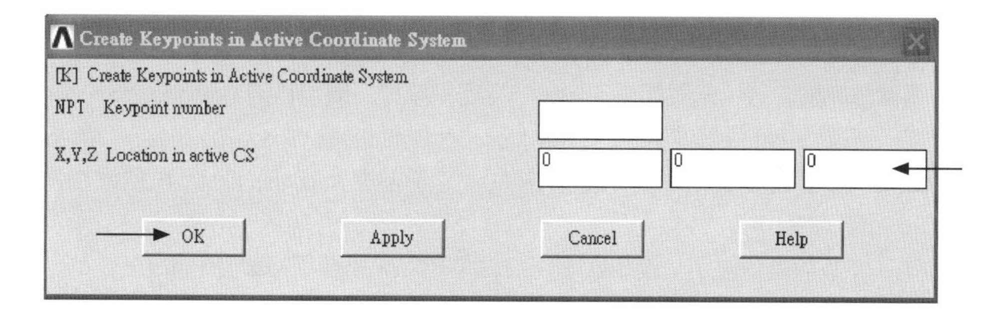

圖 3-26

(2) 操作流程：Main Menu → Preprocessor → Modeling → Create → Keypoints → In Active CS。接著於圖 3-27 中，輸入關鍵點座標為（2.5, 0, 0），再點擊 OK。

(3) 操作流程：Main Menu → Preprocessor → Modeling → Create → Keypoints → In Active CS。接著於圖 3-28 中，輸入關鍵點座標為（5, 0, 0），再點擊 OK。

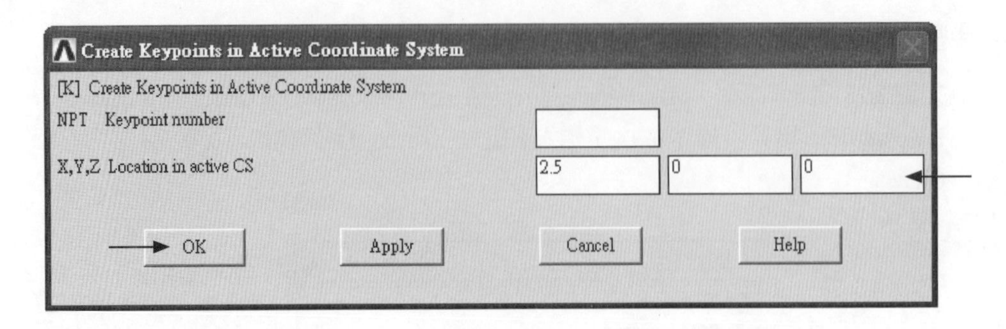

圖 3-27

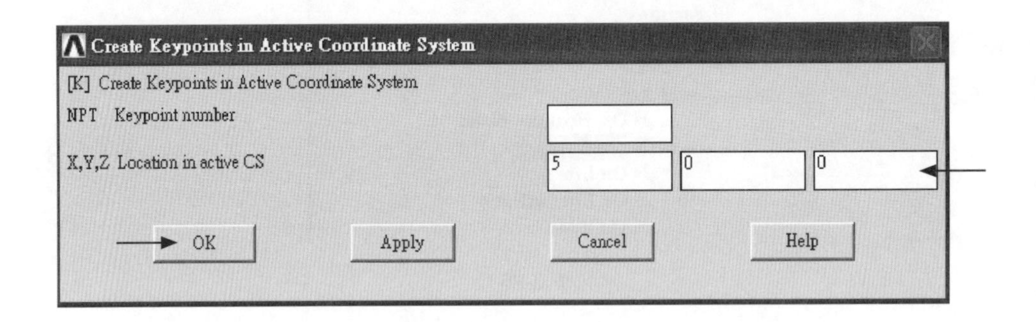

圖 3-28

(4) 3 個關鍵點建立後，結果如圖 3-29(a)。接著把座標系圖示移到 Graphics Window 右下方，如圖 3-29(b)，操作流程：Utility Menu → PlotCtrls → Window Controls → Window Options。接著於圖 3-29(c) 中，在「/TRIAD」之項選擇 At bottom right，再點擊 OK。最後如圖 3-29(d)。

(5) 說明：本步驟是依題目（圖 3-4）建立 3 個關鍵點，座標值的單位是 m。

☞步驟 9　建立參考用的關鍵點

(1) 操作流程：Main Menu → Preprocessor → Modeling → Create → Keypoints → In Active CS。接著於圖 3-30 中，輸入關鍵點座標為（2.5, 1, 0），再點擊 OK，結果如圖 3-31。

(2) 說明：本步驟是建立一個參考用的關鍵點，將用來定義 BEAM188 元素的方向。

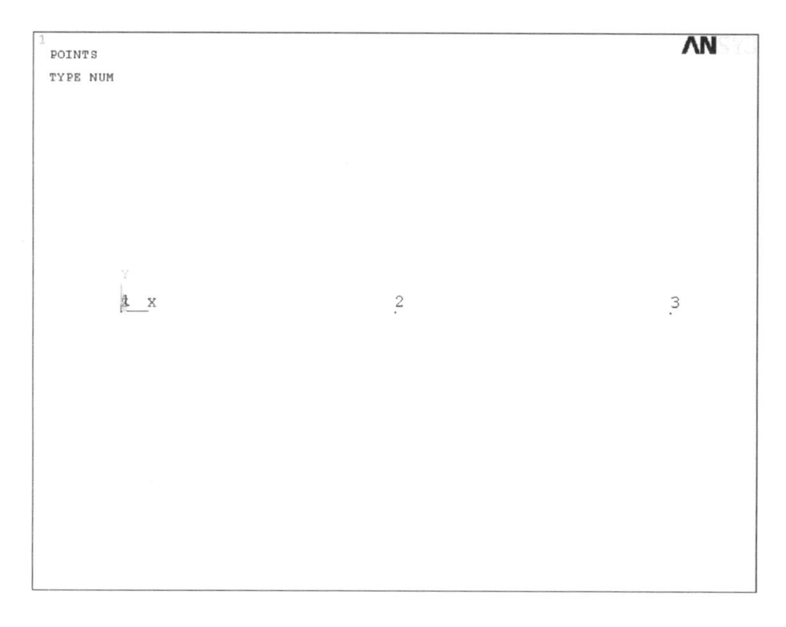
POINTS
TYPE NUM
Y
1 X
2
3

圖 3-29(a)

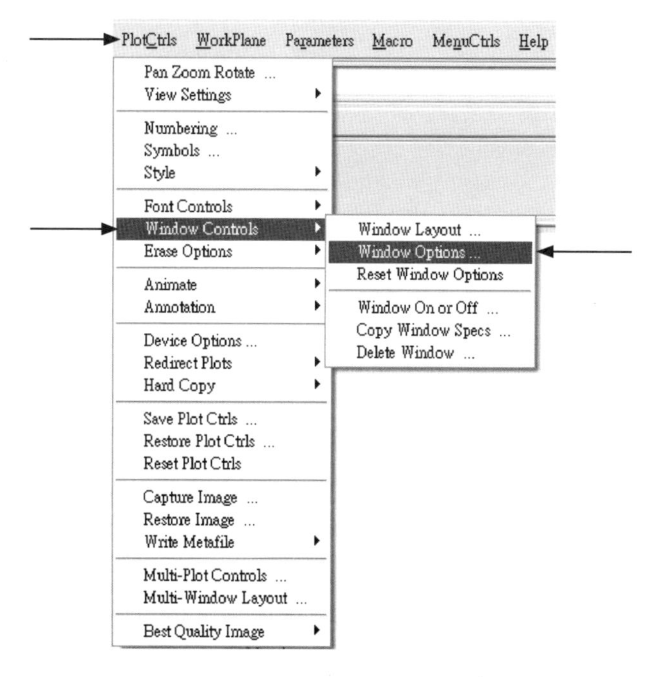
PlotCtrls
WorkPlane
Parameters
Macro
MenuCtrls
Help
Pan Zoom Rotate ...
View Settings
Numbering ...
Symbols ...
Style
Font Controls
Window Controls
Erase Options
Animate
Annotation
Device Options ...
Redirect Plots
Hard Copy
Save Plot Ctrls ...
Restore Plot Ctrls ...
Reset Plot Ctrls
Capture Image ...
Restore Image ...
Write Metafile
Multi-Plot Controls ...
Multi-Window Layout ...
Best Quality Image
Window Layout ...
Window Options ...
Reset Window Options
Window On or Off ...
Copy Window Specs ...
Delete Window ...

圖 3-29(b)

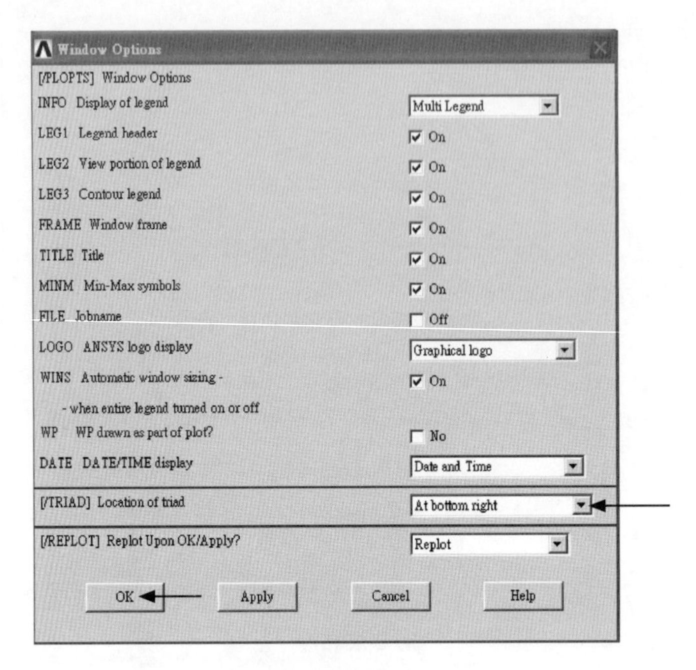

圖 3-29(c)

POINTS
TYPE NUM
1
2
3
Y
Z X
Ch3 Frame

圖 3-29(d)

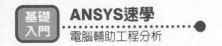

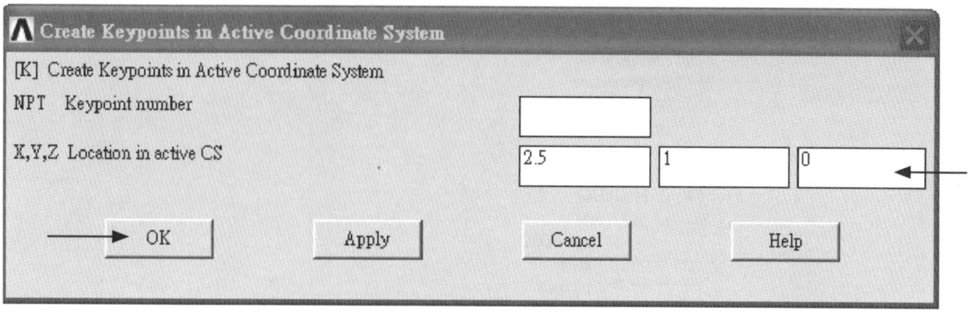

Create Keypoints in Active Coordinate System

[K] Create Keypoints in Active Coordinate System

NPT Keypoint number

X,Y,Z Location in active CS 2.5 1 0

OK Apply Cancel Help

圖 3-30

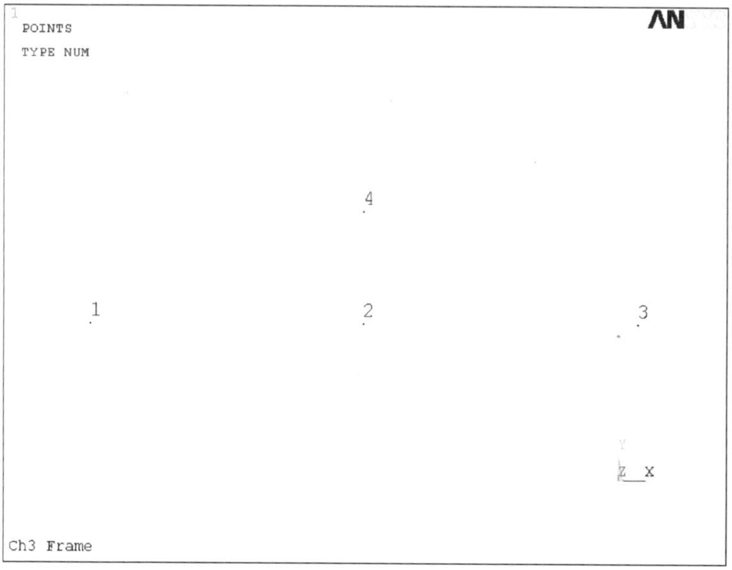

1
POINTS
TYPE NUM

4

1 2 3

Y
Z X

Ch3 Frame

圖 3-31

☞步驟 10 建立直線

(1) 如圖 3-32，操作流程：Main Menu → Preprocessor → Modeling → Create → Lines → Lines → Straight Line。接著出現圖 3-33 畫面，以游標抓取 1 號和 2 號關鍵點（按滑鼠左鍵），然後點擊左下角的 OK，即建立如圖 3-34 的直線。

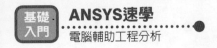

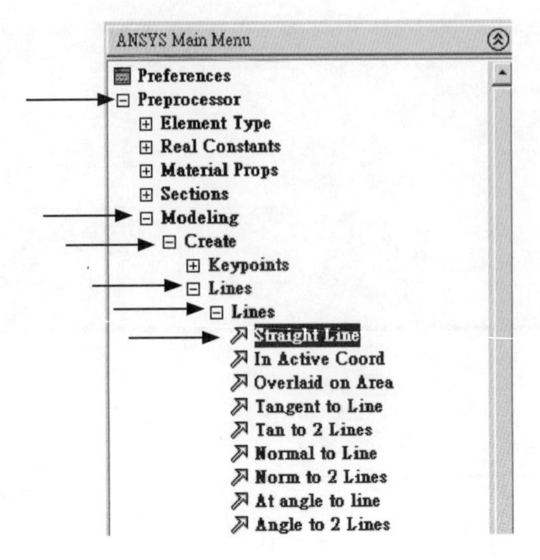
ANSYS Main Menu
Preferences
Preprocessor
Element Type
Real Constants
Material Props
Sections
Modeling
Create
Keypoints
Lines
Lines
Straight Line
In Active Coord
Overlaid on Area
Tangent to Line
Tan to 2 Lines
Normal to Line
Norm to 2 Lines
At angle to line
Angle to 2 Lines

圖 3-32

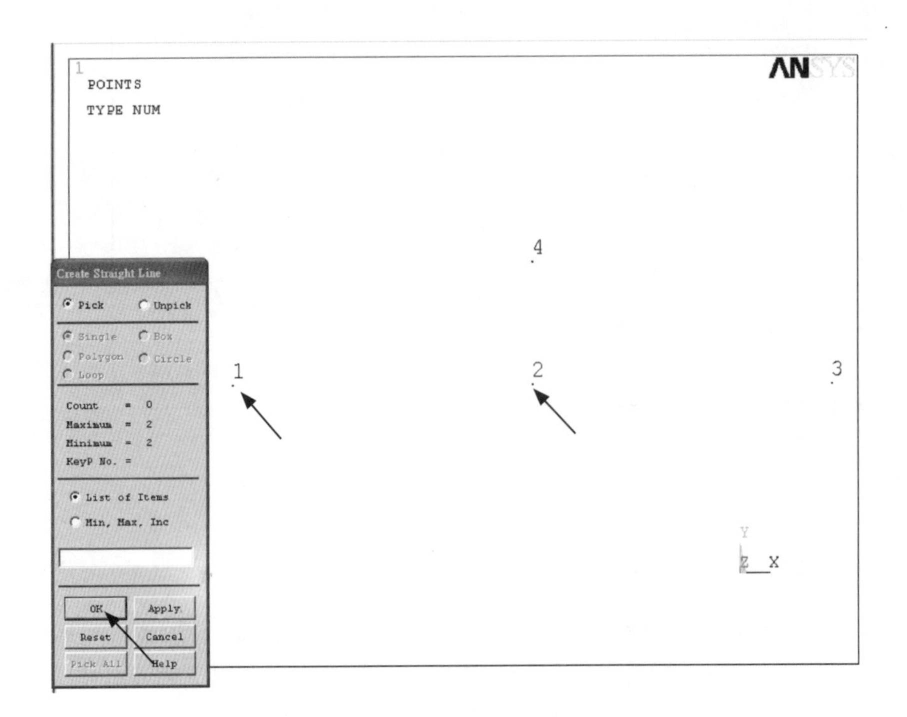
POINTS
TYPE NUM
Create Straight Line
Pick
Unpick
Single
Box
Polygon
Circle
Loop
Count = 0
Maximum = 2
Minimum = 2
KeyP No. =
List of Items
Min, Max, Inc
OK
Apply
Reset
Cancel
Pick All
Help
1
2
3
4
Y
Z X

圖 3-33

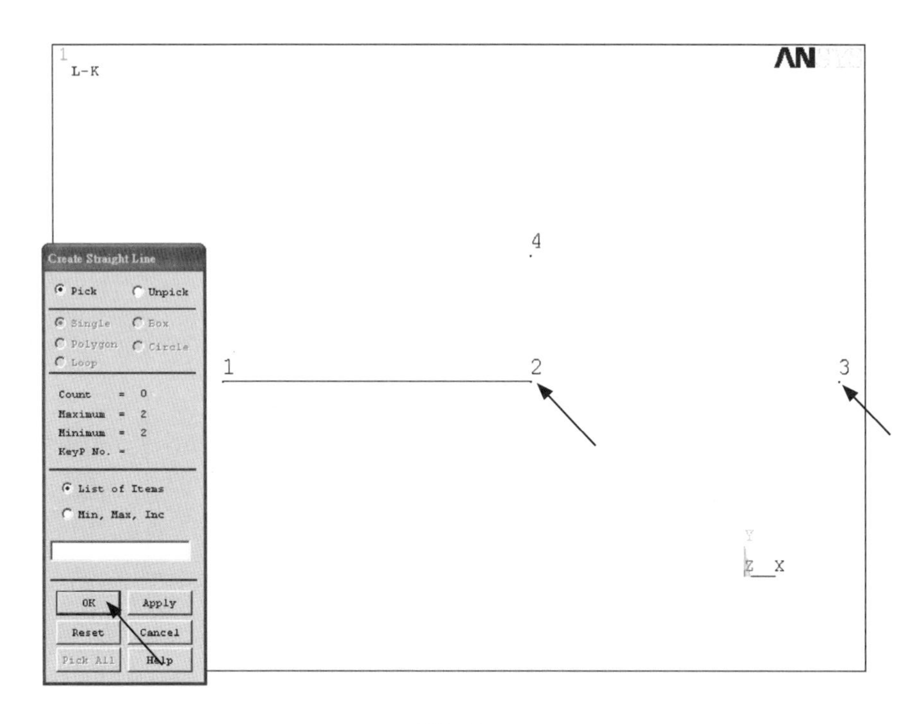

圖 3-34

(2) 操作流程：Main Menu → Preprocessor → Modeling → Create → Lines → Lines → Straight Line。接著於圖 3-34 畫面，以游標抓取 2 號和 3 號關鍵點（按滑鼠左鍵），然後點擊左下角的 OK，即建立如圖 3-35 的直線。

(3) 說明：本例做法是先建立直線，再於直線上切割多個 BEAM188 元素。此法不同於第 2 章的 LINK1 元素。

☞步驟 11　顯示關鍵點與線的編號

(1) 如圖 3-36，操作流程：Utility Menu → PlotCtrls → Numbering。

(2) 接著於圖 3-37 中，點擊 Keypoint numbers 和 Line numbers 的空格，讓兩空格打勾。最後點擊 OK。

(3) 如圖 3-38，操作流程：Utility Menu → Plot → Multi-Plots，接著 Graphics Window 畫面如圖 3-39。（於圖 3-39 右側的圖示中，點擊箭頭所指的符號，將圖形顯示最適化）

(4) 說明：Numbering 的設定，在於顯示關鍵點與線的編號。Multi-Plots 則是將關鍵點與線同時顯示於 Graphics Window。

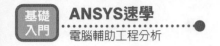

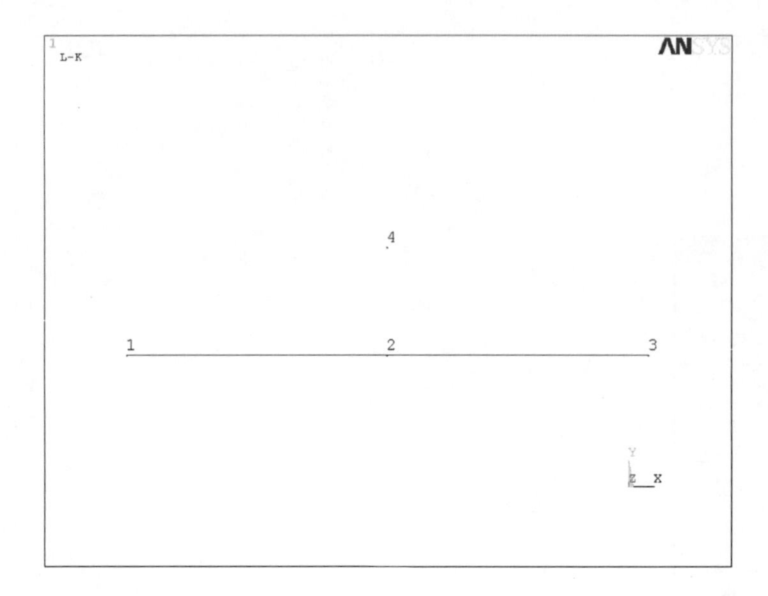
1
L-K
4
1
2
3
Y
Z
X

圖 3-35

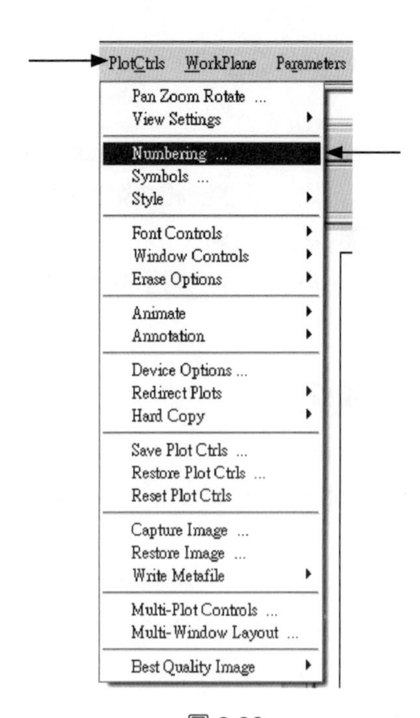
PlotCtrls
WorkPlane
Parameters
Pan Zoom Rotate ...
View Settings
Numbering ...
Symbols ...
Style
Font Controls
Window Controls
Erase Options
Animate
Annotation
Device Options ...
Redirect Plots
Hard Copy
Save Plot Ctrls ...
Restore Plot Ctrls ...
Reset Plot Ctrls
Capture Image ...
Restore Image ...
Write Metafile
Multi-Plot Controls ...
Multi-Window Layout ...
Best Quality Image

圖 3-36

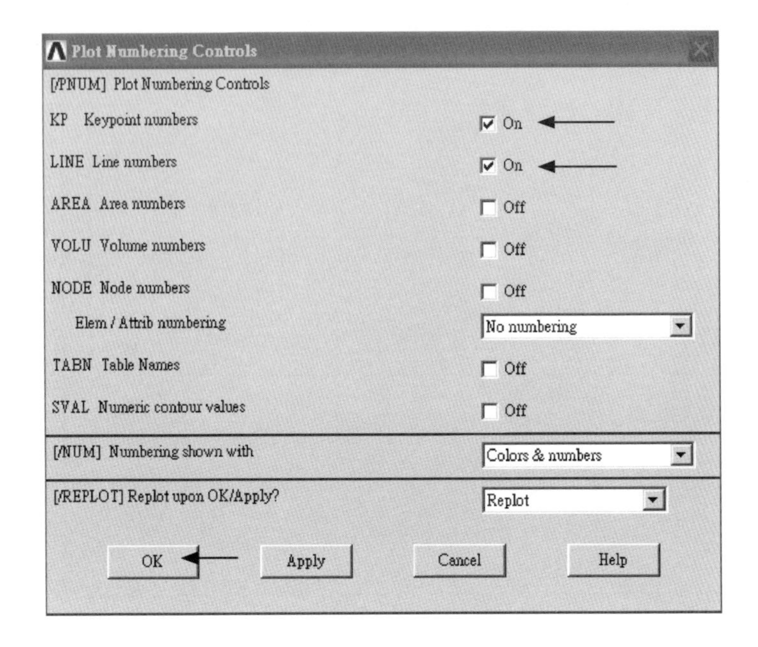
Plot Numbering Controls
[/PNUM] Plot Numbering Controls
KP Keypoint numbers
On
LINE Line numbers
On
AREA Area numbers
Off
VOLU Volume numbers
Off
NODE Node numbers
Off
Elem / Attrib numbering
No numbering
TABN Table Names
Off
SVAL Numeric contour values
Off
[/NUM] Numbering shown with
Colors & numbers
[/REPLOT] Replot upon OK/Apply?
Replot
OK
Apply
Cancel
Help

圖 3-37

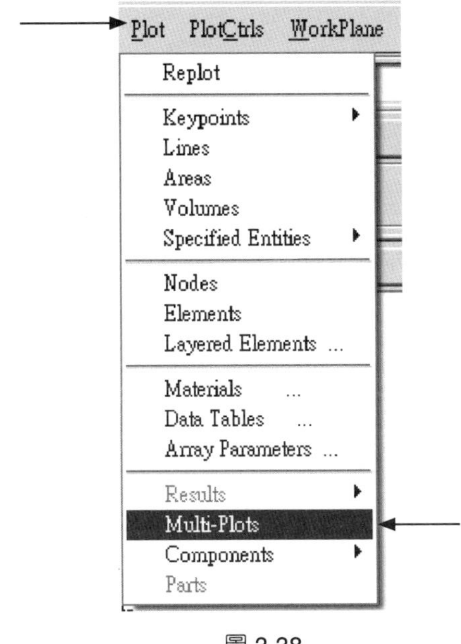
Plot
PlotCtrls
WorkPlane
Replot
Keypoints
Lines
Areas
Volumes
Specified Entities
Nodes
Elements
Layered Elements ...
Materials ...
Data Tables ...
Array Parameters ...
Results
Multi-Plots
Components
Parts

圖 3-38

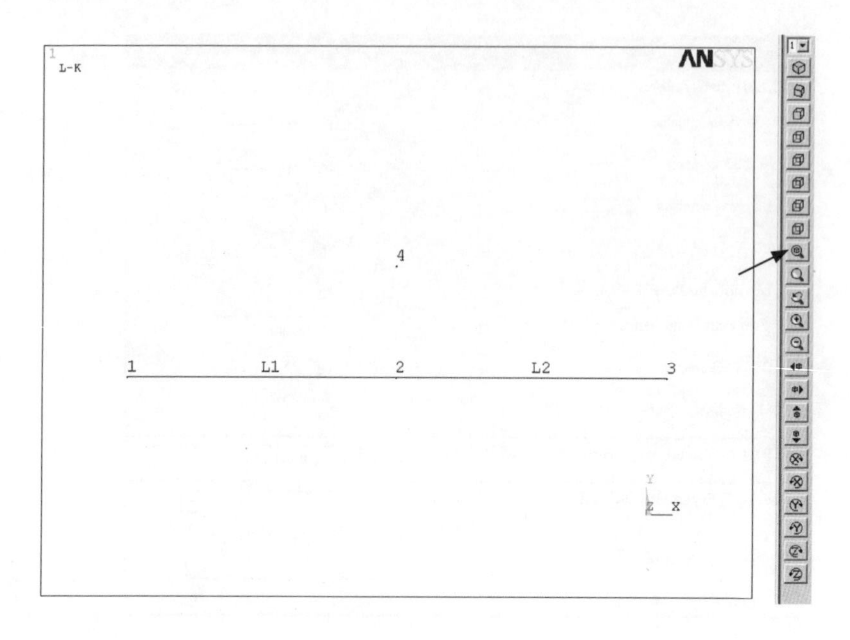

圖 3-39

☞步驟 12　建立元素（切割網格）

(1) 如圖 3-40，操作流程：Main Menu → Preprocessor → Meshing → Mesh Attributes → Picked Lines。

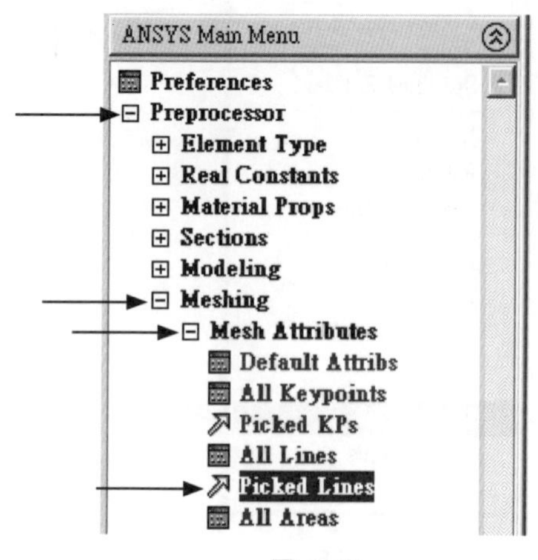

圖 3-40

(2) 接著出現圖 3-41 畫面，以游標抓取 L1 和 L2 線（按滑鼠左鍵），然後點擊左下角的 OK。

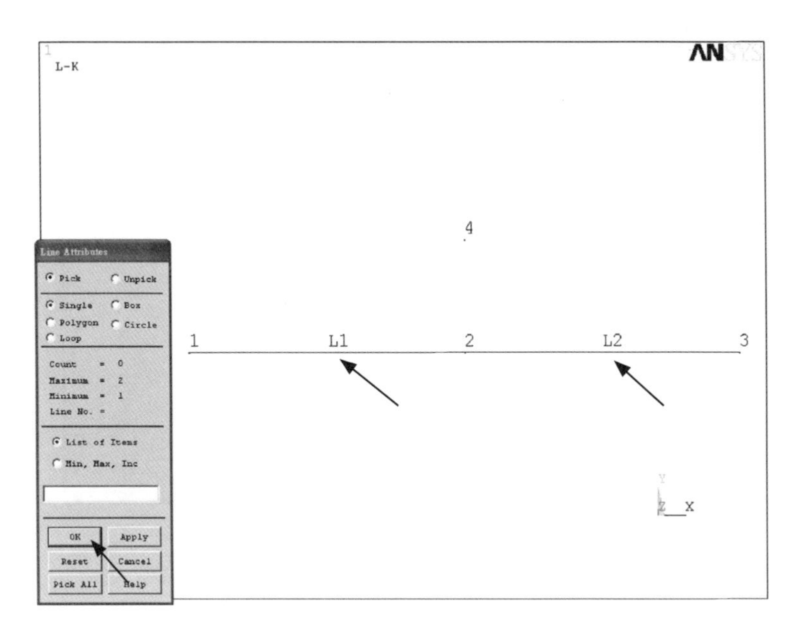

圖 3-41

(3) 接著出現圖 3-42 畫面，[MAT] 選定為 1，[TYPE] 選定為 BEAM188，[SECT] 選定為 1，且將 Pick Orientation Keypoint(s) 的空格點擊打勾（顯示為Yes）。最後點擊 OK。（MAT = 1 和 SECT = 1 分別代表第 1 號材料係數設定與第 1 號截面設定）

(4) 接著出現圖 3-43 畫面，以游標抓取 4 號關鍵點（按滑鼠左鍵），然後點擊左下角的 OK。

(5) 如圖 3-44(a)，操作流程：Main Menu → Preprocessor → Meshing → Size Cntrls → ManualSize → Global → Size。接著出現圖 3-44(b) 畫面，於 SIZE 輸入0.25，再點擊 OK。

(6) 如圖 3-45(a)，操作流程：Main Menu → Preprocessor → Meshing → Size Cntrls → ManualSize → Keypoints → Picked KPs。

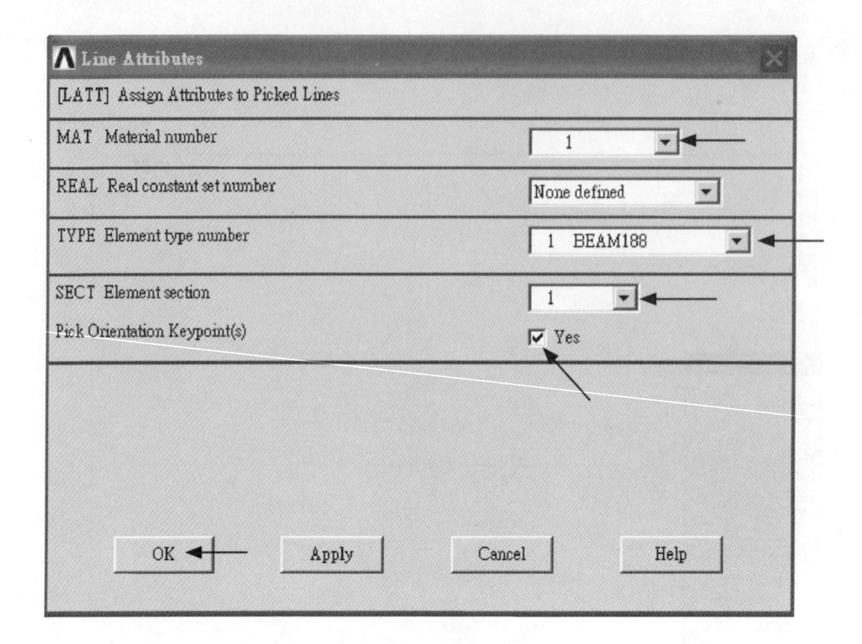
Line Attributes
[LATT] Assign Attributes to Picked Lines
MAT Material number
1
REAL Real constant set number
None defined
TYPE Element type number
1 BEAM188
SECT Element section
1
Pick Orientation Keypoint(s)
Yes
OK
Apply
Cancel
Help

圖 3-42

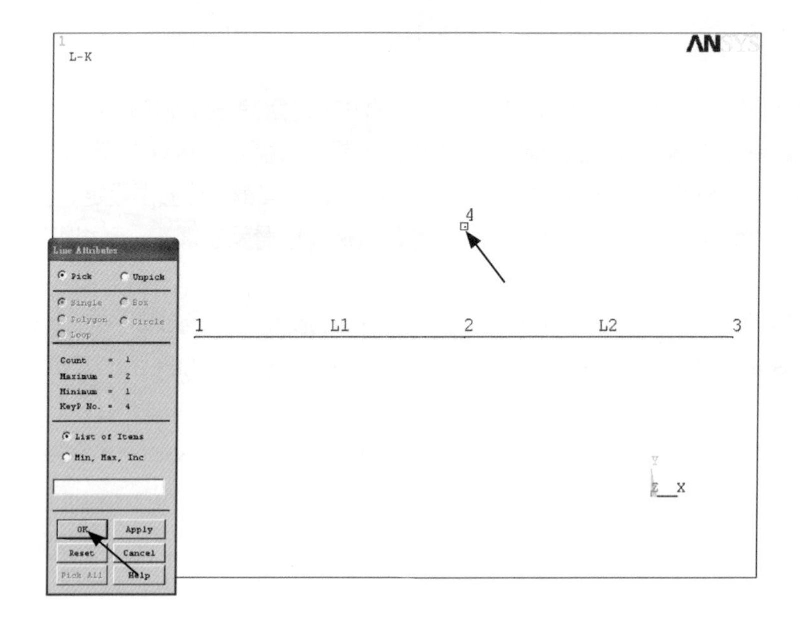
L-K
4
1
L1
2
L2
3
Line Attributes
Pick
Unpick
Count = 1
Maximum = 2
Minimum = 1
KeyP No. = 4
List of Items
Min, Max, Inc
OK
Apply
Reset
Cancel
Help

圖 3-43

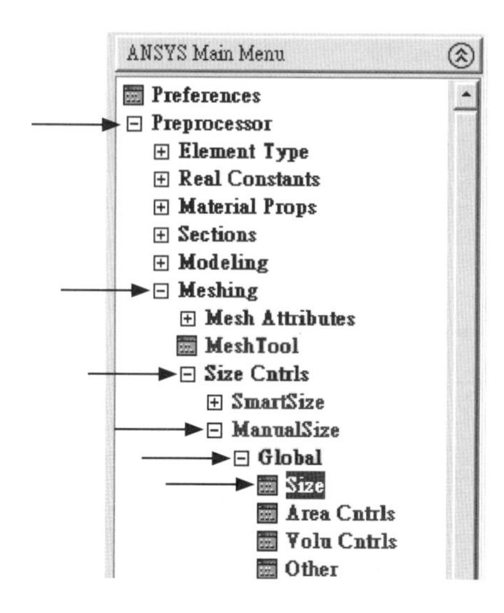
ANSYS Main Menu
Preferences
Preprocessor
Element Type
Real Constants
Material Props
Sections
Modeling
Meshing
Mesh Attributes
MeshTool
Size Cntrls
SmartSize
ManualSize
Global
Size
Area Cntrls
Volu Cntrls
Other

圖 3-44(a)

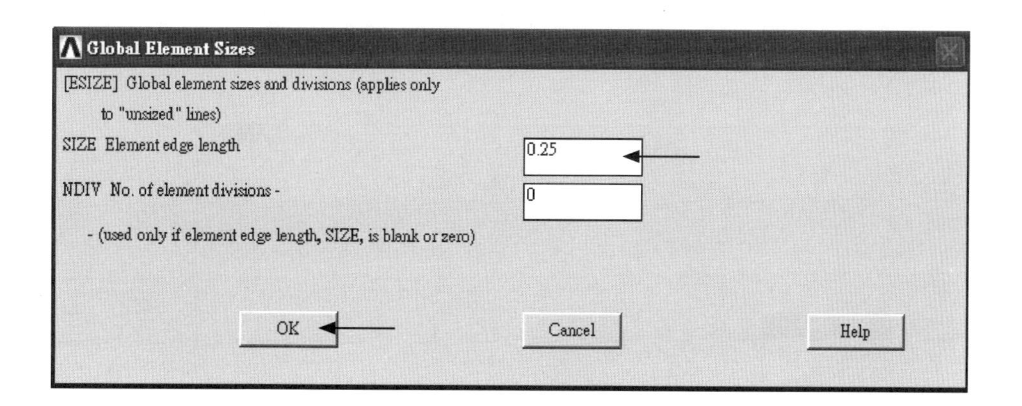
Global Element Sizes
[ESIZE] Global element sizes and divisions (applies only
to "unsized" lines)
SIZE Element edge length
0.25
NDIV No. of element divisions -
0
- (used only if element edge length, SIZE, is blank or zero)
OK
Cancel
Help

圖 3-44(b)

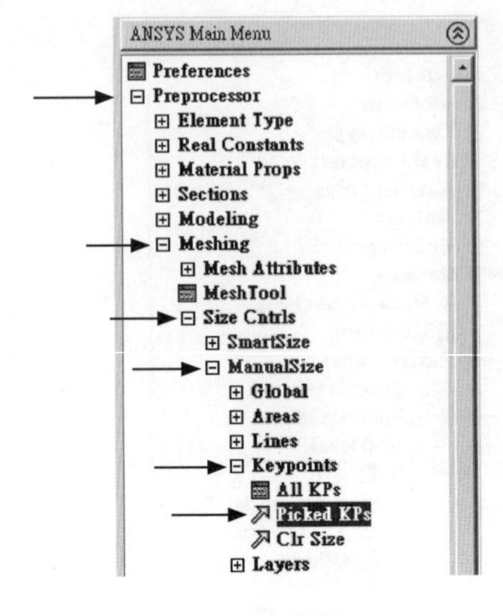

圖 3-45(a)

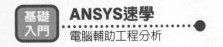

(7) 接著出現圖 3-45(b) 畫面，以游標抓取 1 號關鍵點（按滑鼠左鍵），然後點擊左下角的 OK。接著出現圖 3-45(c)，於 SIZE 輸入 0.02，再點擊 OK。

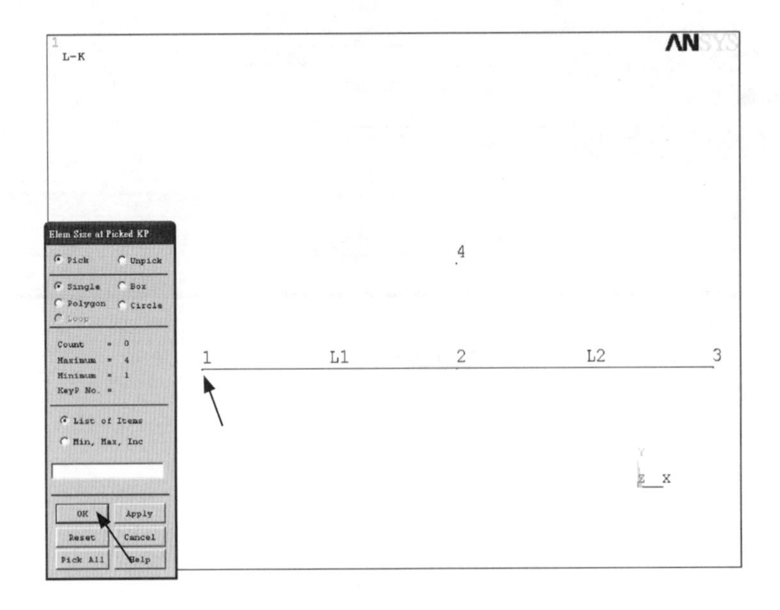

圖 3-45(b)

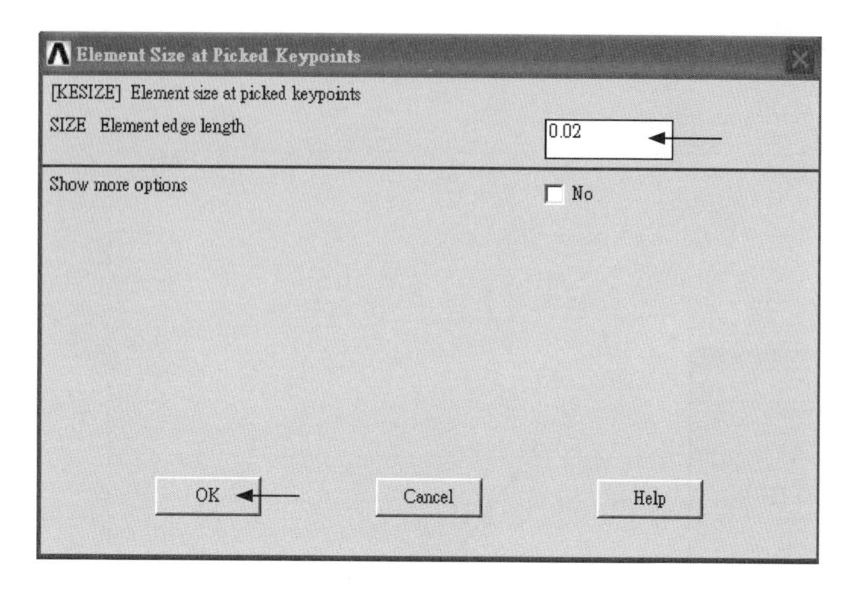

圖 3-45(c)

(8) 如圖 3-46，操作流程：Main Menu → Preprocessor → Meshing → Mesh → Lines。

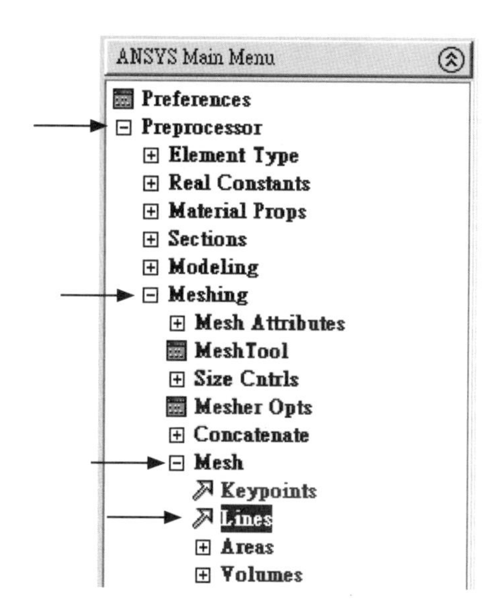

圖 3-46

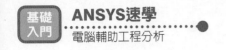

(9) 接著出現圖 3-47 畫面，以游標抓取 L1 和 L2 線（按滑鼠左鍵），然後點擊左下角的 OK。

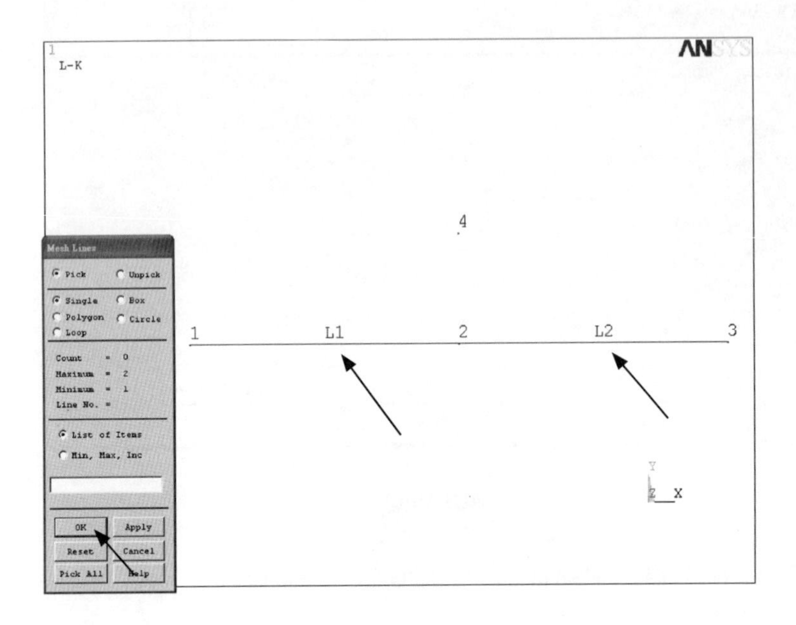

圖 3-47

(10) 說明：本步驟包括設定元素性質、元素大小、於直線上切割元素（建立元素）。

☞步驟 13　顯示元素與節點編號

(1) 如圖 3-48，操作流程：Utility Menu → PlotCtrls → Numbering。

(2) 接著於圖 3-49 中，點擊 Node numbers 的空格，讓該空格打勾（變為ON）。亦於 Elem/Attrib numbering 之項目，選擇 Element numbers。而 Keypoint numbers 和 Line numbers 則不顯示，所以點擊其空格（打勾消失且變為 Off）。最後點擊 OK。

(3) 如圖 3-50，操作流程：Utility Menu → Plot → Multi-Plots，接著 Graphics Window 畫面如圖 3-51。（於圖 3-51 右側的圖示中，點擊箭頭所指的符號，將圖形顯示最適化）

(4) 說明：Numbering 的設定，在於顯示節點與元素編號。Multi-Plots 則是將關鍵點、直線、節點與元素同時顯示於 Graphics Window。圖 3-52 顯示的是 BEAM188 元素與節點，箭頭指出的兩群「方向節點」是用來定義 BEAM188 的上表面方向，它並不參與計算。

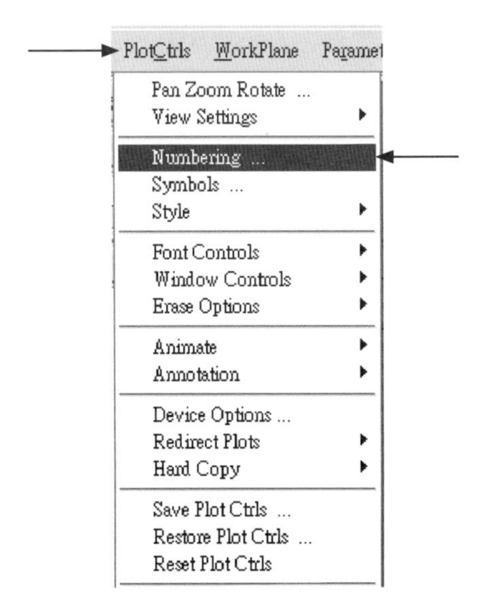
PlotCtrls
WorkPlane
Paramet
Pan Zoom Rotate ...
View Settings
Numbering ...
Symbols ...
Style
Font Controls
Window Controls
Erase Options
Animate
Annotation
Device Options ...
Redirect Plots
Hard Copy
Save Plot Ctrls ...
Restore Plot Ctrls ...
Reset Plot Ctrls

圖 3-48

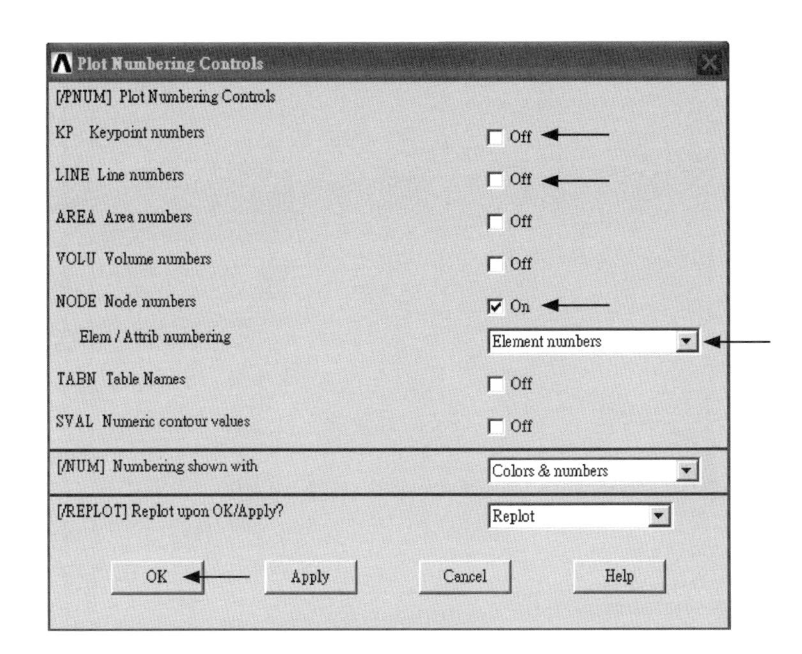
Plot Numbering Controls
[/PNUM] Plot Numbering Controls
KP Keypoint numbers
Off
LINE Line numbers
Off
AREA Area numbers
Off
VOLU Volume numbers
Off
NODE Node numbers
On
Elem / Attrib numbering
Element numbers
TABN Table Names
Off
SVAL Numeric contour values
Off
[/NUM] Numbering shown with
Colors & numbers
[/REPLOT] Replot upon OK/Apply?
Replot
OK
Apply
Cancel
Help

圖 3-49

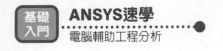

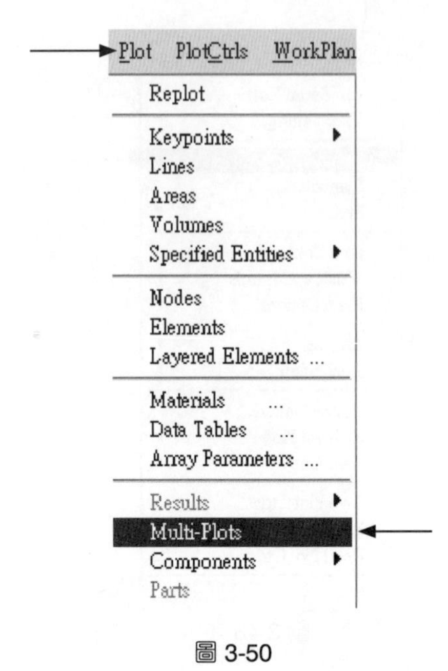
Plot
PlotCtrls
WorkPlan
Replot
Keypoints
Lines
Areas
Volumes
Specified Entities
Nodes
Elements
Layered Elements ...
Materials ...
Data Tables ...
Array Parameters ...
Results
Multi-Plots
Components
Parts

圖 3-50

圖 3-51

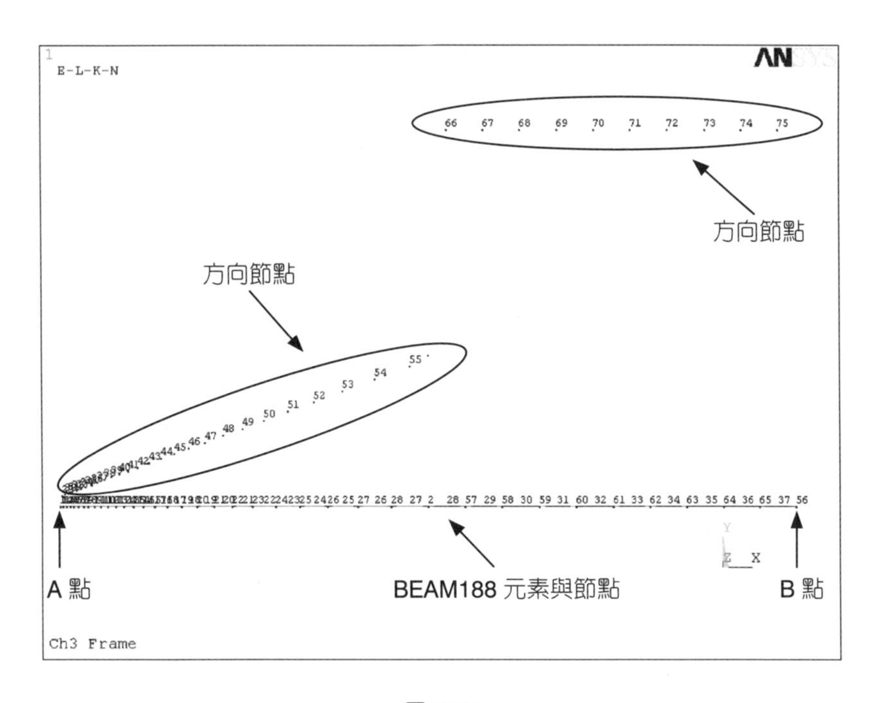

圖 3-52

(5) 注意：A 點（樑的左端）附近的元素尺寸較小，這是為了求得較準確的 A 點應力值。

☞ 步驟 14　設定分析型式

(1) 如圖 3-53，操作流程：Main Menu → Solution → Analysis Type → New Analysis。

(2) 接著在圖 3-54 中，點擊選定 Static，再點擊 OK。

(3) 說明：本步驟是將分析型式設定為靜態分析（static analysis）。

☞ 步驟 15　設定節點 1（A 點）的拘束條件

(1) 如圖 3-55，操作流程：Main Menu → Solution → Define Loads → Apply → Structural → Displacement → On Nodes。

(2) 接著在圖 3-56 中，以游標抓取 1 號節點（按滑鼠左鍵），再點擊左下角的 OK，接著出現圖 3-57，選擇 ALL DOF（即代表同時選擇 UX、UY、UZ、ROTX、ROTY、ROTZ），於下方的 VALUE 空格中填入 0，再點擊 OK。完成設定後，如圖 3-58 所示。

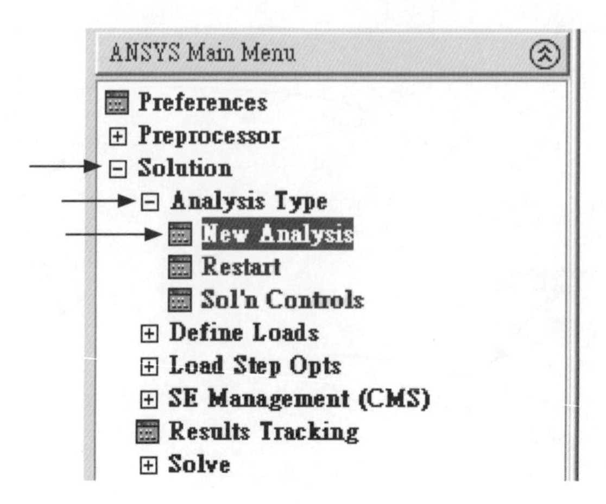
ANSYS Main Menu
Preferences
Preprocessor
Solution
Analysis Type
New Analysis
Restart
Sol'n Controls
Define Loads
Load Step Opts
SE Management (CMS)
Results Tracking
Solve

圖 3-53

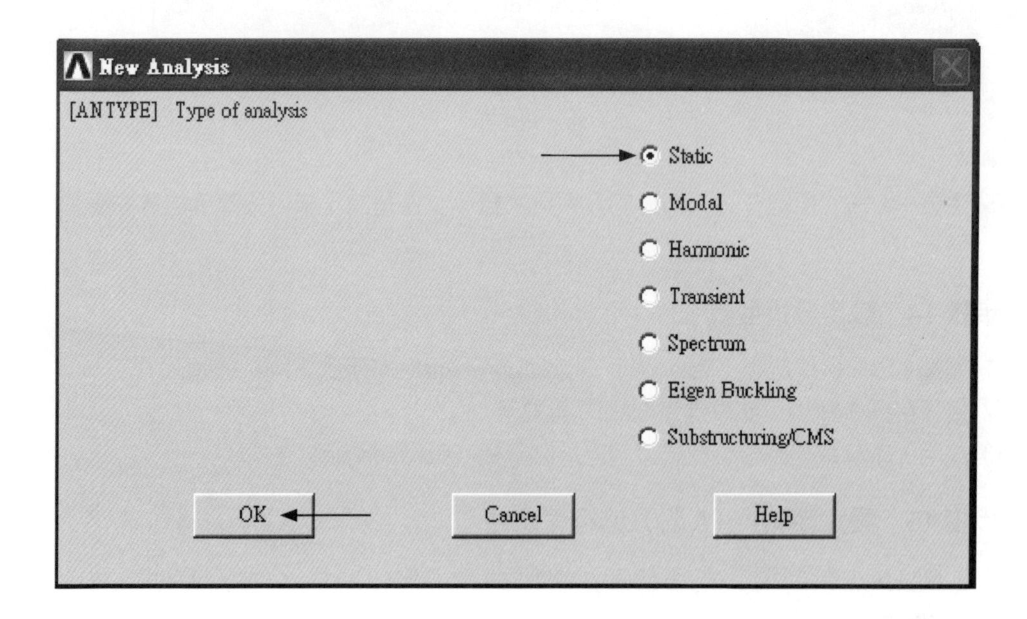
New Analysis
[ANTYPE] Type of analysis
Static
Modal
Harmonic
Transient
Spectrum
Eigen Buckling
Substructuring/CMS
OK
Cancel
Help

圖 3-54

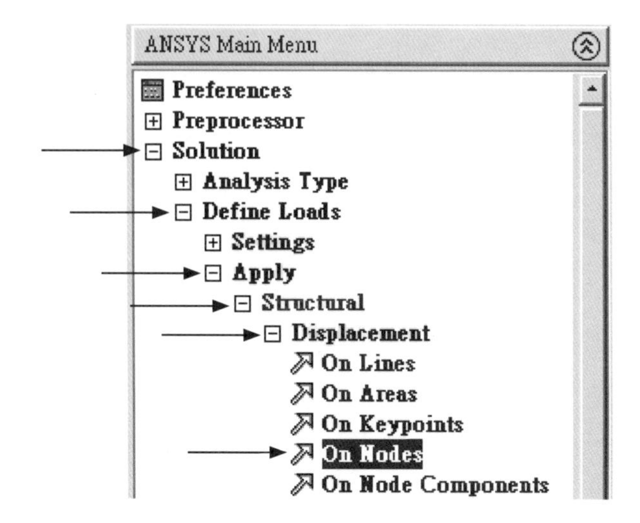
ANSYS Main Menu
Preferences
Preprocessor
Solution
Analysis Type
Define Loads
Settings
Apply
Structural
Displacement
On Lines
On Areas
On Keypoints
On Nodes
On Node Components

圖 3-55

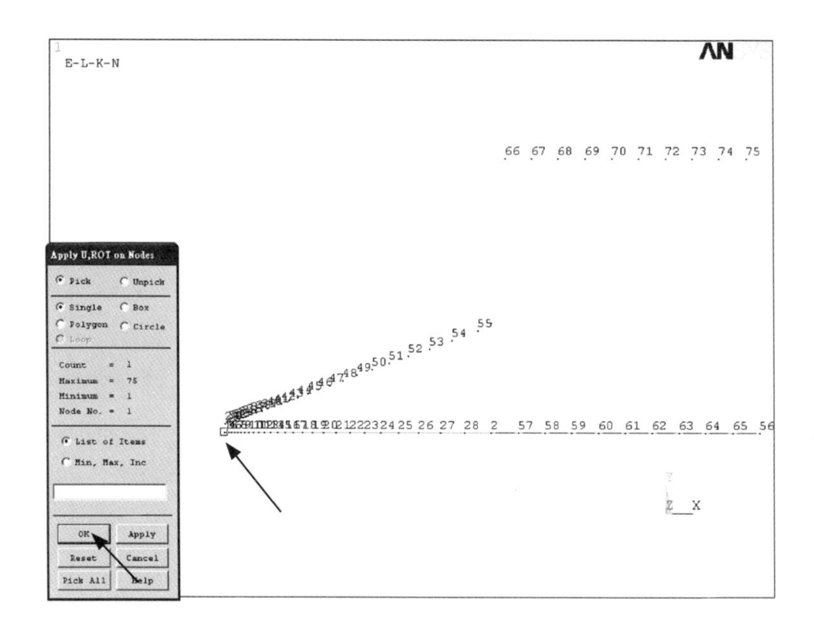
E-L-K-N
Apply U,ROT on Nodes
Pick
Unpick
Single
Box
Polygon
Circle
Loop
Count = 1
Maximum = 75
Minimum = 1
Node No. = 1
List of Items
Min, Max, Inc
OK
Apply
Reset
Cancel
Pick All
Help

圖 3-56

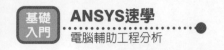

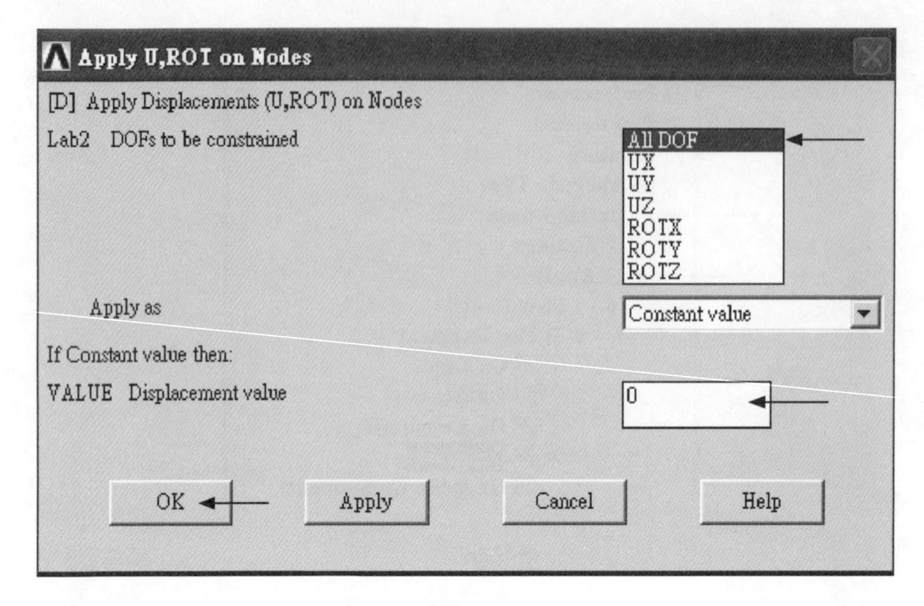
Apply U,ROT on Nodes
[D] Apply Displacements (U,ROT) on Nodes
Lab2 DOFs to be constrained
All DOF
UX
UY
UZ
ROTX
ROTY
ROTZ
Apply as
Constant value
If Constant value then:
VALUE Displacement value
0
OK
Apply
Cancel
Help

圖 3-57

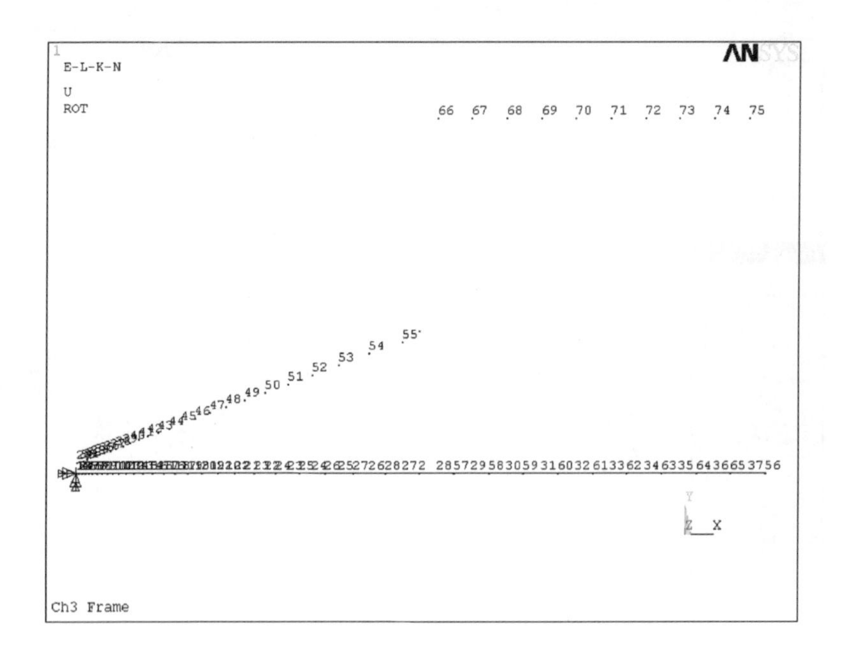
E-L-K-N
U
ROT
Ch3 Frame

圖 3-58

(3) 說明：本步驟是設定 1 號節點（圖 3-4 題目的 A 點）為 UX = UY = UZ = ROTX = ROTY = ROTZ = 0，而 UX、UY、UZ、ROTX、ROTY、ROTZ 分別是 x 方向位移、y 方向位移、z 方向位移、x 方向旋轉角、y 方向旋轉角、z 方向旋轉角。以上設定，代表樑的固定端。

☞步驟 16　設定節點 56（B 點）的拘束條件

(1) 操作流程：Main Menu → Solution → Define Loads → Apply → Structural → Displacement → On Nodes。

(2) 接著在圖 3-59 中，以游標抓取 56 號節點（按滑鼠左鍵），再點擊左下角的 OK，接著出現圖 3-60，同時選擇 UY 和 UZ（注意：勿選 All DOF），於下方的 VALUE 空格中填入 0，再點擊 OK。完成設定後，如圖 3-61 所示。

(3) 說明：本步驟是設定 56 號節點（圖 3-4 題目的 B 點）為 UY = UZ = 0，此設定是代表樑 B 點的滾輪。

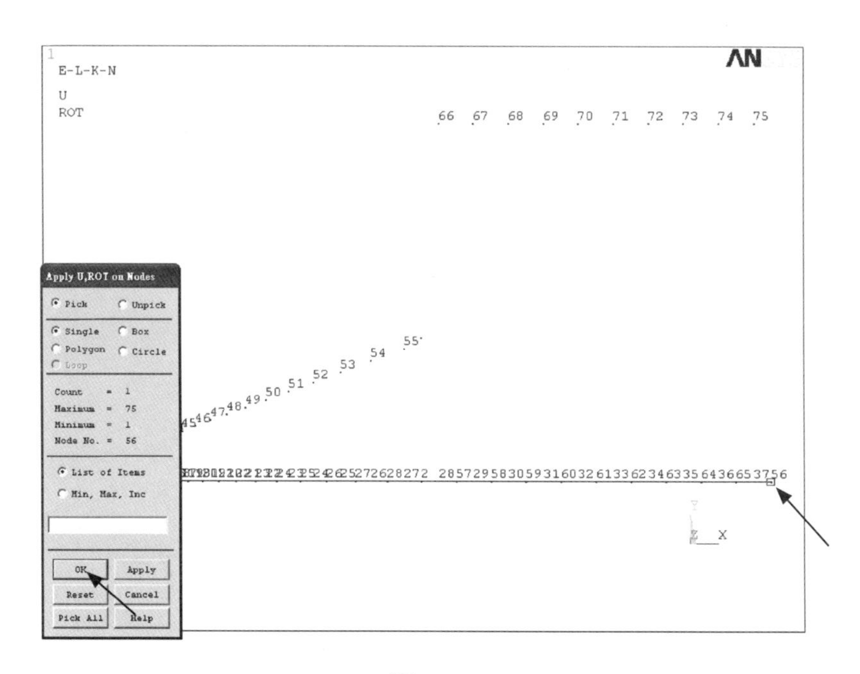

圖 3-59

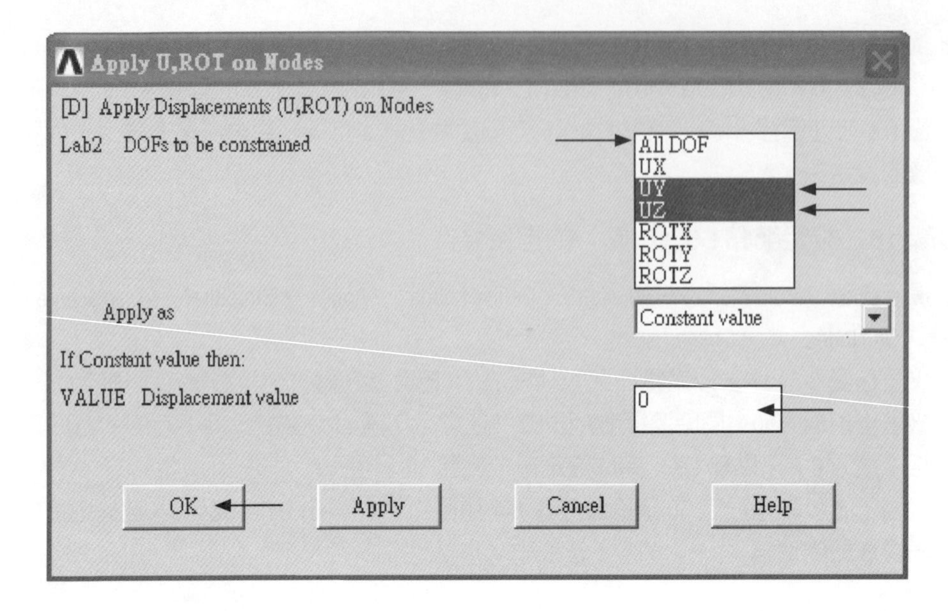
Apply U,ROT on Nodes
[D] Apply Displacements (U,ROT) on Nodes
Lab2 DOFs to be constrained
All DOF
UX
UY
UZ
ROTX
ROTY
ROTZ
Apply as
Constant value
If Constant value then:
VALUE Displacement value
0
OK
Apply
Cancel
Help

圖 3-60

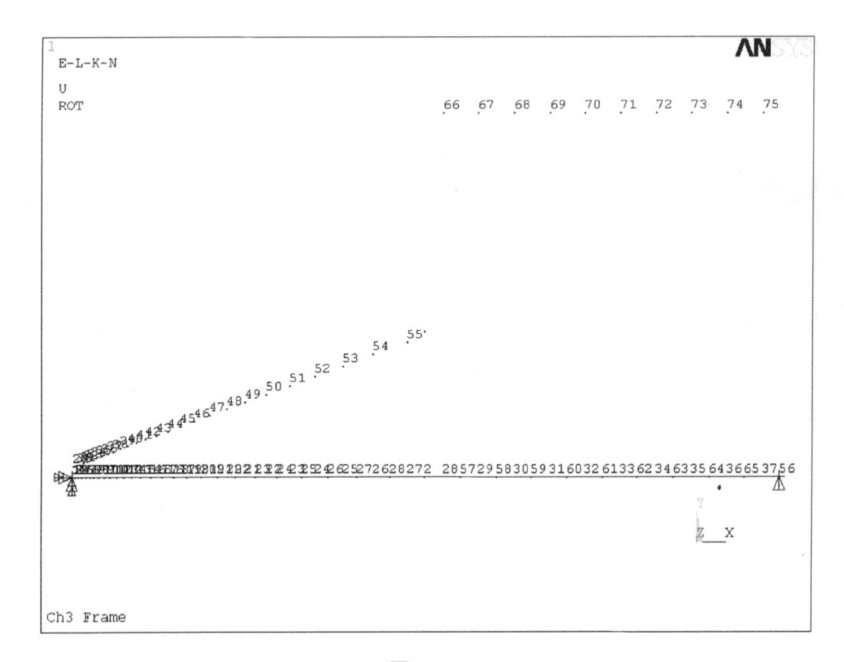
E-L-K-N
U
ROT
Ch3 Frame

圖 3-61

☞步驟 17　設定樑的均布壓力

(1) 如圖 3-62，操作流程：Main Menu → Solution → Define Loads → Apply → Structural → Pressure → On Beams。

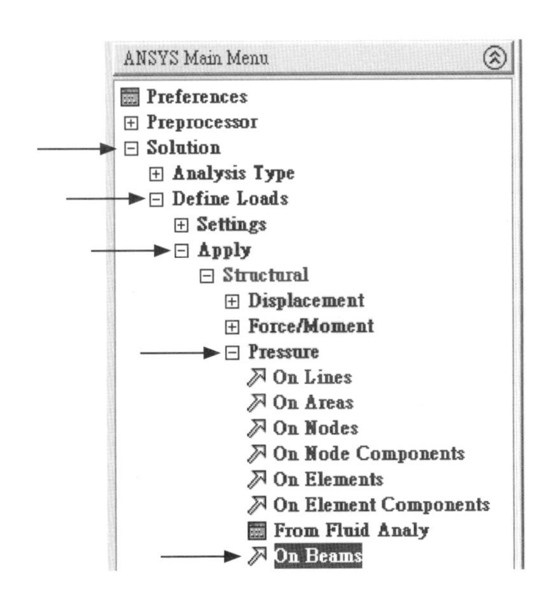

圖 3-62

(2) 接著於圖 3-63 中，以游標點擊左側的「Box」後，再於 Graphics Window 中，以游標框出一個矩形區域且包含樑之左半段（如圖 3-63，以滑鼠左鍵點擊 a 點後，按住滑鼠左鍵不放，移動游標至 b 點後再放開左鍵），抓取元素 1 至 27（樑之左半段），最後再點擊左下角的 OK，接著出現圖 3-64，於 LKEY 空格填入 1，於 VALI 和 ALJ 空格中填入 3000，再點擊 OK。完成設定後，如圖 3-65 所示。

(3) 說明：本步驟是設定樑的均布壓力 w = 3000 N/m。

☞步驟 18　求解

(1) 求解之前，先儲存 db 檔，方法如圖 3-66，在 ANSYS Toolbar 點擊 SAVE_DB。db 檔 ch3.db 將儲存於工作目錄（ch3 為 job name）。

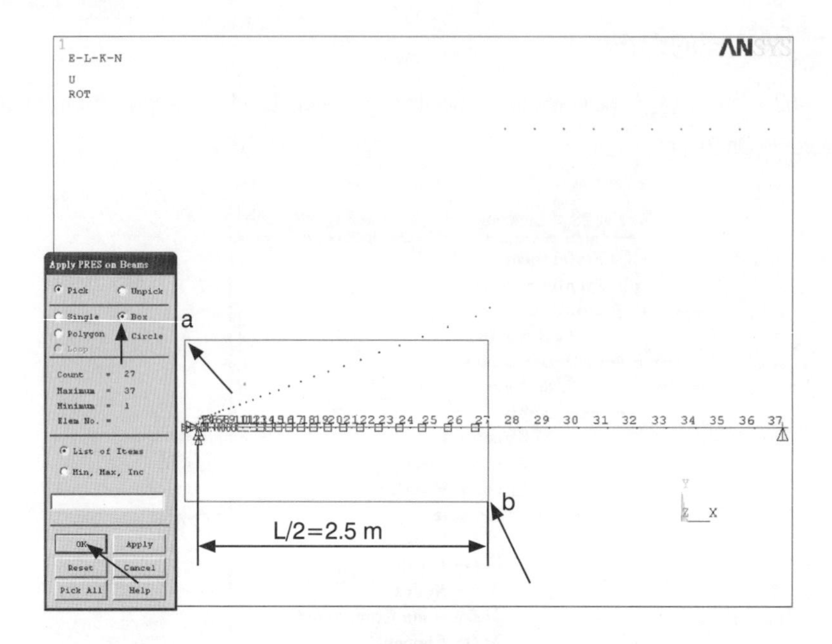

圖 3-63

Apply PRES on Beams

[SFBEAM] Apply Pressure (PRES) on Beam Elements

LKEY	Load key	1
VALI	Pressure value at node I	3000
VALJ	Pressure value at node J	3000
	(leave blank for uniform pressure)	

Optional offsets for pressure load

IOFFST	Offset from I node	
JOFFST	Offset from J node	

OK　Apply　Cancel　Help

圖 3-64

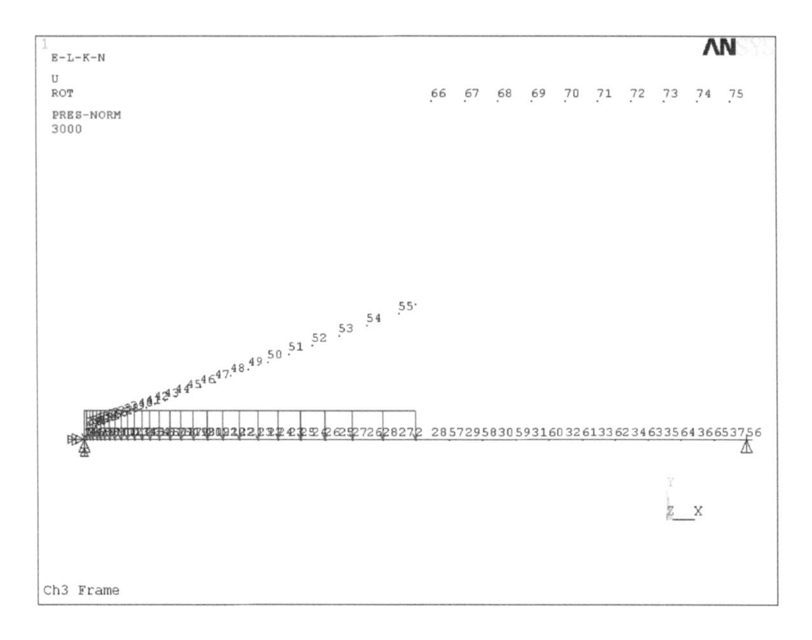
E-L-K-N
U
ROT
PRES-NORM
3000
Ch3 Frame

圖 3-65

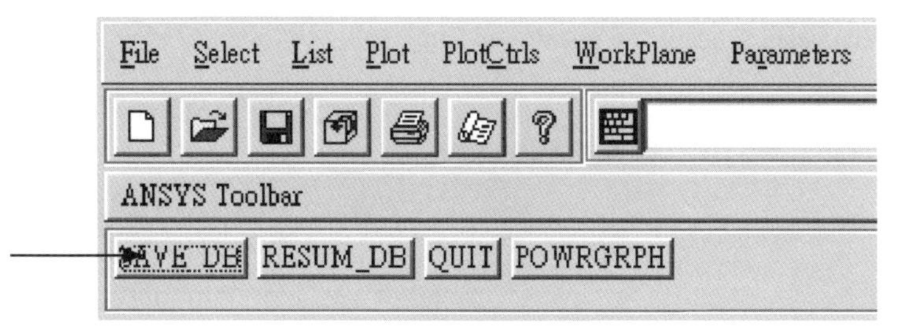
File Select List Plot PlotCtrls WorkPlane Parameters
ANSYS Toolbar
SAVE_DB RESUM_DB QUIT POWRGRPH

圖 3-66

⑵ 求解，如圖 3-67(a)，操作流程：Main Menu → Solution → Solve → Current LS。接著出現圖 3-67(b) 的畫面，點擊 OK 後，ANSYS 便開始求解。

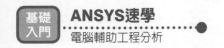

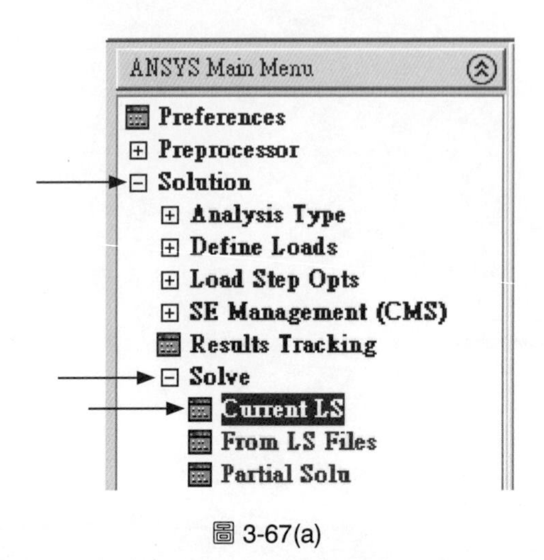

圖 3-67(a)

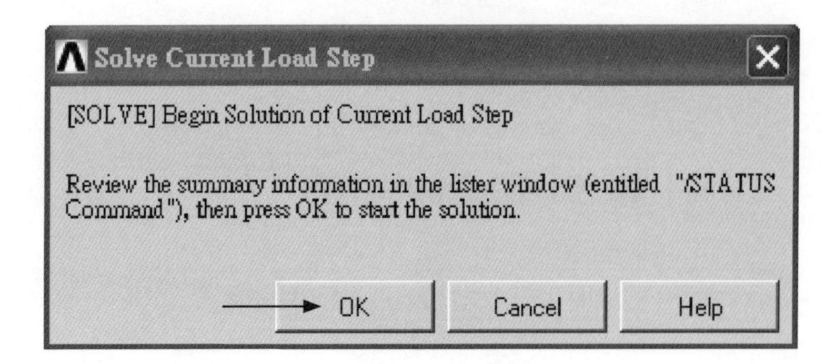

圖 3-67(b)

⑶ 完成求解後，會出現圖 3-68 的「Solution is done！」訊息。

⑷ 如圖 3-68，點擊「Solution is done！」訊息視窗的 Close，且點擊「/STATUS Command」視窗右上角的 X，關閉這兩個視窗。

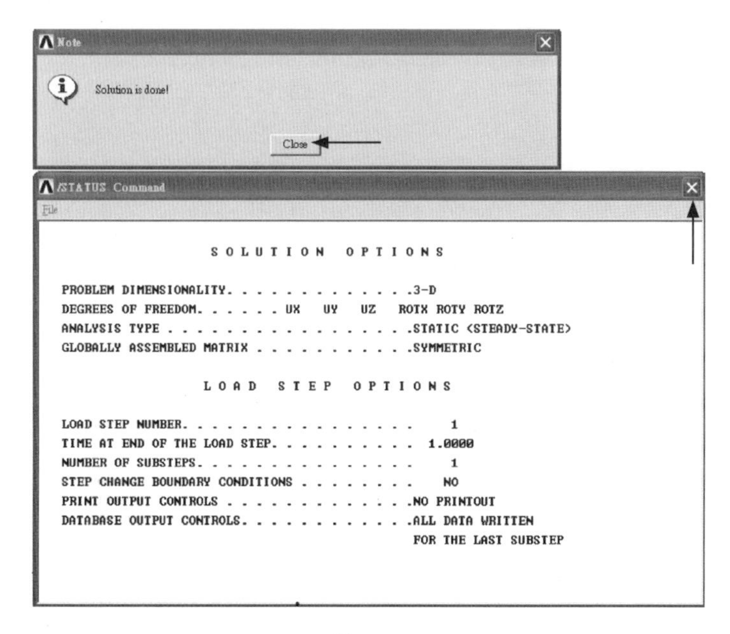

圖 3-68

☞步驟 19　判讀分析結果：畫出變形圖

(1) 如圖 3-69，操作流程：Utility Menu → PlotCtrls → Numbering。接著於圖 3-70 中，點擊 Node numbers 的空格，讓該空格打勾。亦於 Elem/Attrib numbering 之項目，選擇 No numbering（不顯示元素編號）。最後點擊 OK。

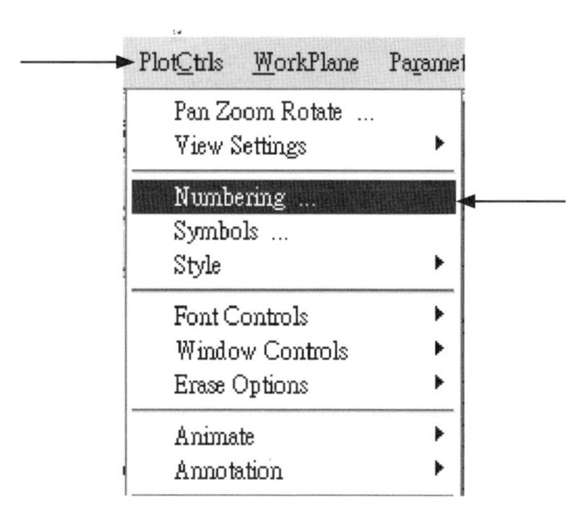

圖 3-69

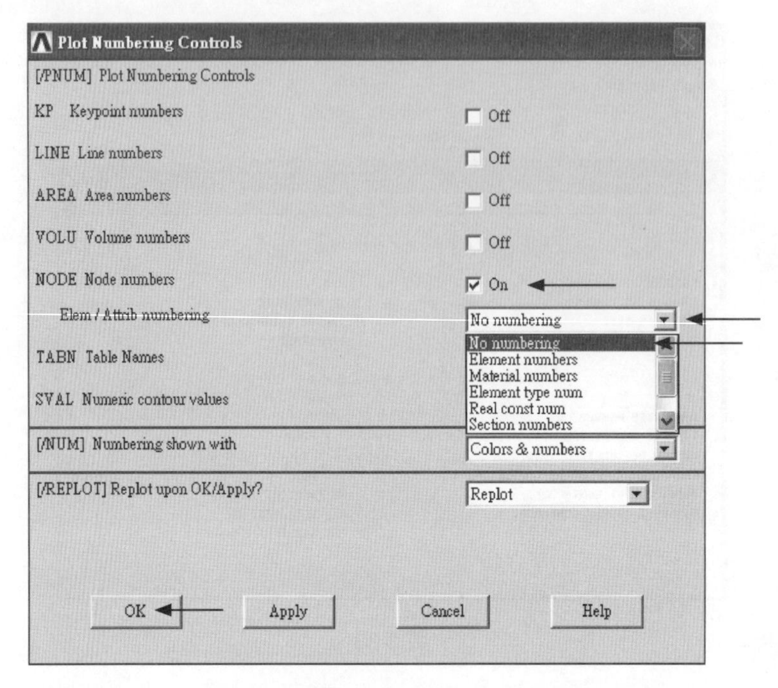

圖 3-70

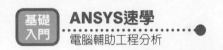

(2) 如圖 3-71，操作流程：Main Menu → General Postproc → Plot Results → Deformed Shape。

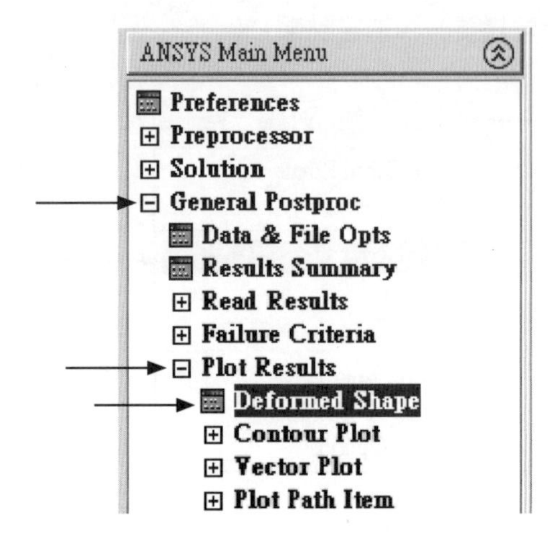

圖 3-71

⑶ 接著於圖 3-72 中，以游標選取「Def + undeformed」，再點擊 OK。「Def + undeformed」的意義是「變形 + 未變形」。

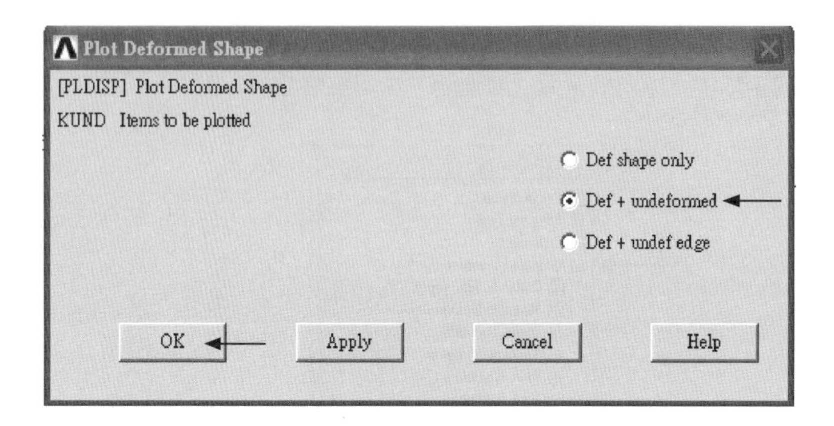

圖 3-72

⑷ 接著出現圖 3-73，此為樑受力前後的變形結果，虛線表示受力前的形狀，實線表示受力後的形狀。注意：在圖 3-73 中，ANSYS 已自動將位移量誇張放大顯示，以方便使用者判讀。

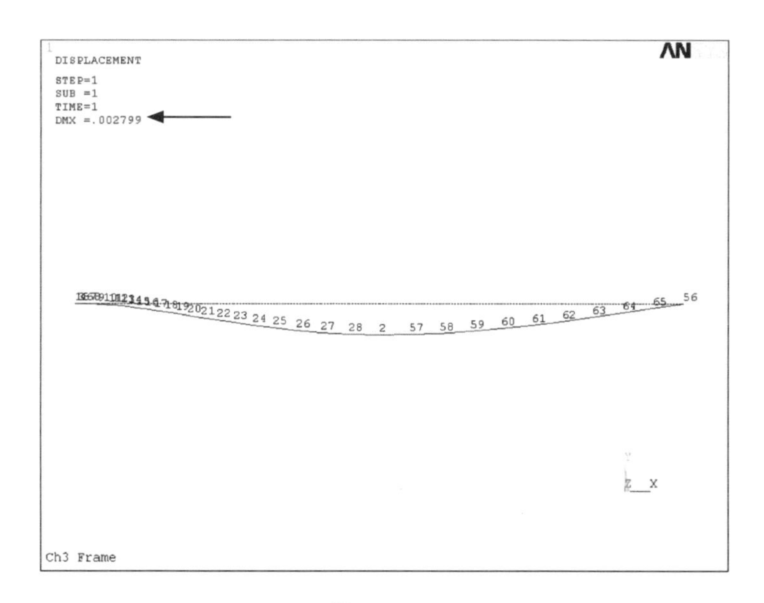

圖 3-73

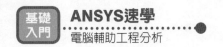

(5) 圖 3-73 左上角的 DMX = 0.002799（單位是 m）為最大位移。

☞步驟 20　判讀分析結果：列出 A 點和 B 點的反作用力值

(1) 如圖 3-74，操作流程：Main Menu → General Postproc → List Results → Reaction Solu。

(2) 接著於圖 3-75 中，以游標選取「All items」，再點擊 OK。

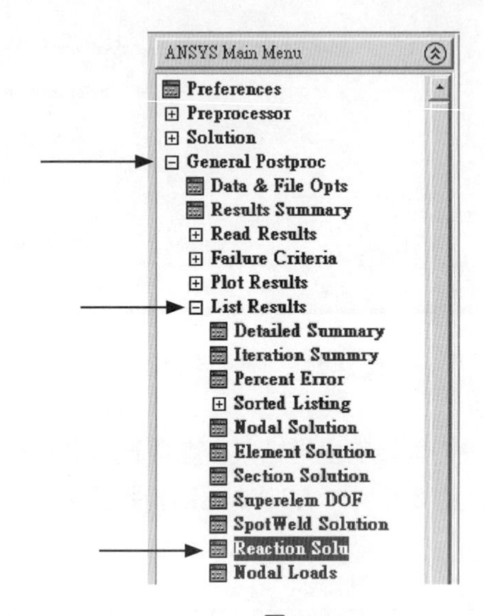

圖 3-74

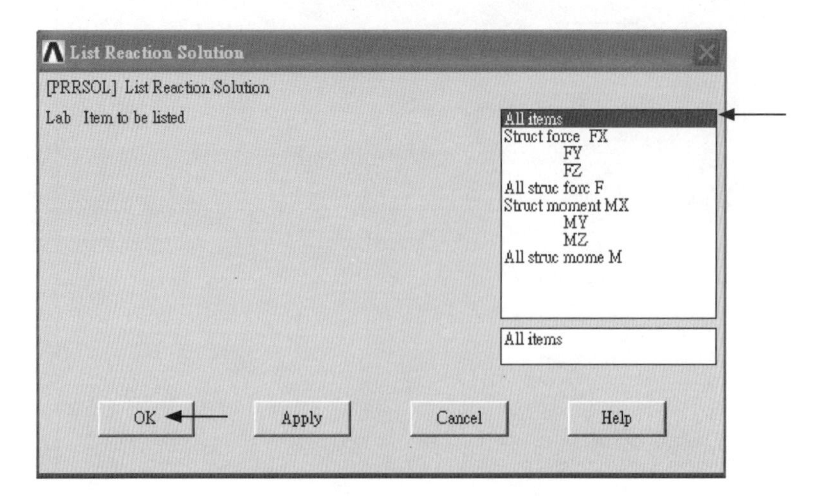

圖 3-75

(3) 接著出現圖 3-76 的視窗，列出的數據是樑拘束點（A 和 B 點）的反作用力與反作用力矩，FX、FY、FZ 分別代表 x、y、z 方向的力，MX、MY、MZ 分別代表 x、y、z 方向的力矩。A 點即 1 號節點（NODE 1），反作用力 FY 為 6676.3 N，反作用力矩 MZ 為 5256.5 N-m。B 點即 56 號節點（NODE 56），該點反作用力 FY 分別 823.71 N。其餘有值的反力與反力矩，均為很小的值，可以視為 0。

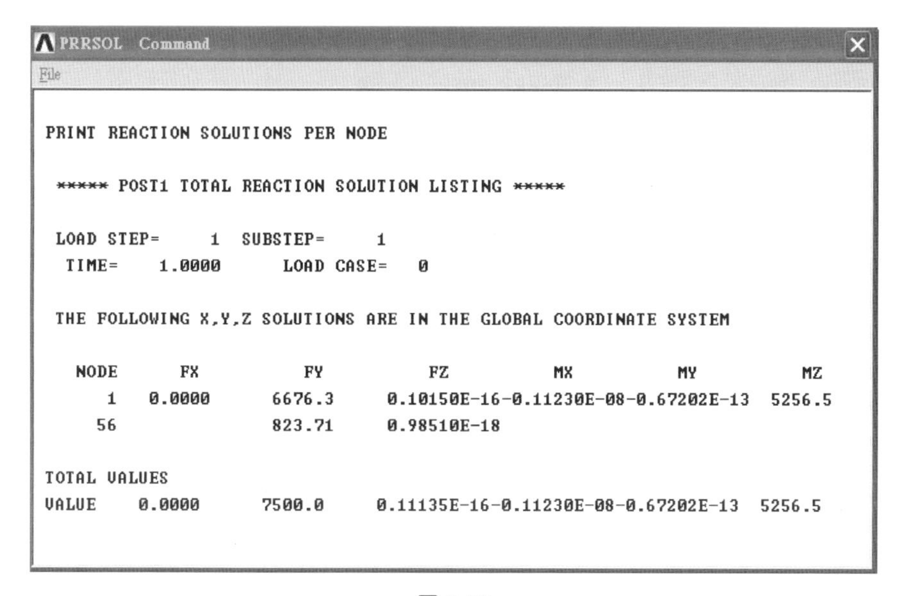

```
PRRSOL  Command
File

PRINT REACTION SOLUTIONS PER NODE

 ***** POST1 TOTAL REACTION SOLUTION LISTING *****

 LOAD STEP=     1  SUBSTEP=     1
  TIME=    1.0000      LOAD CASE=   0

 THE FOLLOWING X,Y,Z SOLUTIONS ARE IN THE GLOBAL COORDINATE SYSTEM

   NODE       FX          FY          FZ          MX          MY          MZ
      1   0.0000      6676.3     0.10150E-16-0.11230E-08-0.67202E-13  5256.5
     56               823.71     0.98510E-18

TOTAL VALUES
VALUE    0.0000      7500.0     0.11135E-16-0.11230E-08-0.67202E-13  5256.5
```

圖 3-76

(4) 將圖 3-76 的視窗關閉。

☞步驟 21　判讀分析結果：列出節點位移值

(1) 如圖 3-77，操作流程：Main Menu → General Postproc → List Results → Nodal Solution。

(2) 於圖 3-78 中，點擊 DOF Solution，於下拉的選項中，點擊 Y-Component of displacement 且使它呈現反白。最後點擊 OK。

(3) 接著出現圖 3-79，列出所有節點的 UY 值，圖 3-4 之 A 和 B 點即 NODE 1 和 56。（UY 代表 y 方向位移值）

(4) UY 絕對值之最大值為：0.27990E-02 = 0.2799×10^{-2} m。此為 y 方向撓度的最大值，發生於 NODE 2 的位置。

(5) 將圖 3-79 的視窗關閉。

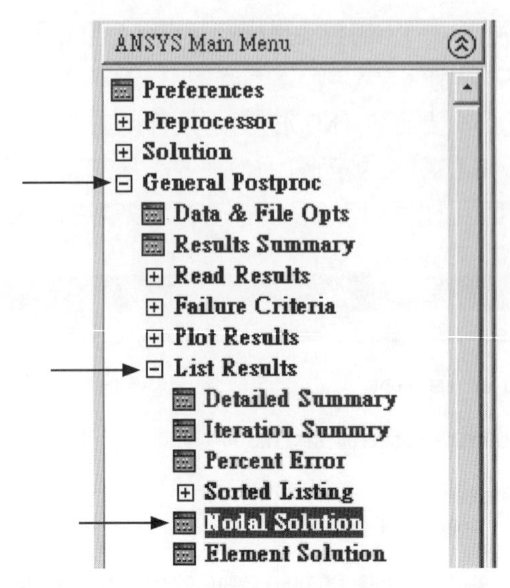
ANSYS Main Menu
Preferences
Preprocessor
Solution
General Postproc
Data & File Opts
Results Summary
Read Results
Failure Criteria
Plot Results
List Results
Detailed Summary
Iteration Summry
Percent Error
Sorted Listing
Nodal Solution
Element Solution

圖 3-77

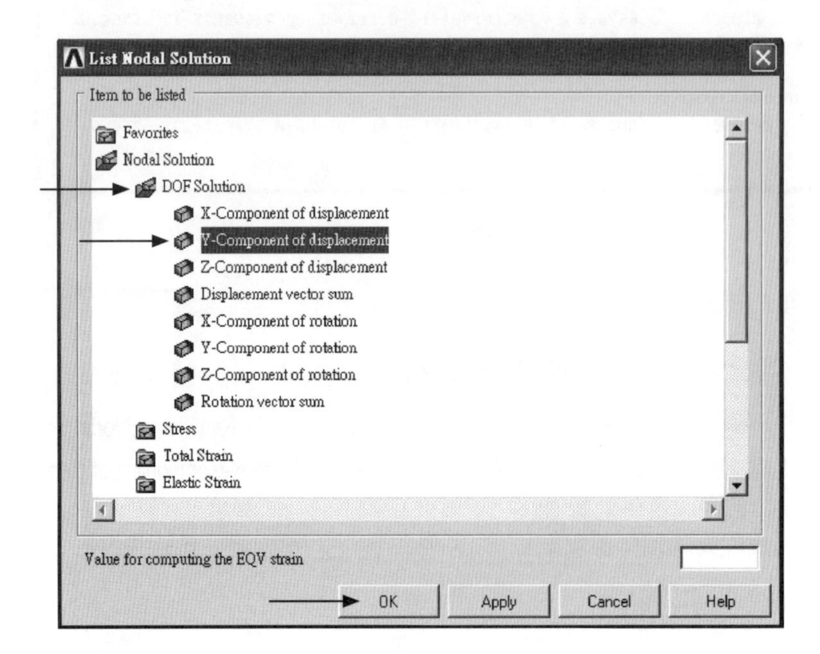
List Nodal Solution
Item to be listed
Favorites
Nodal Solution
DOF Solution
X-Component of displacement
Y-Component of displacement
Z-Component of displacement
Displacement vector sum
X-Component of rotation
Y-Component of rotation
Z-Component of rotation
Rotation vector sum
Stress
Total Strain
Elastic Strain
Value for computing the EQV strain
OK
Apply
Cancel
Help

圖 3-78

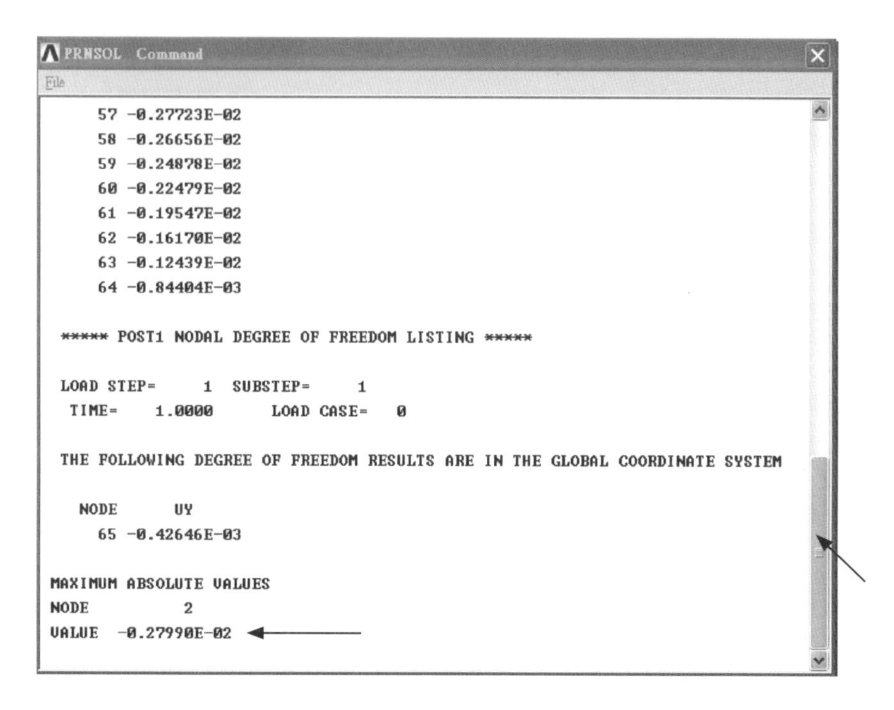

圖 3-79

☞步驟 22　判讀分析結果：列出節點旋轉角值

(1) 操作流程：Main Menu → General Postproc → List Results → Nodal Solution。

(2) 於圖 3-80 中，點擊 DOF Solution，於下拉的選項中，點擊 Z-Component of rotation 且使它呈現反白。最後點擊 OK。

(3) 接著出現圖 3-81，列出所有節點的 ROTZ 值，圖 3-4 之 A 和 B 點即 NODE 1 和 56。（ROTZ 代表 z 方向旋轉角）

(6) NODE 1 的 ROTZ 值為 0。NODE 56 的 ROTZ 值為：0.17036E-02 = 0.17036×10^{-2} rad，此值為樑的最大旋轉角。注意：ANSYS 的旋轉角單位是 rad（徑度）。

(7) 將圖 3-81 的視窗關閉。

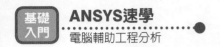

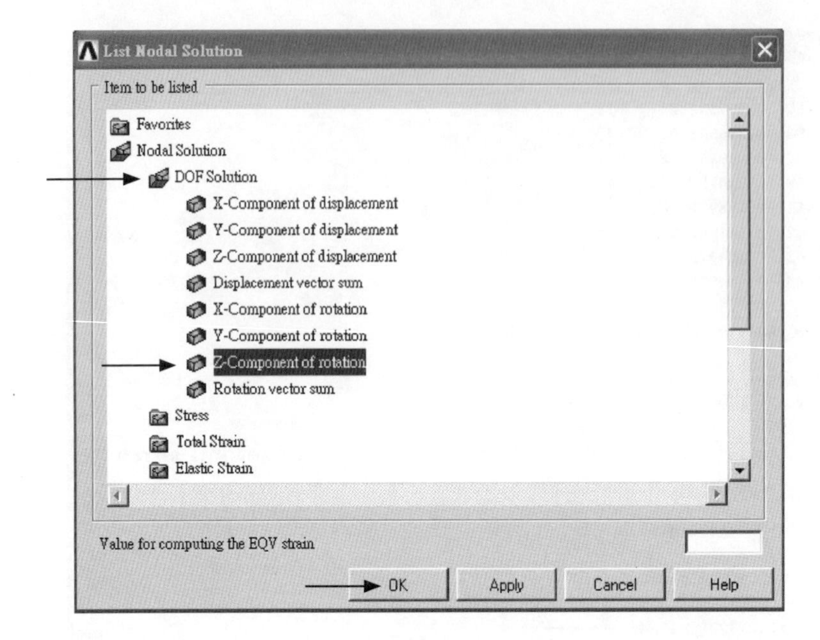
List Nodal Solution
Item to be listed
Favorites
Nodal Solution
DOF Solution
X-Component of displacement
Y-Component of displacement
Z-Component of displacement
Displacement vector sum
X-Component of rotation
Y-Component of rotation
Z-Component of rotation
Rotation vector sum
Stress
Total Strain
Elastic Strain
Value for computing the EQV strain
OK
Apply
Cancel
Help

圖 3-80

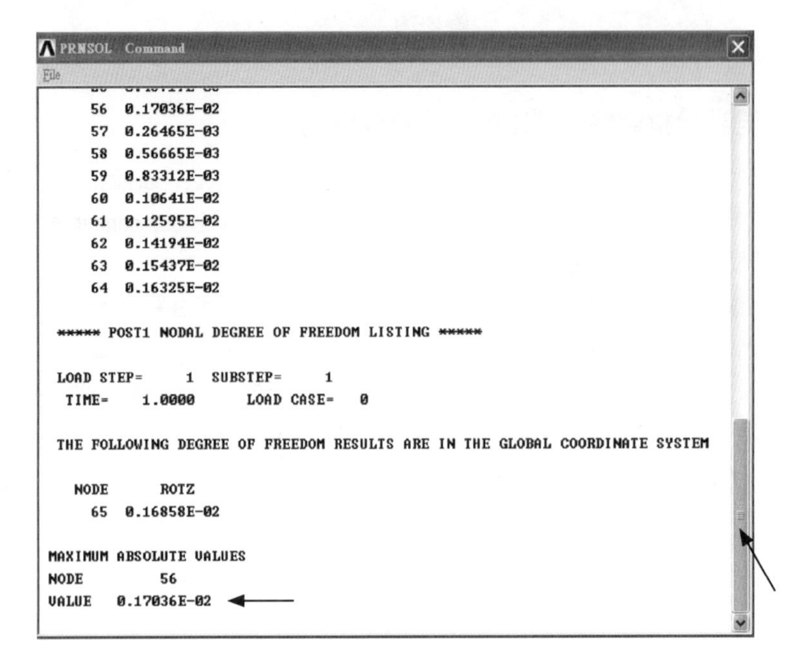
PRNSOL Command
File
56 0.17036E-02
57 0.26465E-03
58 0.56665E-03
59 0.83312E-03
60 0.10641E-02
61 0.12595E-02
62 0.14194E-02
63 0.15437E-02
64 0.16325E-02
***** POST1 NODAL DEGREE OF FREEDOM LISTING *****
LOAD STEP= 1 SUBSTEP= 1
TIME= 1.0000 LOAD CASE= 0
THE FOLLOWING DEGREE OF FREEDOM RESULTS ARE IN THE GLOBAL COORDINATE SYSTEM
NODE ROTZ
65 0.16858E-02
MAXIMUM ABSOLUTE VALUES
NODE 56
VALUE 0.17036E-02

圖 3-81

☞步驟 23　判讀分析結果：畫出彎曲應力 SX

(1) 如圖 3-82，操作流程：Utility Menu → PlotCtrls → Style → Size and Shape。於圖 3-83 中，點擊 Display of element 之項的空格，讓該空格打勾。最後點擊 OK。（說明：以上設定，是將 BEAM188 元素的截面外形畫出，呈現立體狀，以便於顯示應力分布。注意：BEAM188 元素原為一條直線。）

(2) 如圖 3-84，操作流程：Main Menu → General Postproc → Plot Results → Contour Plot → Nodal Solu。於圖 3-85 中，點擊 Stress，於下拉的選項中，點擊 X-Component of stress 且使它呈現反白，再於下方選擇 Deformed shape with undeformed edge。最後點擊 OK。

(3) 圖 3-86 即為應力 SX（X-Component of stress）分布圖，圖下方數字的單位是 Pa，SX 為 x 方向的正向應力（normal stress），即 σ_x，也就是梁的彎曲應力。

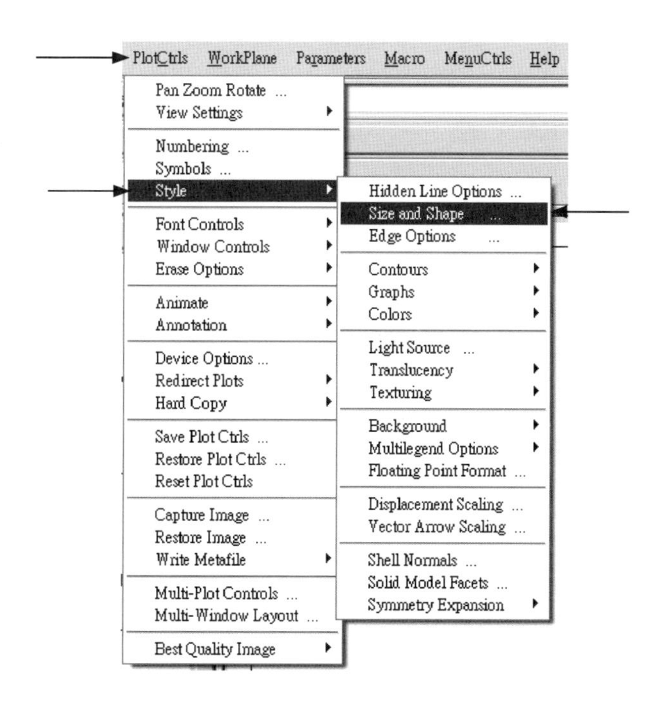

圖 3-82

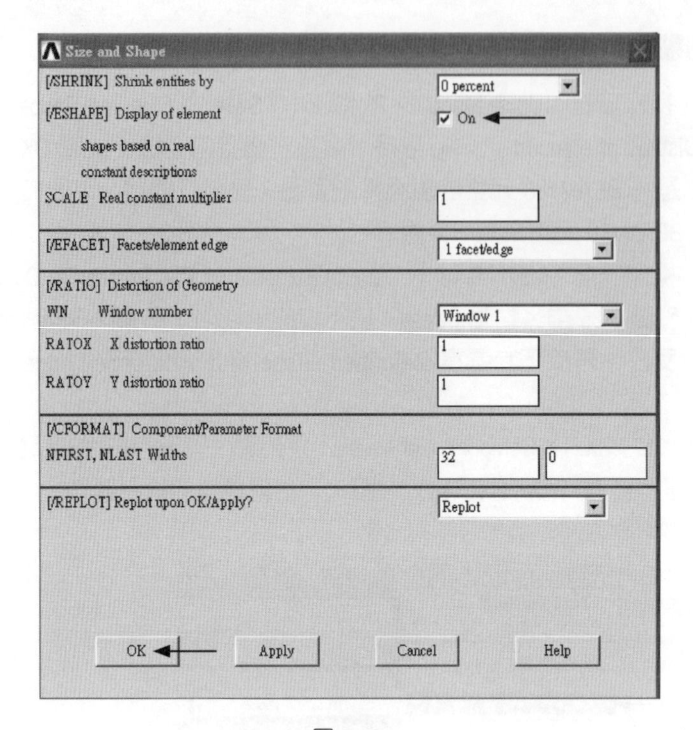
Size and Shape
[/SHRINK] Shrink entities by
0 percent
[/ESHAPE] Display of element
shapes based on real
constant descriptions
On
SCALE Real constant multiplier
1
[/EFACET] Facets/element edge
1 facet/edge
[/RATIO] Distortion of Geometry
WN Window number
Window 1
RATOX X distortion ratio
1
RATOY Y distortion ratio
1
[/CFORMAT] Component/Parameter Format
NFIRST, NLAST Widths
32
0
[/REPLOT] Replot upon OK/Apply?
Replot
OK
Apply
Cancel
Help

圖 3-83

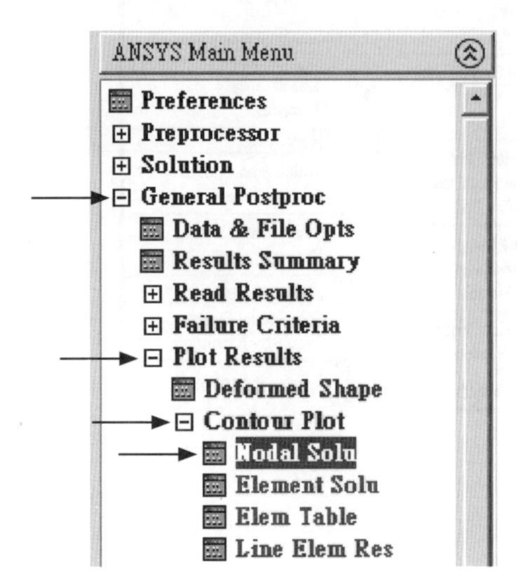
ANSYS Main Menu
Preferences
Preprocessor
Solution
General Postproc
Data & File Opts
Results Summary
Read Results
Failure Criteria
Plot Results
Deformed Shape
Contour Plot
Nodal Solu
Element Solu
Elem Table
Line Elem Res

圖 3-84

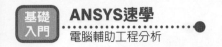

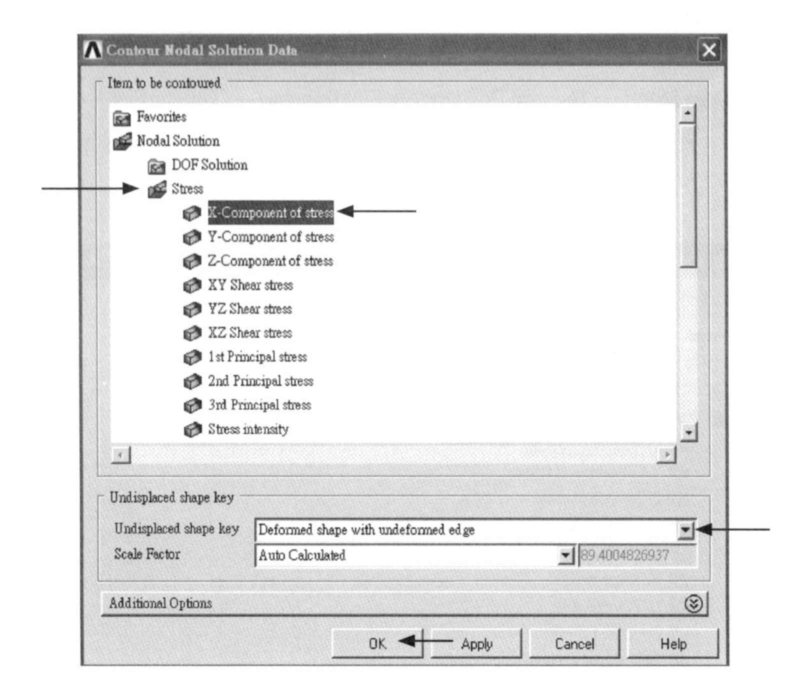
Contour Nodal Solution Data
Item to be contoured
Favorites
Nodal Solution
DOF Solution
Stress
X-Component of stress
Y-Component of stress
Z-Component of stress
XY Shear stress
YZ Shear stress
XZ Shear stress
1st Principal stress
2nd Principal stress
3rd Principal stress
Stress intensity
Undisplaced shape key
Undisplaced shape key
Deformed shape with undeformed edge
Scale Factor
Auto Calculated
89.4004826937
Additional Options
OK
Apply
Cancel
Help

圖 3-85

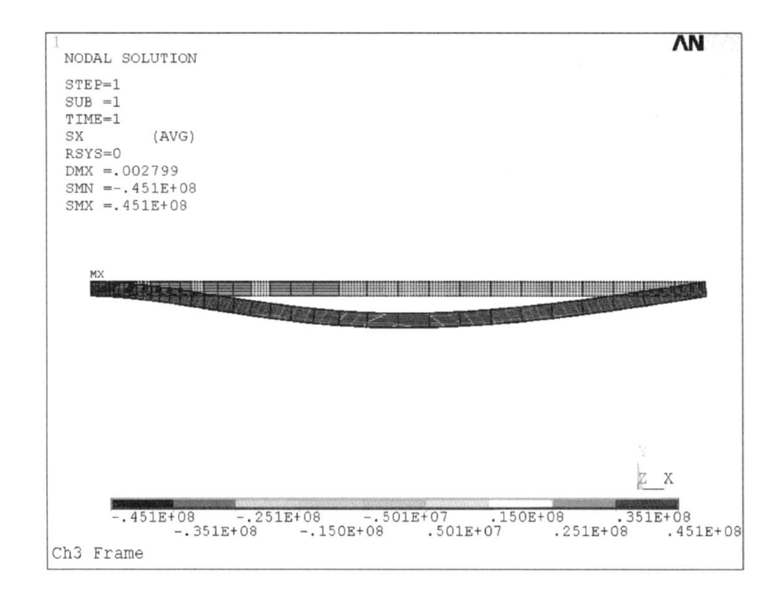
NODAL SOLUTION
STEP=1
SUB =1
TIME=1
SX (AVG)
RSYS=0
DMX =.002799
SMN =-.451E+08
SMX =.451E+08
MX
-.451E+08
-.351E+08
-.251E+08
-.150E+08
-.501E+07
.501E+07
.150E+08
.251E+08
.351E+08
.451E+08
Ch3 Frame

圖 3-86

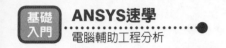

☞步驟 24　判讀分析結果：畫出 SX 後，局部放大 A 點附近區域

(1) 操作流程：Main Menu → General Postproc → Plot Results → Contour Plot → Nodal Solu。於圖 3-87 中，點擊 Stress，於下拉的選項中，點擊 X-Component of stress 且使它呈現反白，再於下方選擇 Deformed shape only。最後點擊 OK。

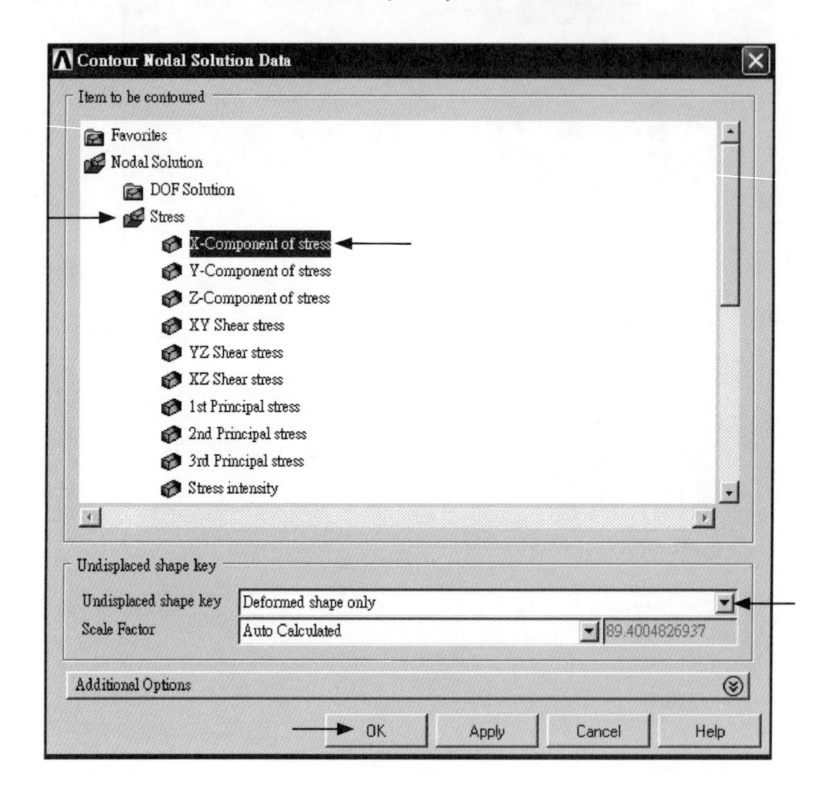

圖 3-87

(2) 圖 3-88 為應力 SX（X-Component of stress）分布圖，點擊該圖右側的「放大鏡」圖示，接著再用游標於樑之左端（A 點）區域，拉出一個方形放大區域。圖 3-89 為局部放大圖，為 A 點附近區域的應力 SX 分布。

(3) 同時按鍵盤 Ctrl 鍵和滑鼠右鍵，再移動游標，即可令模型旋轉，如圖 3-90。

(4) SX 最大值為 0.451E + 08 Pa (0.451×10^8 Pa)，發生於 NODE 1（A點）。

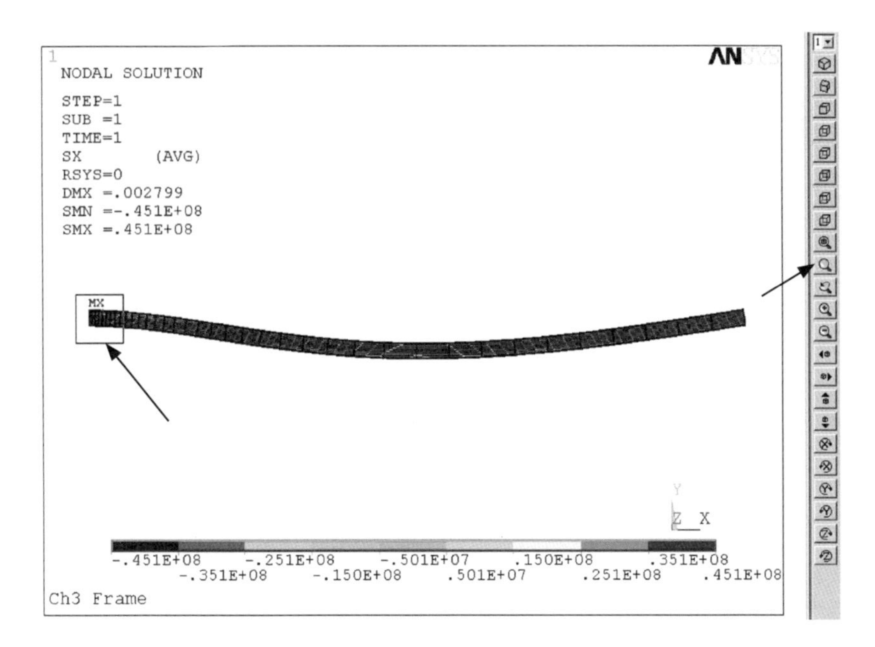
1
NODAL SOLUTION
STEP=1
SUB =1
TIME=1
SX (AVG)
RSYS=0
DMX =.002799
SMN =-.451E+08
SMX =.451E+08
MX
Y
Z X
-.451E+08
-.351E+08
-.251E+08
-.150E+08
-.501E+07
.501E+07
.150E+08
.251E+08
.351E+08
.451E+08
Ch3 Frame

圖 3-88

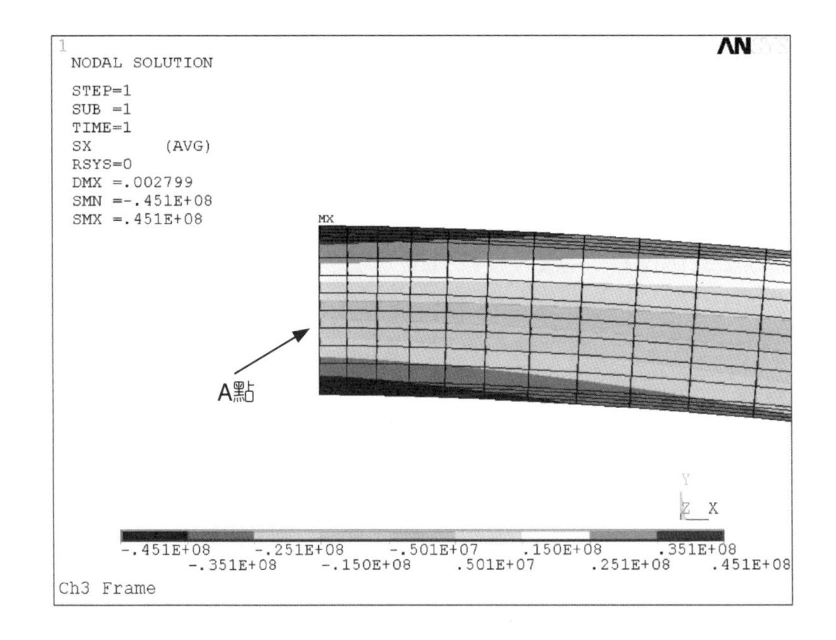
1
NODAL SOLUTION
STEP=1
SUB =1
TIME=1
SX (AVG)
RSYS=0
DMX =.002799
SMN =-.451E+08
SMX =.451E+08
MX
A點
Y
Z X
-.451E+08
-.351E+08
-.251E+08
-.150E+08
-.501E+07
.501E+07
.150E+08
.251E+08
.351E+08
.451E+08
Ch3 Frame

圖 3-89

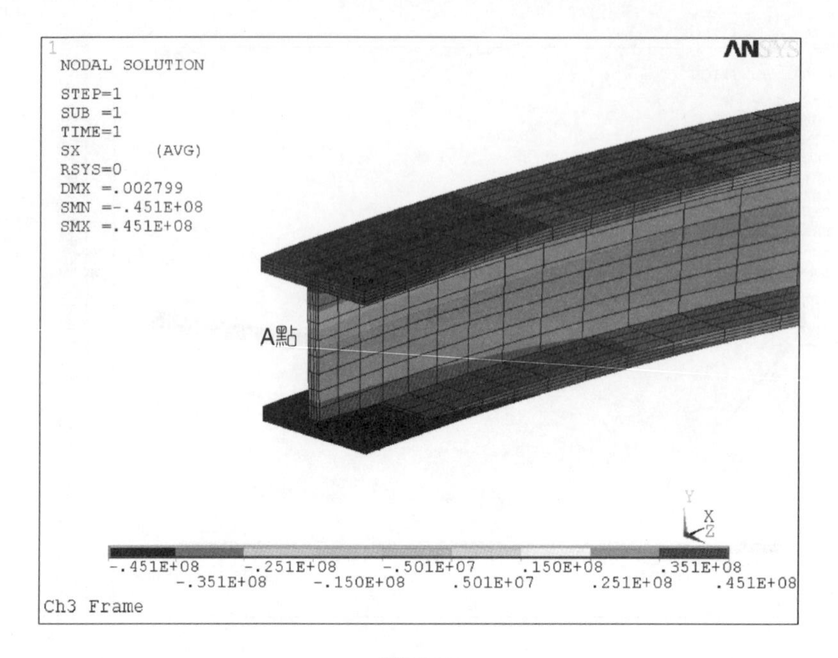

圖 3-90

3-3 BEAM 元素

3-2 節例題採用的 BEAM188 元素，是 ANSYS 用來模擬空間構架的元素，它的外形如圖 3-91 所示，經簡化為三維空間中的直線。BEAM188 元素的節點自由度有 3 個位移（UX、UY、UZ）和 3 個旋轉角（ROTX、ROTY、ROTZ），它可以同時產生伸縮、彎曲和扭轉，也就是它能同時承受軸向力、彎矩和扭矩。BEAM188 元素是構架元素（frame element），嚴格來說，應稱為 FRAME（構架），不過ANSYS均以BEAM（樑）來稱呼這類構架元素。除了 BEAM188，ANSYS 的構架元素還有 BEAM189、BEAM3、BEAM4 等。

圖 3-92 為 2 節點線性構架元素（如 BEAM188）的簡化示意圖，該構架元素雖然為簡化的直線，但這直線仍保有原截面積的數據，在 ANSYS 中，BEAM188 構架元素截面積資料是由 Common Sections 指令來給定（如 3-2 節例題的步驟 6）。這類簡化方法的意義，在於方便計算，亦縮短電腦計算時間。

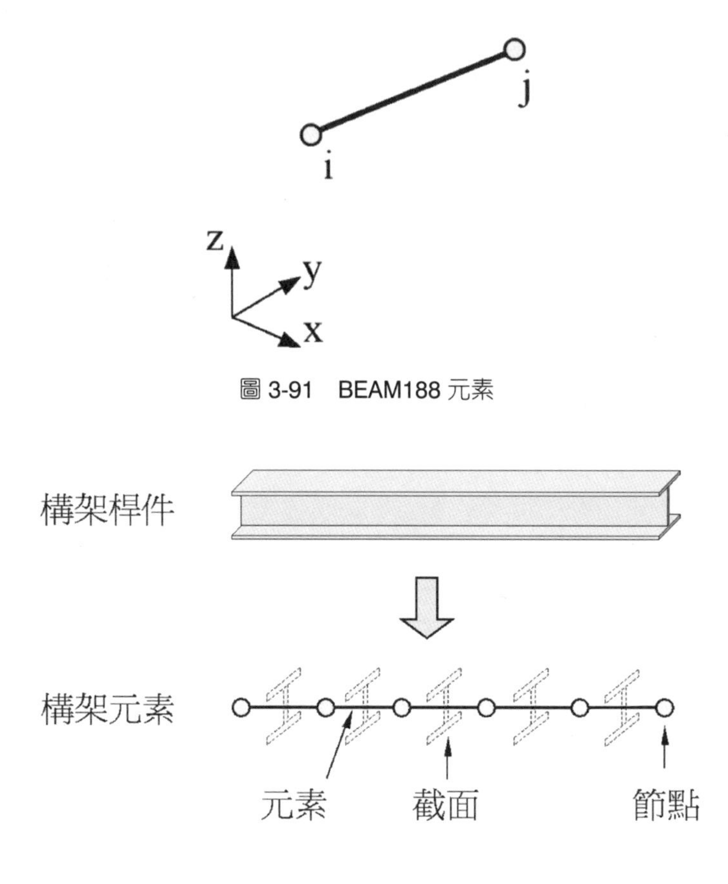

圖 3-91　BEAM188 元素

圖 3-92　構架元素的簡化示意圖

針對曲線的構架桿件或曲樑，可用多個線性構架元素的直線段來模擬，元素越多就越逼近實際外形。此外，若採用 3 節點高階構架元素（如 BEAM189），單一個元素即可模擬一段曲線，但仍需要使用多個元素來模擬整個曲線桿件或曲樑，以確保準確性。

圖 3-93 為 ANSYS 手冊[3]的 BEAM188 元素圖示，圖中除了節點 I 和 J，多了一個節點 K。節點 K 稱為方向節點（orientation node），是用來定義 BEAM188 元素的正 z 方向（即元素的上表面），它並不參與計算，因此圖 3-91 只畫出節點 i 和 j。在 3-2 節例題，步驟 12 便是先定義方向關鍵點（orientation keypoint），再根據方向關鍵點來建立方向節點，如圖 3-52。圖 3-94 說明了 BEAM188 元素的方向節點、正 z 方向、上表面、截面外形的關係。

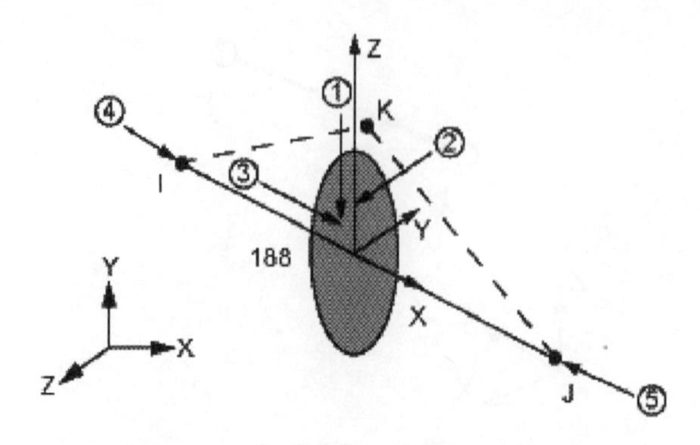

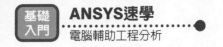

圖 3-93　ANSYS 手冊的 BEAM188 元素[3]
（Reproduced with permission from ANSYS, Inc.）

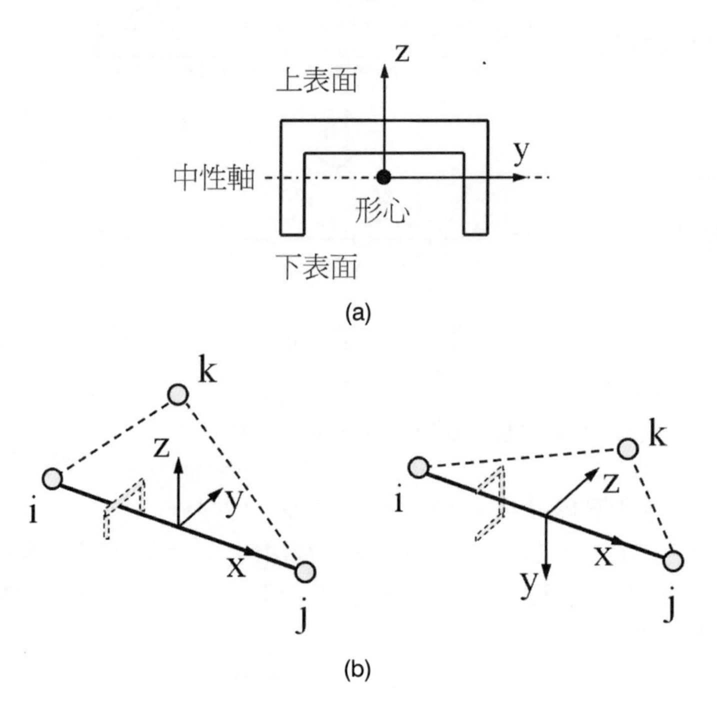

圖 3-94　(a)BEAM188 元素截面外形　(b)不同的方向節點 k，其截面之排列方向不同

3-4 例題討論

3-2節例題的 ANSYS 計算結果，可以和文獻 [1] 的標準答案做比較，以確認 ANSYS 的做法與答案均正確。根據文獻 [1] 的標準答案，圖 3-95 自由體圖的反力與反力矩如下：

$$F_B=\frac{7wL}{128}\ ,\ F_A=\frac{57wL}{128}\ ,\ M_A=\frac{9wL^2}{128} \tag{3.1}$$

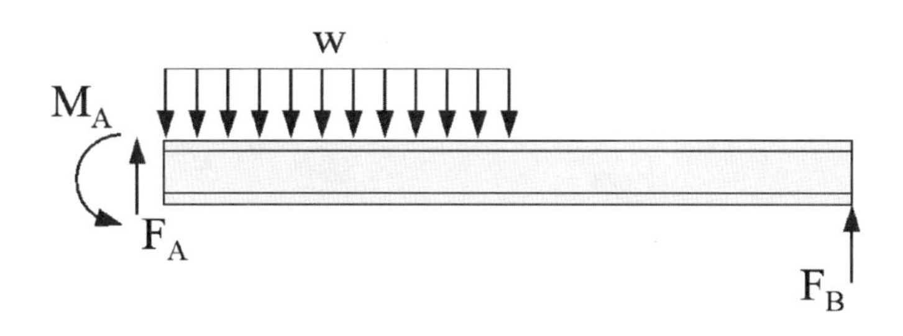

圖 3-95　反力與反力矩之自由體圖

將 w = 3000 N/m 和 L = 5 m 之數值代入上式後，可得 F_B = 820.31 N，F_A = 6679.7 N，M_A = 5273.4 N-m。根據圖 3-76 的 ANSYS 結果，製成表 3.1，經比較後得知誤差均小於 1%，十分準確。

表 3.1　分析結果比較

項　目	發生位置	文獻 [1] 答案	ANSYS 答案	誤　差
F_B	B 點（NODE 56）	820.31 N	823.71 N	0.41%
F_A	A 點（NODE 1）	6679.7 N	6676.3 N	0.05%
M_A	A 點（NODE 1）	5273.4 N-m	5256.5 N-m	0.32%

根據文獻 [1]，樑的彎曲應力（bending stress）最大值公式如下：

$$\sigma_x=\frac{Mc}{I} \tag{3.2}$$

對於 A 點，將 $M = M_A = 5273.4$ N-m、$c = (b + 2t)/2 = 0.06$ m 和 $I = 6.9\times10^{-6}$ m^4 數值代入上式後，可得 $\sigma_x = 45.86\times10^6$ Pa。回顧圖 3-89 的 ANSYS 結果，其答案為 $\sigma_x = 45.1\times10^6$ Pa，將文獻 [1] 和 ANSYS 答案做比較，誤差為 1.66%。一般來說，工程問題的誤差若小於 5%，可視為準確。若將圖 3-89 的 A 點彎曲應力畫出，可得到圖 3-96 之應力分布，這符合材料力學的結果。

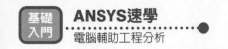

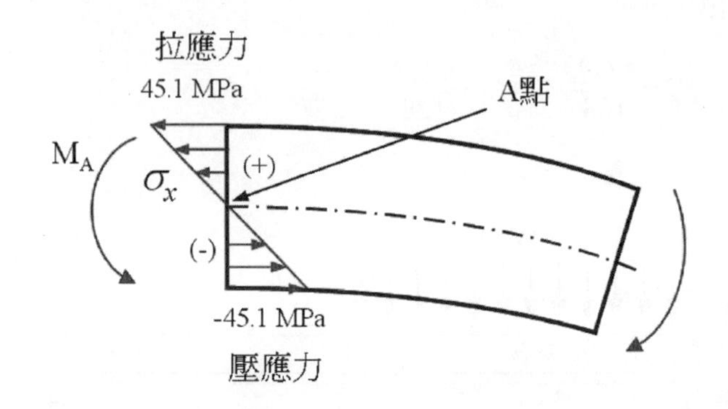

圖 3-96　A 點的彎曲應力分布（1 MPa = 10^6 Pa）

一般材料力學課本所講述的樑理論為工程樑理論（engineering beam theory，即 Bernoulli-Euler beam theory），其假設為純彎曲（pure bending）且無剪力效應，因此假設樑截面在變形後仍保持平面且與中性面垂直。另一種較複雜的樑理論為 Timoshenko 樑理論，它加入了剪變形效應。（關於兩種樑理論，可參閱文獻 [2]）

以圖 3-4 長為 L 且高為 $h = b + 2t$ 之樑為例，工程樑理論的適用條件，一般估計是實際樑的 $h/L < 1/15$ 範圍，若樑的 $h/L > 1/15$（即短樑 short beam）則可以採用 Timoshenko 樑理論來解題，但樑越短則與實際值的誤差越大。

樑外形若在 $h/L < 1/15$ 範圍，剪力效應較小，使用 Timoshenko 樑理論或工程樑理論均可得到準確且接近的答案。以 3-2 節例題來說，其 $h/L = 0.12/5 = 0.024$，值小於 1/15，屬於工程樑理論的適用範圍，亦可採用 Timoshenko 樑理論。基於以上條件，3-2 節例題採用 BEAM188（為 Timoshenko 樑理論）所得到的答案，與文獻 [1]（為工程樑理論）的答案十分接近。

BEAM188 基本的有值應力輸出有 SX、SXY、SXZ，分別代表 σ_x（正向應力）、τ_{xy}（剪應力）、τ_{xz}（剪應力），應力下標是以圖 3-93 的元素座標系為基準。畫出應力之方式，如 3-2 節的步驟 23，選項如圖 3-97，若要畫出 von Mises 等效應力（定義可參閱文獻 [2]），則選擇 von Mises stress。

本例最大的 von Mises 應力為 45.2 MPa（0.452×10^8 Pa），如圖 3-98，發生於 A 點的上下表面。以延性材料為例，von Mises 應力值若小於降伏強度，桿件結構便安全。（關於強度理論，可參考文獻 [2] 或材料力學書籍）

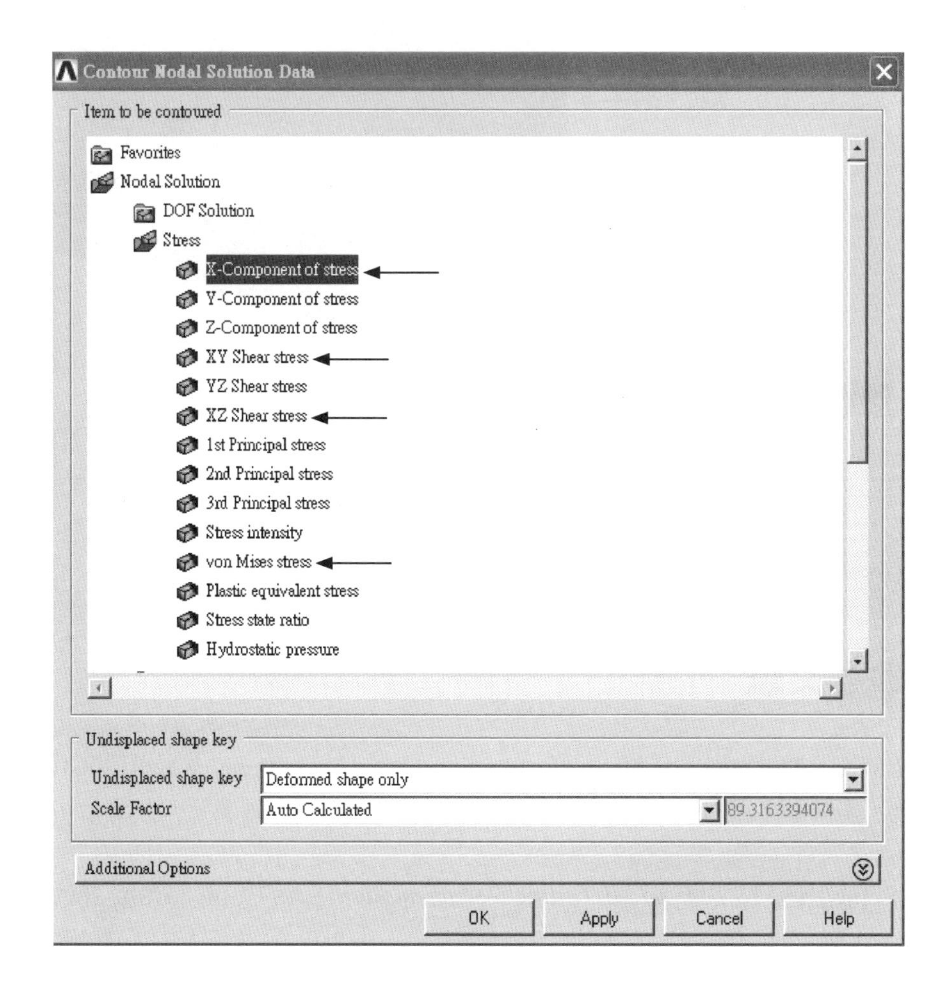

圖 3-97　應力輸出選項

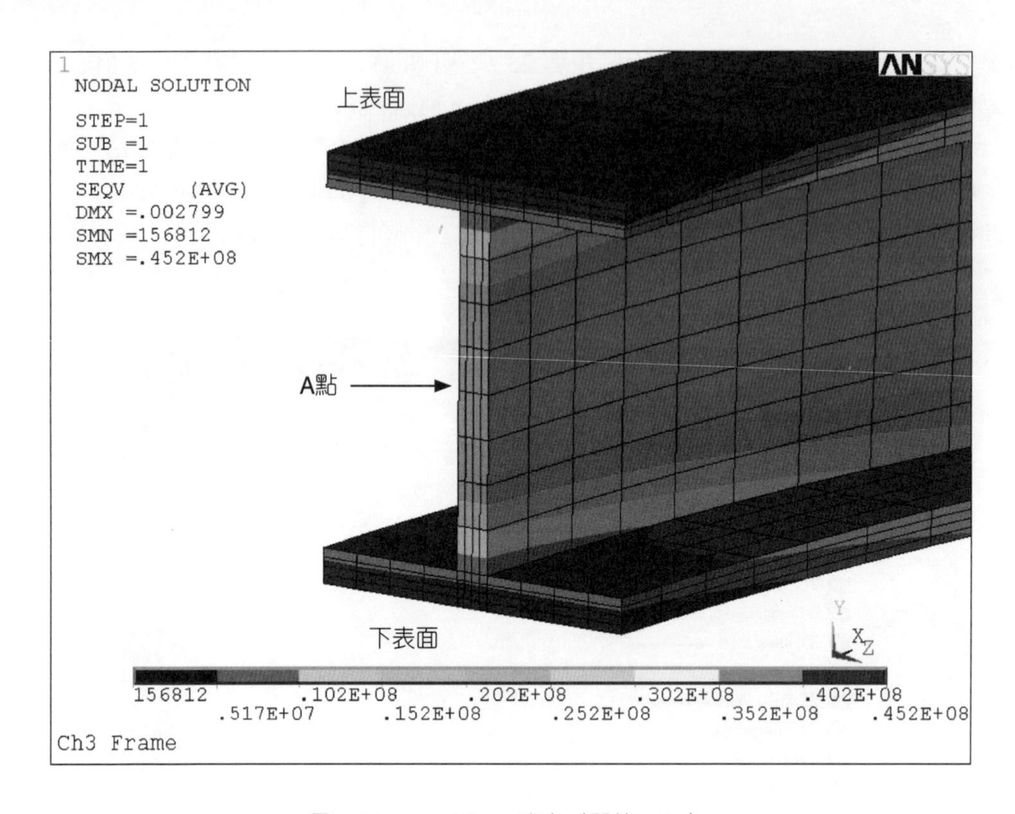

圖 3-98 von Mises 應力（單位：Pa）

3-5 參考文獻

[1] R.C. Hibbeler, *Mechanics of Materials*. SI edition, New York: Prentice Hall, 2004.

[2] 劉晉奇，褚晴暉，*有限元素分析與ANSYS的工程應用*。滄海書局，台灣台中，2006。

[3] ANSYS, Inc., *ANSYS 10.0 HTML Online Documentation*. SAS IP, Inc., USA, 2005.

三維實體之應力分析

4-1 三維實體應力分析簡介
4-2 ANSYS 例題練習
4-3 SOLID 元素
4-4 例題討論
4-5 CAD 模型之轉檔
4-6 參考文獻

本章目標

- 本章爲第 4 天的學習教材，學習時間爲 6 小時。
- 了解三維實體應力分析的特性。
- 了解三維實體的位移與應力求法。
- 了解 CAD 軟體與 ANSYS 之間的轉檔方法。
- 了解如何做出適當的有限元素網格，且掌握準確度。

4-1 三維實體應力分析簡介

任何物體都是三維實體（three-dimensional solid），都是具有體積和厚度的。

本書第 2 章和第 3 章的桁架與構架分析，是把細長的三維實體，簡化為「線」，以桁架元素與構架元素來做 FEM 分析，這是為了方便計算且節省電腦運算時間。當然，實際的結構若要簡化為桁架或構架的 FEM 分析，首先必須符合其假設與條件，若不符合的話，也就無從簡化了。以圖 4-1 為例，(a) 和 (b) 圖的結構均可以簡化為「線」的構架元素（請參閱第 3 章），但 (c) 圖便無法簡化為線，這時必須採用三維的實體元素（solid element）來完成其 FEM 分析。

在 FEM 分析，典型的實體元素如圖 4-2(a)，它為四面體（三角錐）元素，可以用來模擬圖 4-1(c) 的三維結構。實體元素就像立體拼圖一樣，用許多元素可把一個三維結構拼湊出來，如圖 4-2(b)。

三維實體的應力分析，可說是最實用的分析類型，因為任意形狀（亦包括細長桿件）的結構都可用實體元素來做 FEM 分析，且不需經過外形簡化。靜力學和材料力學並沒有談過三維實體之應力分析，這是因為數學解析法很難求解這類問題，不過它的 FEM 分析觀念並不難。由於三維實體應力分析不需要經過外形簡化，對於初學者來說，較不會有觀念混淆的問題產生。

此外，由於 CAD 軟體和 CAE 軟體的整合已是一個趨勢，所以本章於第 4-5 節將講解 CAD 軟體與 ANSYS 軟體之間的轉檔程序。

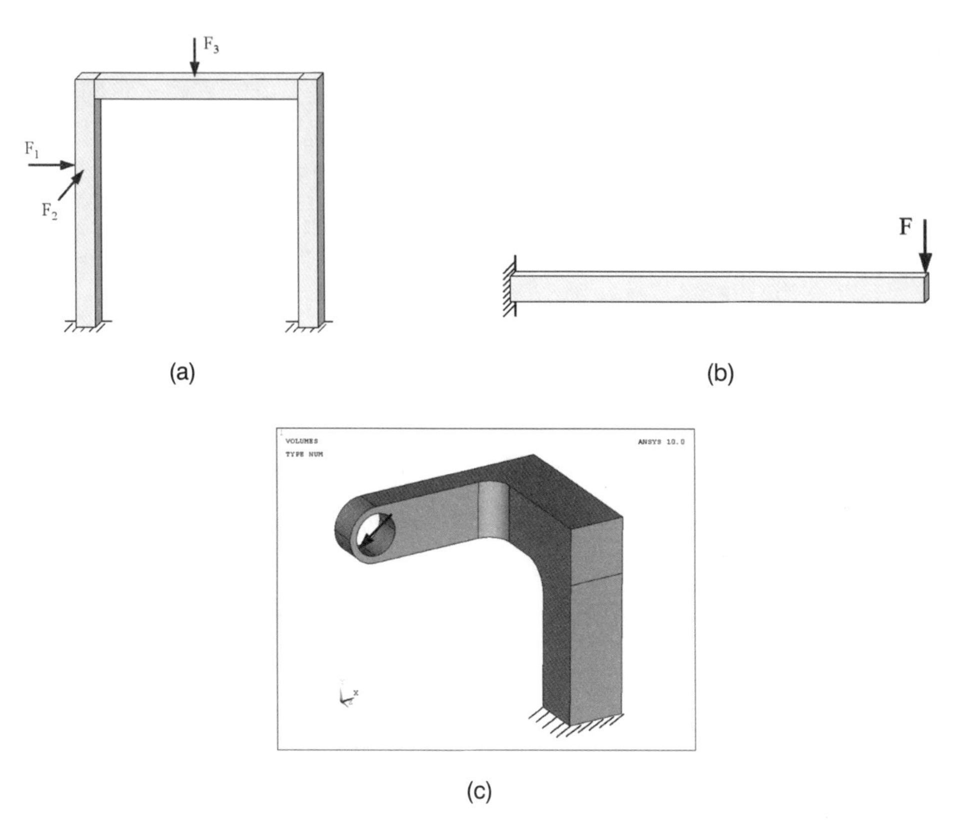

圖 4-1　不同外形的結構

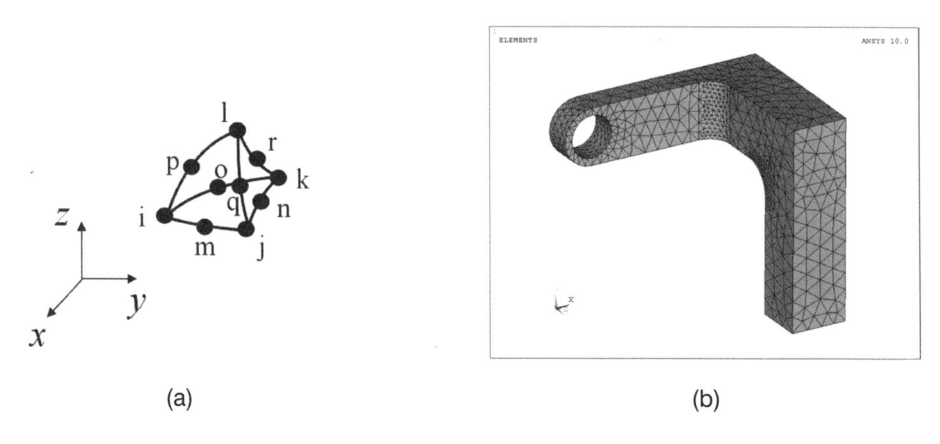

圖 4-2　(a)四面體（三角錐）元素　(b)三維實體元素之 FEM 模型

對於三維實體的應力分析，首先需要了解三維應力場的意義。任何需要做應力分析的對象，例如機械零件或塑膠產品等，都是三維的實體，它們內部的應力和應變均是三維的。以圖 4-3(a) 之機械零件來說，當它受力後，可由其材料內部之任意位置截取一個點 A，該點的三維應力狀態便如圖 4-3(b) 之示意圖，其中包括了正向應力 σ 與剪應力 τ，這些應力可以用下列矩陣來表示：

$$\begin{bmatrix} \sigma_{xx} & \tau_{xy} & \tau_{xz} \\ \tau_{yx} & \sigma_{yy} & \tau_{yz} \\ \tau_{zx} & \tau_{zy} & \sigma_{zz} \end{bmatrix} \quad (4\text{-}1)$$

（4-1）式為一個對稱矩陣，剪應力 $\tau_{xy} = \tau_{yx}$，$\tau_{xz} = \tau_{zx}$，$\tau_{yz} = \tau_{zy}$。因此，三維應力場只有 6 個獨立的項：σ_{xx}、σ_{yy}、σ_{zz}、τ_{xy}、τ_{xz}、τ_{yz}，其中 σ_{xx}、σ_{yy}、σ_{zz} 分別可寫成 σ_x、σ_y、σ_z。這些應力的定義與觀念，均與材料力學內容相同。

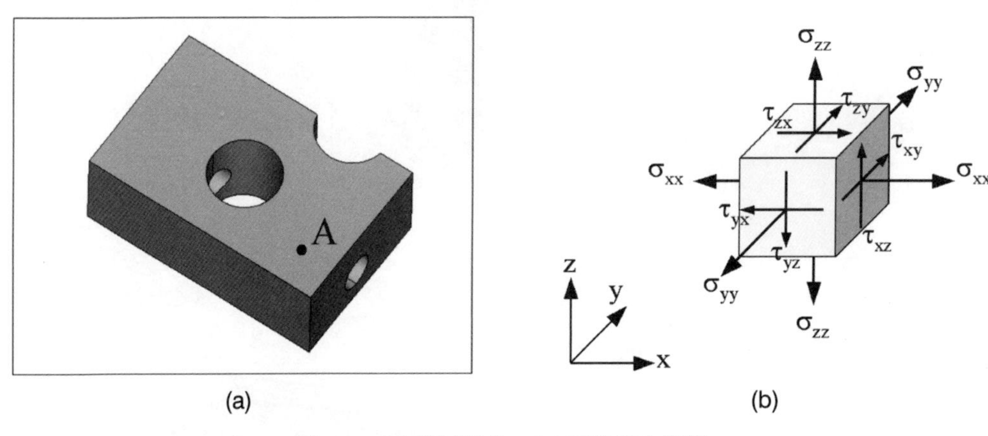

圖 4-3 (a) 機械零件 (b) 三維應力狀態

4-2 ANSYS 例題練習

例題外形如圖 4-4 的立體結構，邊界條件則如圖 4-5 所示，左側整個面完全拘束不動，均布壓力 p = 10000 Pa 作用於右側平板，結構材料之楊氏模數（Young's modulus）為 68.9×10^9 Pa，普松比（Poisson's ratio）為 0.35。試以 ANSYS 求出：⑴ 結構的變形狀況，⑵ 最大的 von Mises 應力值。以下為

ANSYS 的求解流程解說，請讀者依指示操作 ANSYS 並完成分析。分析的單位系統採用 Pa、m、N。

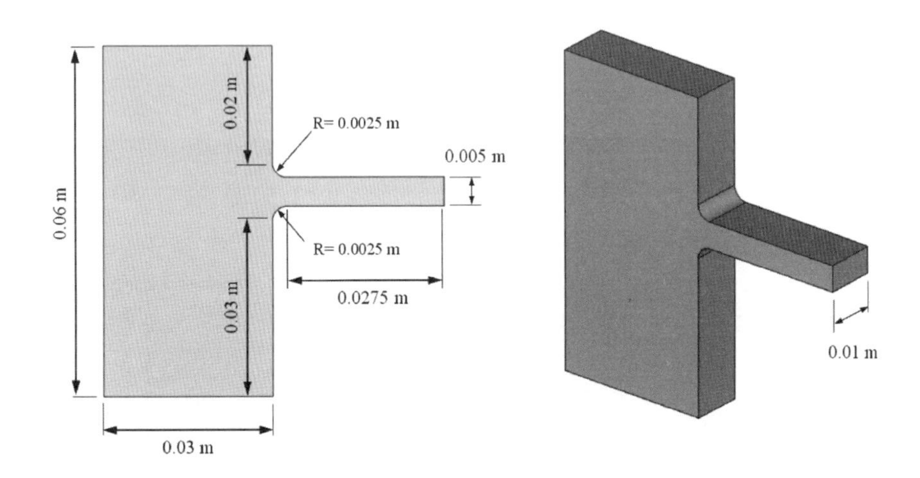

圖 4-4 例題外形

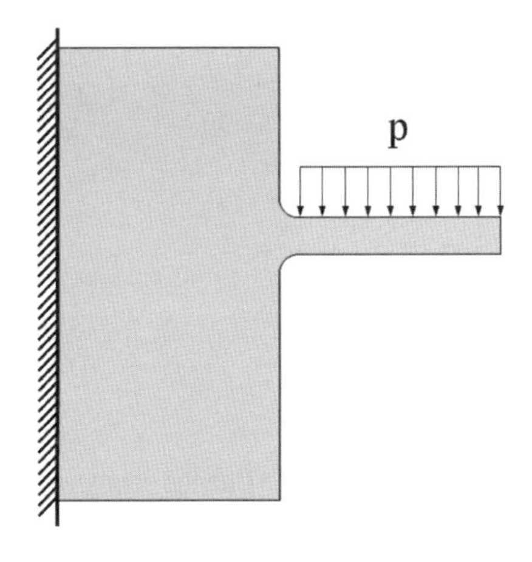

圖 4-5 例題之邊界條件

☞步驟 1　啓動 ANSYS

本例採用 ANSYS 傳統界面。首先重新啓動 ANSYS，其啓動方法請參考本書第 1 章的 1-5 節，啓動後的 ANSYS 傳統界面如圖 4-6。（若第 3 章分析結果還在，就須先離開 ANSYS 再重新啓動，離開 ANSYS 之操作流程：Utility Menu → File → Exit，選擇 Quit-No Save，再點擊 OK）

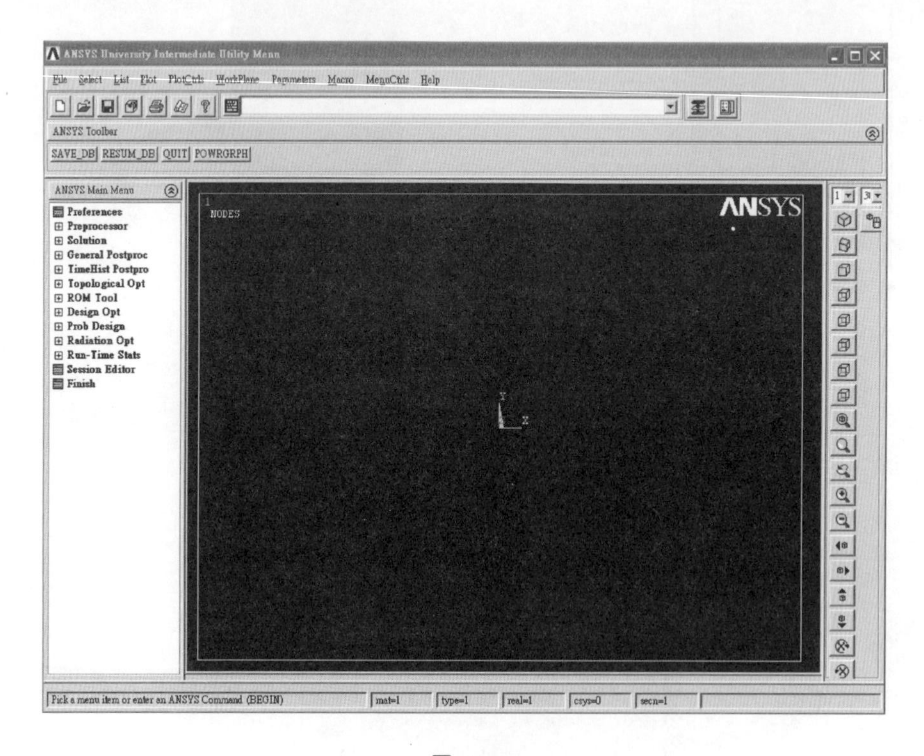

圖 4-6

☞步驟 2　設定 Jobname

(1) 如圖 4-7，操作流程：Utility Menu → File → Change Jobname。

(2) 接著出現圖 4-8 的設定畫面，輸入「ch4」的文字於空格中，再點擊「OK」。

(3) 說明：本步驟是設定分析的工作名稱（job name），此工作名稱將成為 ANSYS 各類檔案的主檔名。以本例來說，計算結果的檔案名稱將為 ch4.rst。

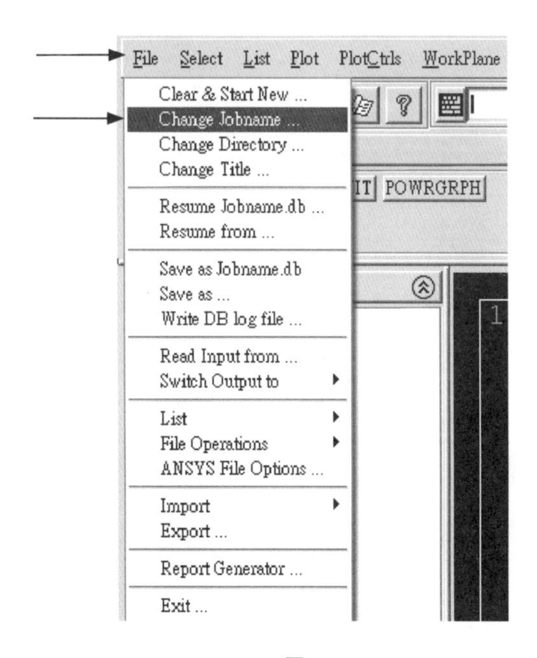

圖 4-7

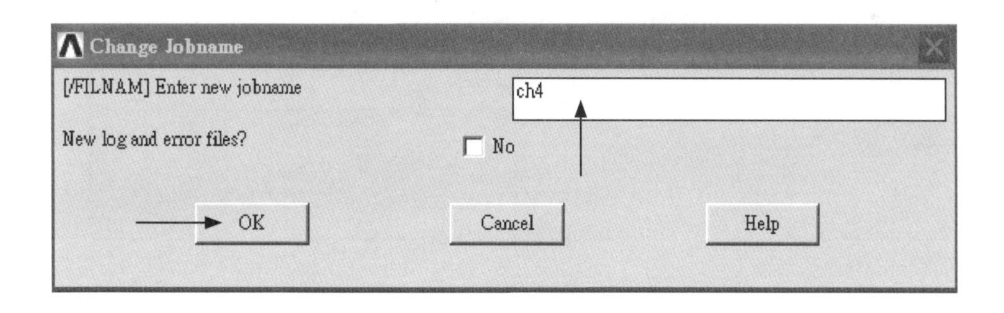

圖 4-8

☞步驟 3　設定 Title

(1) 如圖 4-9，操作流程：Utility Menu → File → Change Title。

(2) 接著出現圖 4-10 的設定畫面，輸入「Ch4 Solid」的文字於空格中，再點擊「OK」。

(3) 說明：本步驟是設定 Graphics Window 中顯示的註解文字。

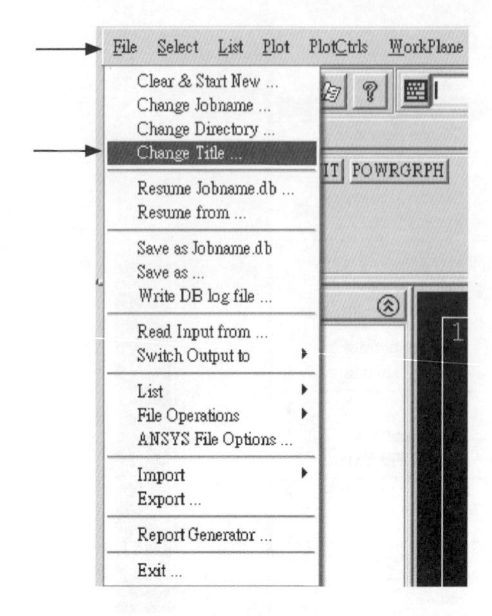

圖 4-9

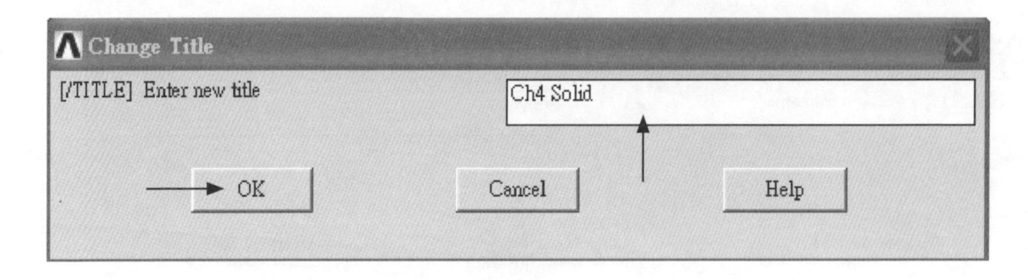

圖 4-10

☞步驟 4　設定分析的物理類型

(1) 如圖 4-11，操作流程：Main Menu → Preferences。

(2) 接著出現圖 4-12 的設定畫面，以點擊方式選擇 Structural 和 h-Method，再點擊「OK」。

(3) 說明：本步驟是設定分析的物理類型為結構分析（structural analysis），且採用 h-method 的有限元素方法（關於 h-method，可參閱文獻 [1]）。

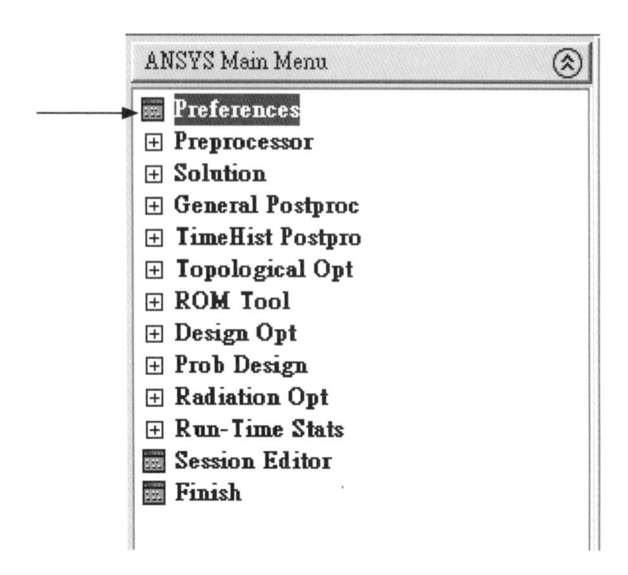
ANSYS Main Menu
Preferences
Preprocessor
Solution
General Postproc
TimeHist Postpro
Topological Opt
ROM Tool
Design Opt
Prob Design
Radiation Opt
Run-Time Stats
Session Editor
Finish

圖 4-11

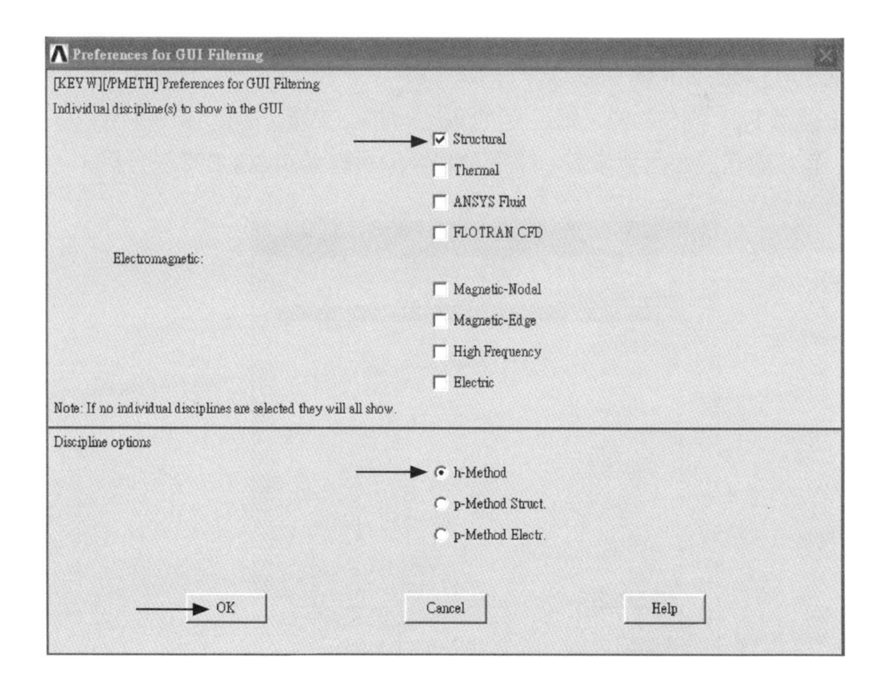
Preferences for GUI Filtering
[KEYW][/PMETH] Preferences for GUI Filtering
Individual discipline(s) to show in the GUI
Structural
Thermal
ANSYS Fluid
FLOTRAN CFD
Electromagnetic:
Magnetic-Nodal
Magnetic-Edge
High Frequency
Electric
Note: If no individual disciplines are selected they will all show.
Discipline options
h-Method
p-Method Struct.
p-Method Electr.
OK
Cancel
Help

圖 4-12

☞步驟 5　設定元素類型

(1) 如圖 4-13，操作流程：Main Menu → Preprocessor → Element Type → Add/Edit/Delete。

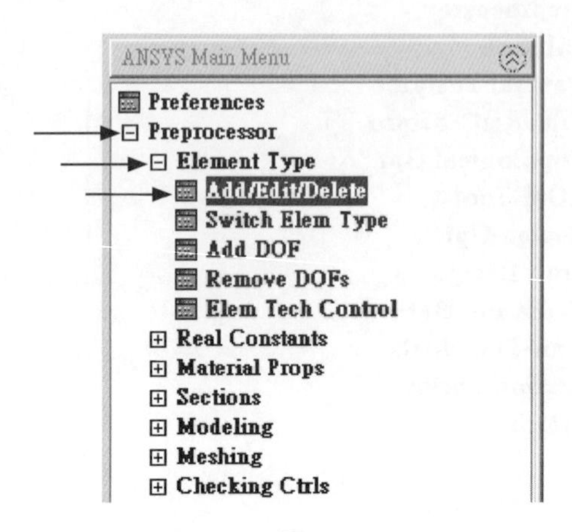

圖 4-13

(2) 接著出現圖 4-14 的設定畫面，點擊 Add。接著出現圖 4-15 的設定畫面，依畫面選擇 Solid 和 10 node 92，再點擊 OK。

(3) 圖 4-16 顯示 Type 1 SOLID92，確定沒問題後，點擊 Close。

(4) 說明：本步驟是設定元素類型，採用 ANSYS 的實體元素 SOLID92 來分析。

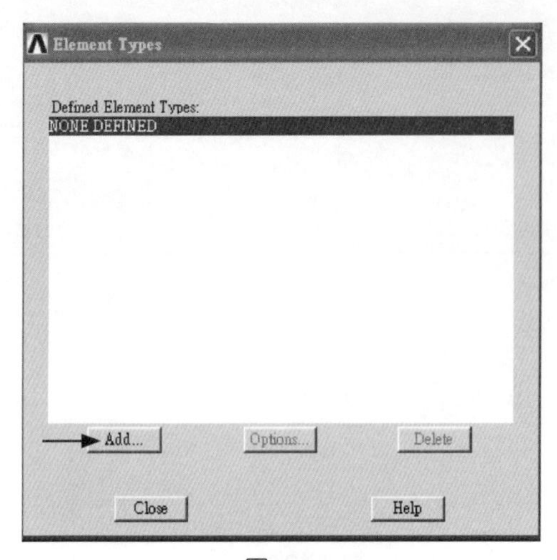

圖 4-14

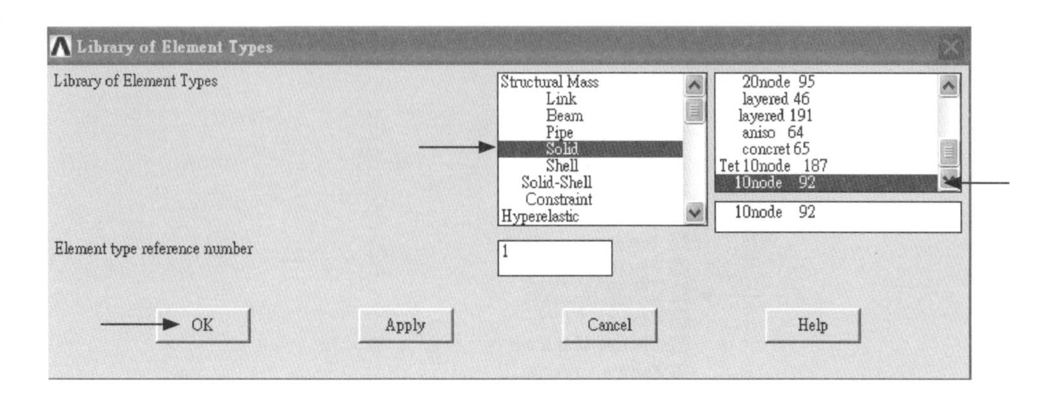

圖 4-15

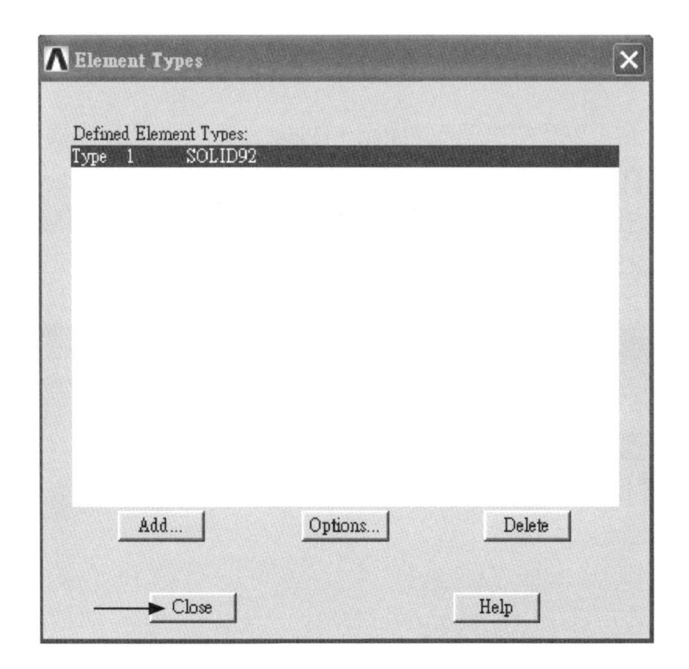

圖 4-16

☞步驟 6　設定材料係數

(1) 如圖 4-17，操作流程：Main Menu → Preprocessor → Material Props → Material Models。

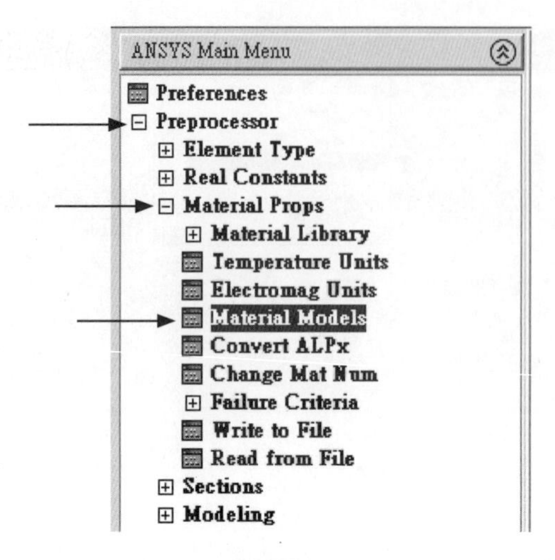

圖 4-17

⑵ 接著出現圖 4-18，確認左半部的 Material Model Number 1 是反白顯示。接著以圖 4-19 的方式，點擊（連續按兩次滑鼠左鍵）右半部的Structural、Linear、Elastic、Isotropic，接著出現圖 4-20，於EX（楊氏模數）輸入 68.9e9（也可寫成 68.9E9），於 PRXY（普松比）輸入 0.35，最後點擊 OK。

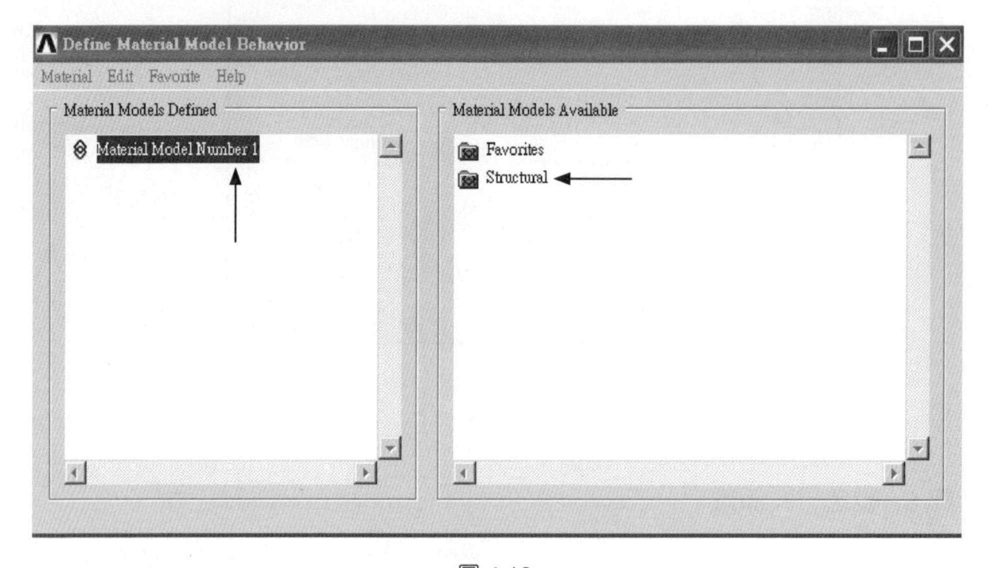

圖 4-18

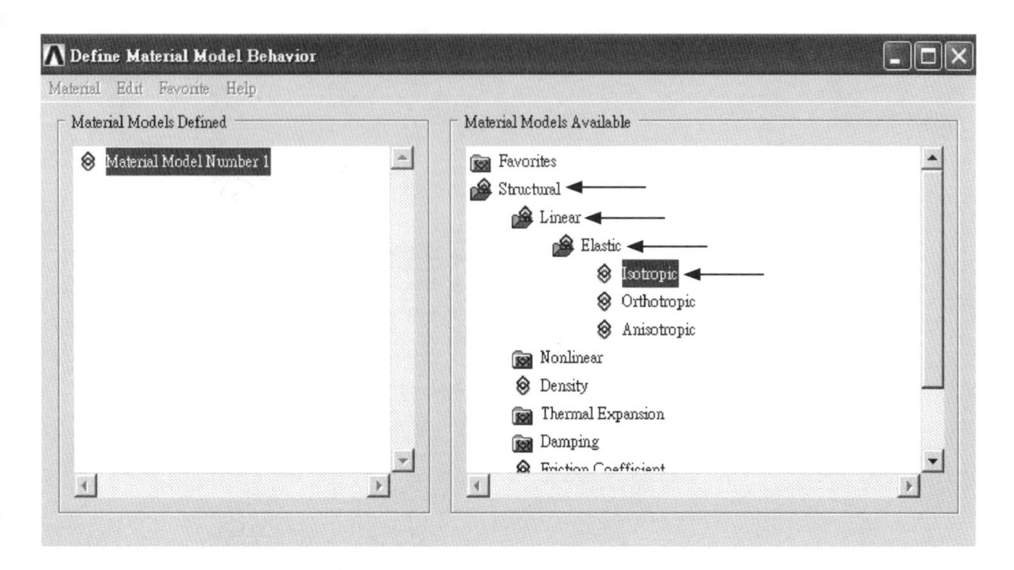

圖 4-19

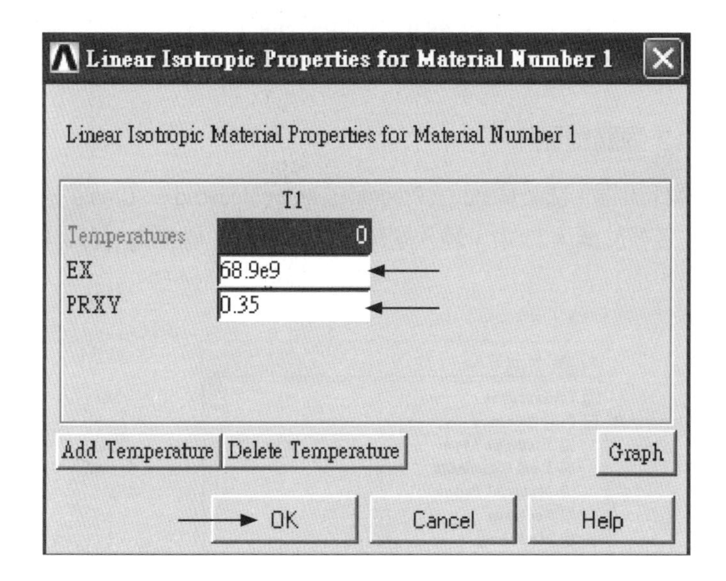

圖 4-20

(3) 接著出現圖 4-21，可於左半部看到 Material Model Number 1 含有 Linear Isotropic 這項，表示材料係數已完成設定。最後點擊右上角的 X，關掉此視窗。

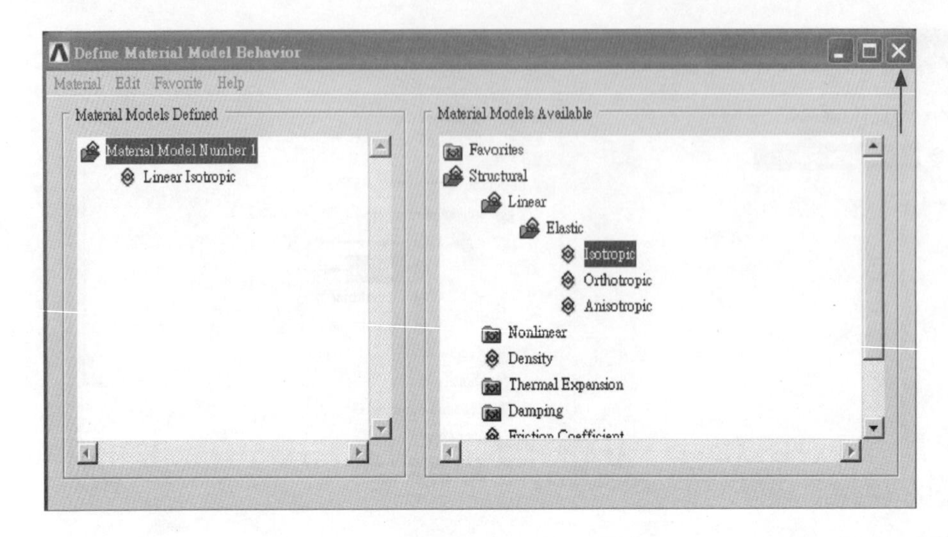

圖 4-21

(4) 說明：本步驟是設定材料係數的楊氏模數（Young's modulus）與普松比（Poisson's ratio）。題目給定的楊氏模數為 68.9×10^9 Pa（68.9 GPa），可於 ANSYS 中輸入 68.9e9 的科學符號表示法（$68.9e9 = 68.9\times10^9$，類似 FORTRAN 程式語言格式）。

☞步驟 7　建立 12 個關鍵點

(1) 如圖 4-22，操作流程：Main Menu → Preprocessor → Modeling → Create → Keypoints → In Active CS。接著於圖 4-23 中，輸入關鍵點（keypoint）座標為（0, 0, 0），再點擊 OK。

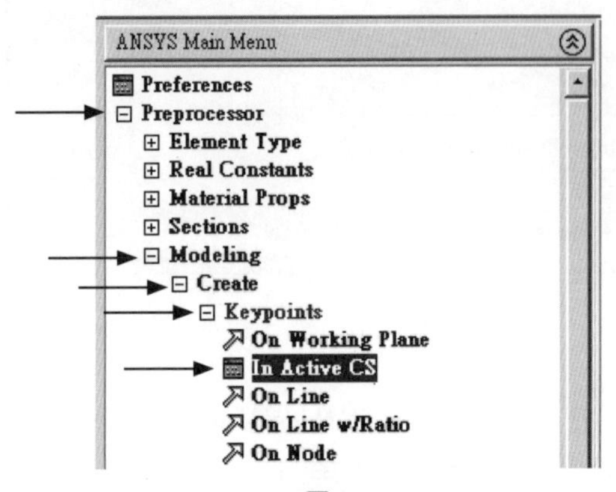

圖 4-22

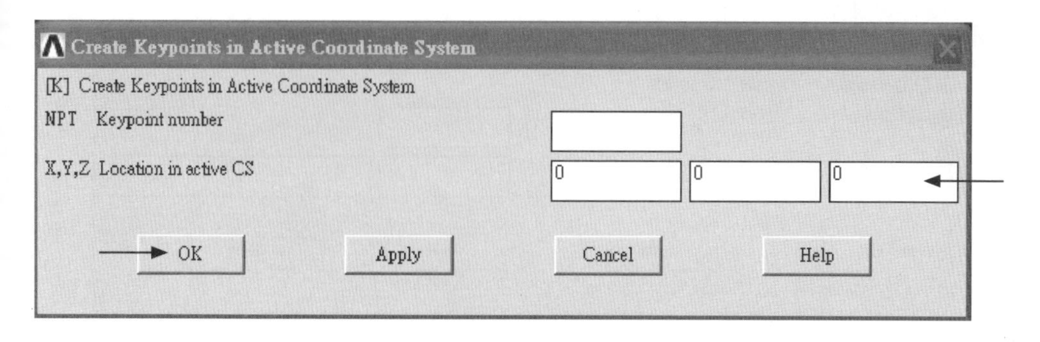

圖 4-23

(2) 操作流程：Main Menu → Preprocessor → Modeling → Create → Keypoints → In Active CS。接著於圖 4-24 中，輸入關鍵點座標為（0.03, 0, 0），再點擊 OK。

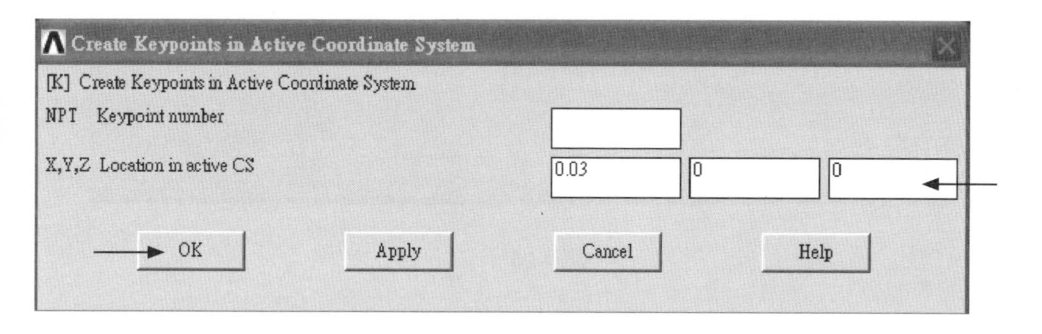

圖 4-24

(3) 操作流程：Main Menu → Preprocessor → Modeling → Create → Keypoints → In Active CS。接著於圖 4-25 中，輸入關鍵點座標為（0.03, 0.06, 0），再點擊 OK。

(4) 操作流程：Main Menu → Preprocessor → Modeling → Create → Keypoints → In Active CS。接著於圖 4-26 中，輸入關鍵點座標為（0, 0.06, 0），再點擊 OK。

(5) 操作流程：Main Menu → Preprocessor → Modeling → Create → Keypoints → In Active CS。接著於圖 4-27 中，輸入關鍵點座標為（0.03, 0.03, 0），再點擊 OK。

(6) 操作流程：Main Menu → Preprocessor → Modeling → Create → Keypoints → In Active CS。接著於圖 4-28 中，輸入關鍵點座標為（0.03, 0.04, 0），再點擊 OK。

(7) 操作流程：Main Menu → Preprocessor → Modeling → Create → Keypoints → In Active CS。接著於圖 4-29 中，輸入關鍵點座標為（0.0325, 0.0325, 0），再點擊 OK。

Create Keypoints in Active Coordinate System
[K] Create Keypoints in Active Coordinate System
NPT Keypoint number
X,Y,Z Location in active CS
0.03
0.06
0
OK
Apply
Cancel
Help

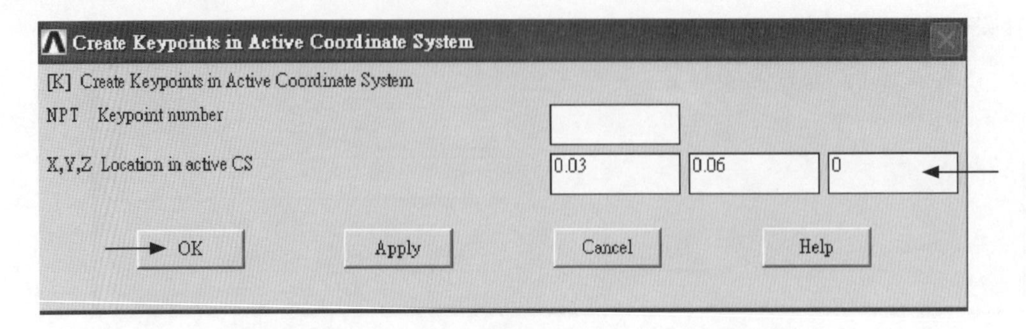

圖 4-25

Create Keypoints in Active Coordinate System
[K] Create Keypoints in Active Coordinate System
NPT Keypoint number
X,Y,Z Location in active CS
0
0.06
0
OK
Apply
Cancel
Help

圖 4-26

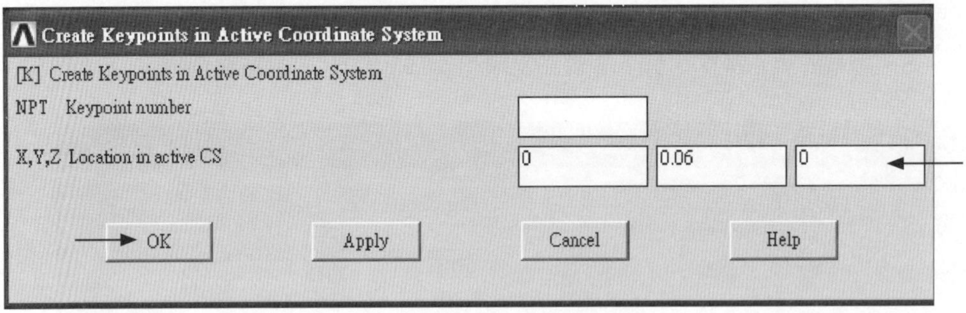

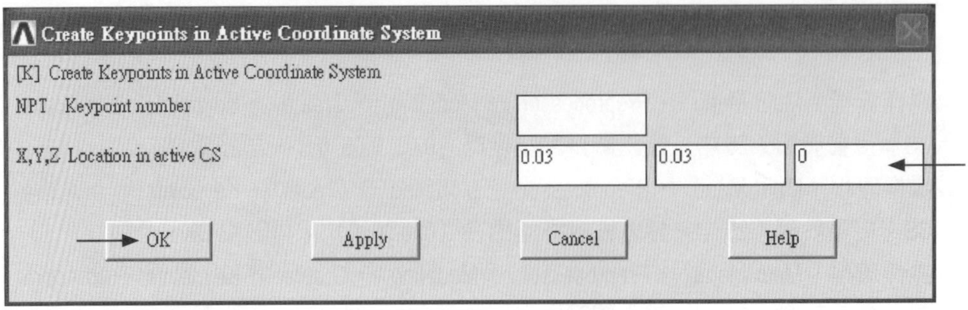

Create Keypoints in Active Coordinate System
[K] Create Keypoints in Active Coordinate System
NPT Keypoint number
X,Y,Z Location in active CS
0.03
0.03
0
OK
Apply
Cancel
Help

圖 4-27

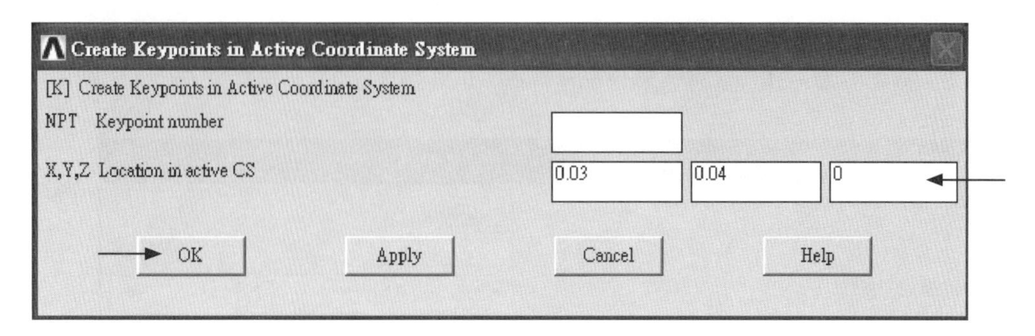

Create Keypoints in Active Coordinate System
[K] Create Keypoints in Active Coordinate System
NPT Keypoint number
X,Y,Z Location in active CS
0.03
0.04
0
OK
Apply
Cancel
Help

圖 4-28

Create Keypoints in Active Coordinate System
[K] Create Keypoints in Active Coordinate System
NPT Keypoint number
X,Y,Z Location in active CS
0.0325
0.0325
0
OK
Apply
Cancel
Help

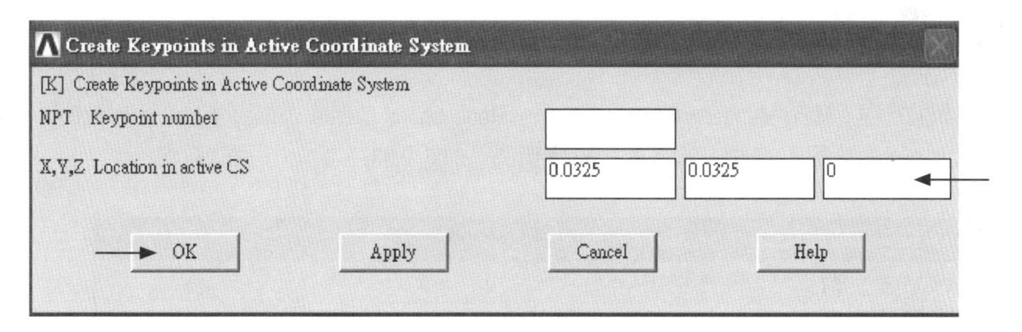

圖 4-29

(8) 操作流程：Main Menu → Preprocessor → Modeling → Create → Keypoints → In Active CS。接著於圖 4-30 中，輸入關鍵點座標為（0.0325, 0.0375, 0），再點擊 OK。

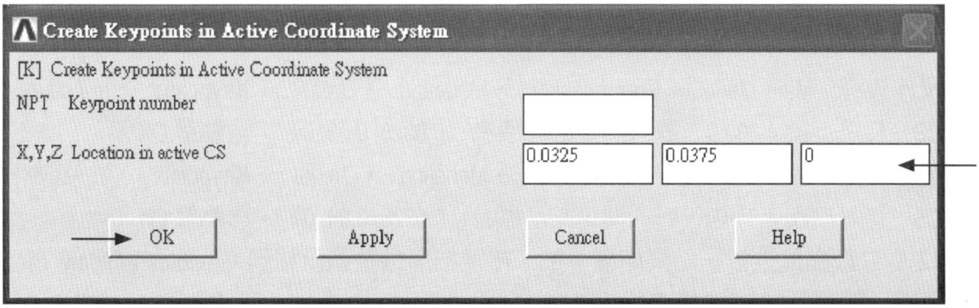

Create Keypoints in Active Coordinate System
[K] Create Keypoints in Active Coordinate System
NPT Keypoint number
X,Y,Z Location in active CS
0.0325
0.0375
0
OK
Apply
Cancel
Help

圖 4-30

(9) 操作流程：Main Menu → Preprocessor → Modeling → Create → Keypoints → In Active CS。接著於圖 4-31 中，輸入關鍵點座標為（0.06, 0.0325, 0），再點擊 OK。

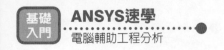

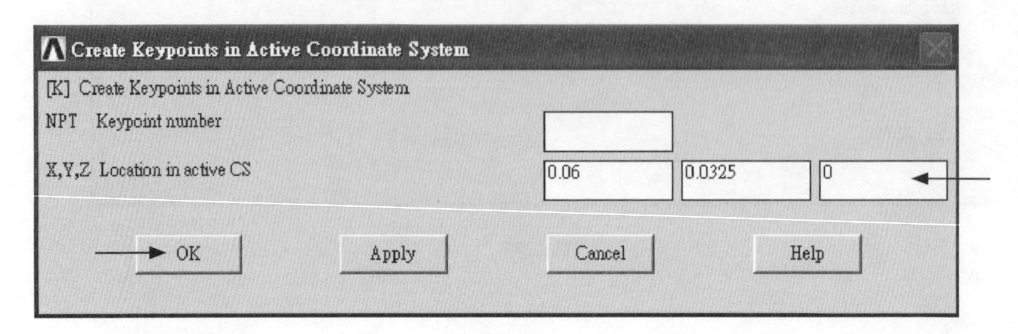

圖 4-31

(10) 操作流程：Main Menu → Preprocessor → Modeling → Create → Keypoints → In Active CS。接著於圖 4-32 中，輸入關鍵點座標為（0.06, 0.0375, 0），再點擊 OK。

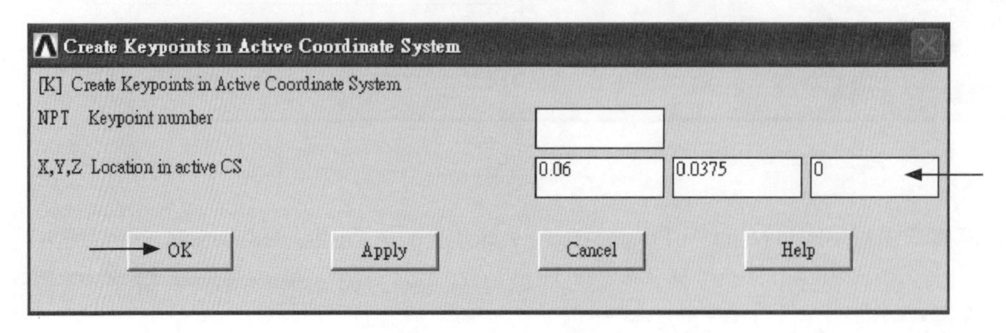

圖 4-32

(11) 操作流程：Main Menu → Preprocessor → Modeling → Create → Keypoints → In Active CS。接著於圖 4-33 中，輸入關鍵點座標為（0.0325, 0.03, 0），再點擊 OK。

(12) 操作流程：Main Menu → Preprocessor → Modeling → Create → Keypoints → In Active CS。接著於圖 4-34 中，輸入關鍵點座標為（0.0325, 0.04, 0），再點擊 OK。

(13) 12 個關鍵點建立後，結果如圖 4-35。接著把座標系圖示移到 Graphics Window 右下方，如圖 4-36 之操作流程：Utility Menu → PlotCtrls → Window Controls → Window Options，接著於圖 4-37 中，在「/TRIAD」之項選擇 At bottom right，再點擊 OK。最後如圖 4-38。

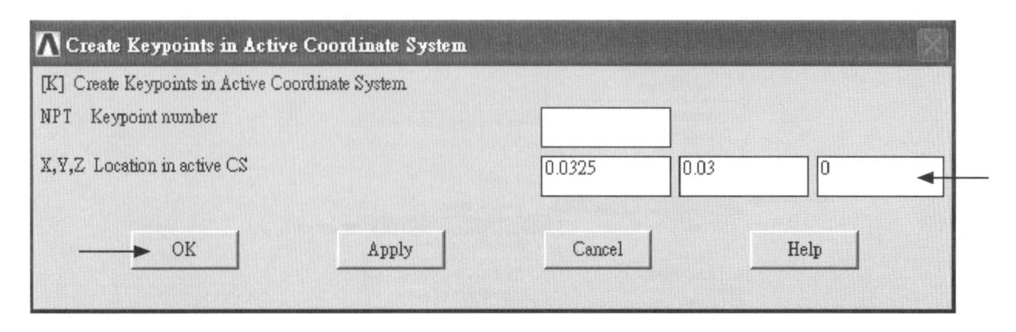

圖 4-33

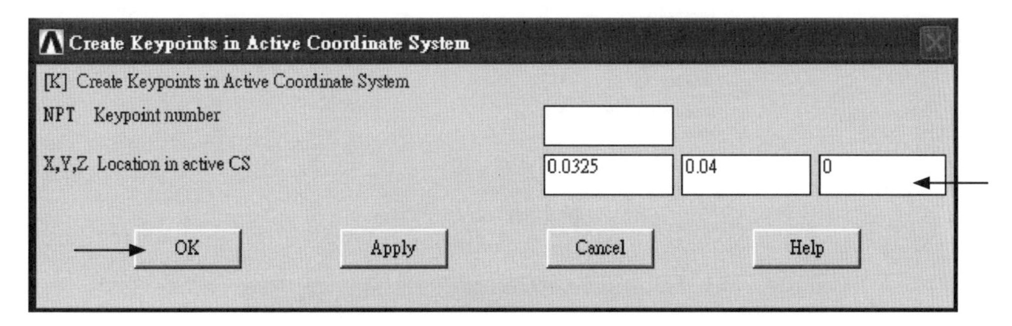

圖 4-34

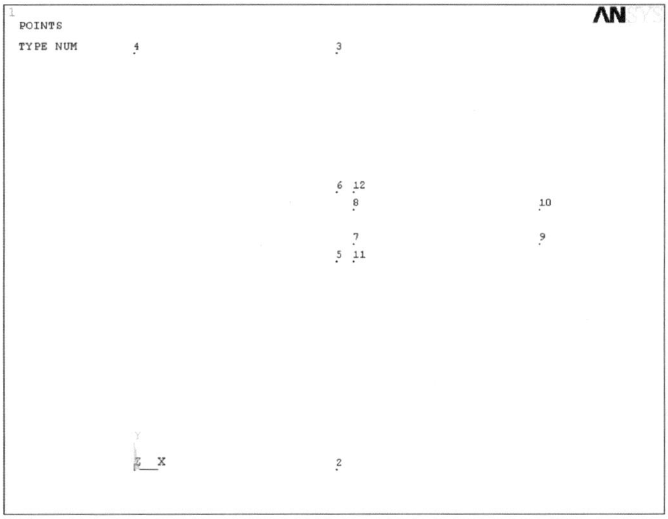

POINTS
TYPE NUM

圖 4-35

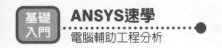

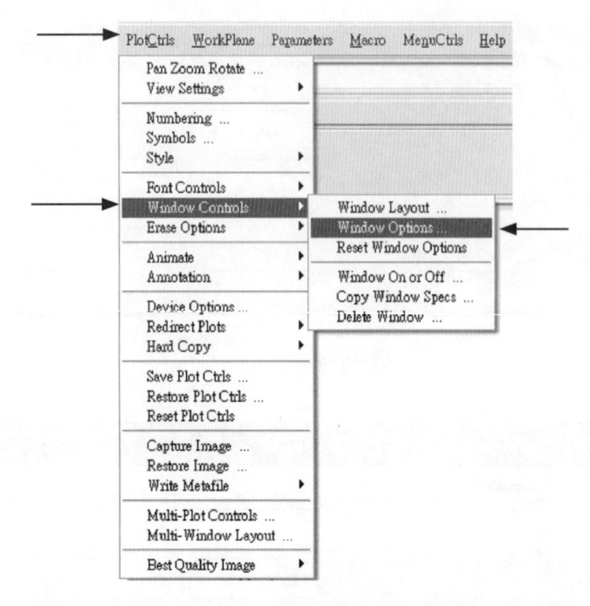
PlotCtrls WorkPlane Parameters Macro MenuCtrls Help
Pan Zoom Rotate ...
View Settings
Numbering ...
Symbols ...
Style
Font Controls
Window Controls
Erase Options
Animate
Annotation
Device Options ...
Redirect Plots
Hard Copy
Save Plot Ctrls ...
Restore Plot Ctrls ...
Reset Plot Ctrls
Capture Image ...
Restore Image ...
Write Metafile
Multi-Plot Controls ...
Multi-Window Layout ...
Best Quality Image
Window Layout ...
Window Options ...
Reset Window Options
Window On or Off ...
Copy Window Specs ...
Delete Window ...

圖 4-36

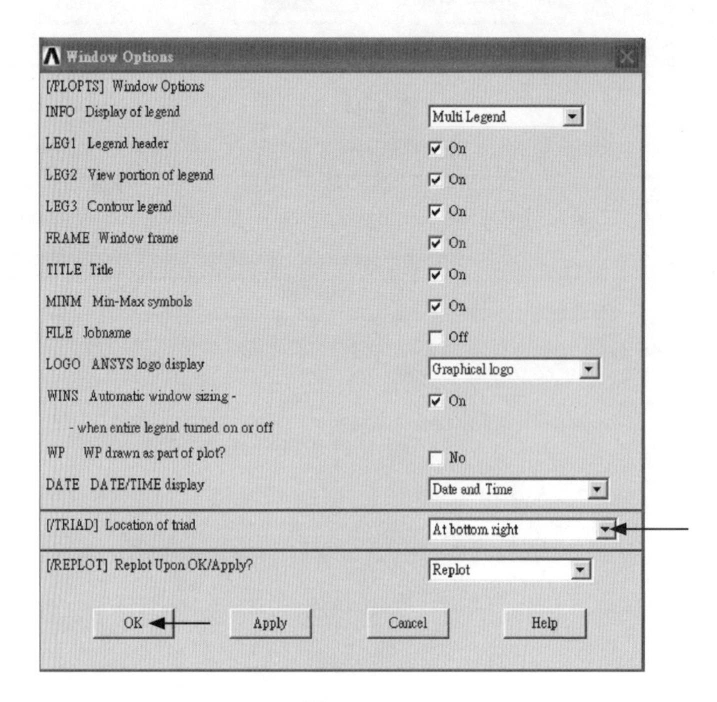
Window Options
[/PLOPTS] Window Options
INFO Display of legend
Multi Legend
LEG1 Legend header
On
LEG2 View portion of legend
On
LEG3 Contour legend
On
FRAME Window frame
On
TITLE Title
On
MINM Min-Max symbols
On
FILE Jobname
Off
LOGO ANSYS logo display
Graphical logo
WINS Automatic window sizing -
On
- when entire legend turned on or off
WP WP drawn as part of plot?
No
DATE DATE/TIME display
Date and Time
[/TRIAD] Location of triad
At bottom right
[/REPLOT] Replot Upon OK/Apply?
Replot
OK
Apply
Cancel
Help

圖 4-37

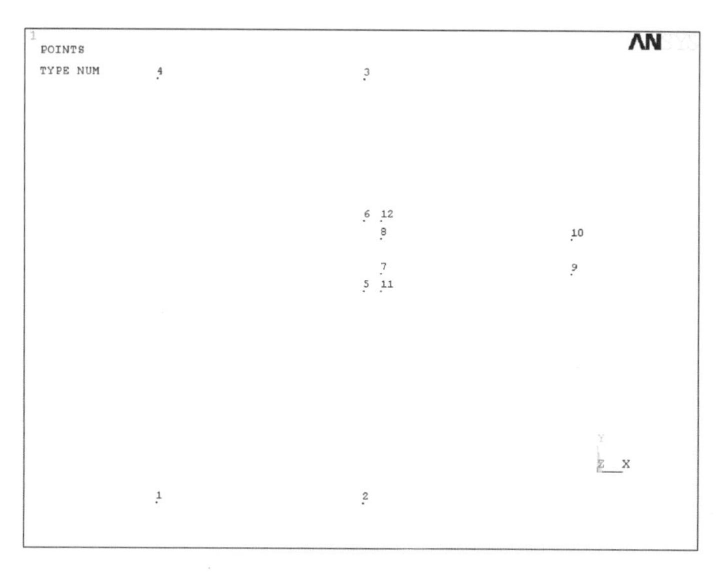

圖 4-38

⒁ 說明：本步驟是依題目（圖 4-4）建立 12 個關鍵點，座標值的單位是 m。

☞ 步驟 8　建立直線

⑴ 如圖 4-39，操作流程：Main Menu → Preprocessor → Modeling → Create → Lines → Lines → Straight Line。接著出現圖 4-40 畫面，以游標抓取 4 號和 1 號關鍵點（按滑鼠左鍵），然後點擊左下角的 OK，即建立如圖 4-40 的直線。

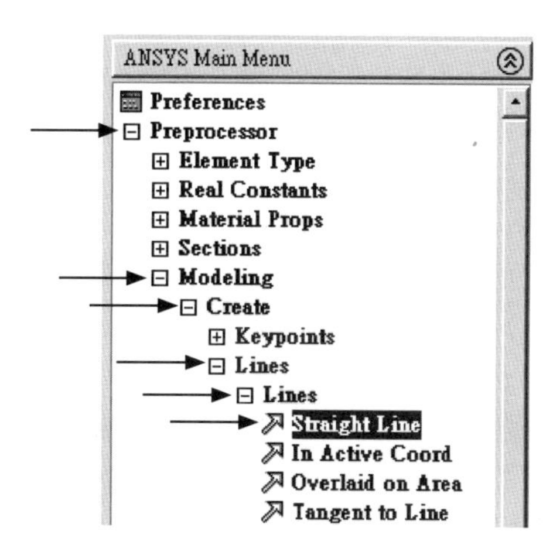

圖 4-39

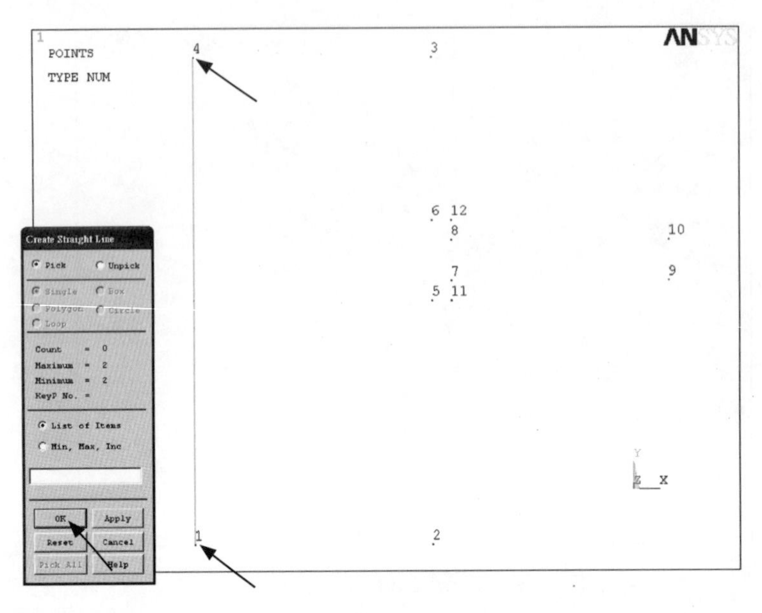

圖 4-40

(2) 操作流程：Main Menu → Preprocessor → Modeling → Create → Lines → Lines → Straight Line。接著出現圖 4-41 畫面，以游標抓取 4 號和 3 號關鍵點（按滑鼠左鍵），然後點擊左下角的 OK，即建立直線。

(3) 操作流程：Main Menu → Preprocessor → Modeling → Create → Lines → Lines → Straight Line。接著出現圖 4-42 畫面，以游標抓取 1 號和 2 號關鍵點（按滑鼠左鍵），然後點擊左下角的 OK，即建立直線。

(4) 操作流程：Main Menu → Preprocessor → Modeling → Create → Lines → Lines → Straight Line。接著出現圖 4-43 畫面，以游標抓取 3 號和 6 號關鍵點（按滑鼠左鍵），然後點擊左下角的 OK，即建立直線。

(5) 操作流程：Main Menu → Preprocessor → Modeling → Create → Lines → Lines → Straight Line。接著出現圖 4-44 畫面，以游標抓取 5 號和 2 號關鍵點（按滑鼠左鍵），然後點擊左下角的 OK，即建立直線。

(6) 操作流程：Main Menu → Preprocessor → Modeling → Create → Lines → Lines → Straight Line。接著出現圖 4-45 畫面，以游標抓取 8 號和 10 號關鍵點（按滑鼠左鍵），然後點擊左下角的 OK，即建立直線。

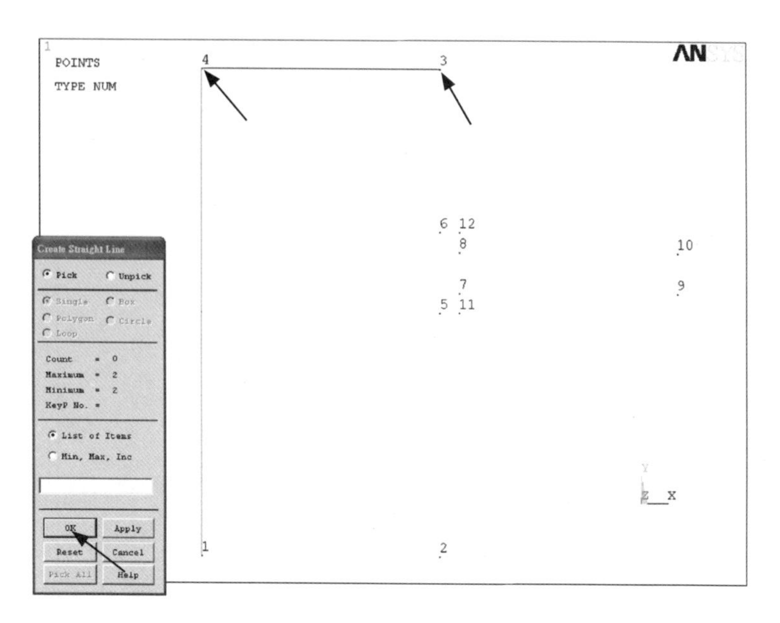
POINTS
TYPE NUM
Create Straight Line
Pick
Unpick
Single
Box
Polygon
Circle
Loop
Count = 0
Maximum = 2
Minimum = 2
KeyP No. =
List of Items
Min, Max, Inc
OK
Apply
Reset
Cancel
Pick All
Help

圖 4-41

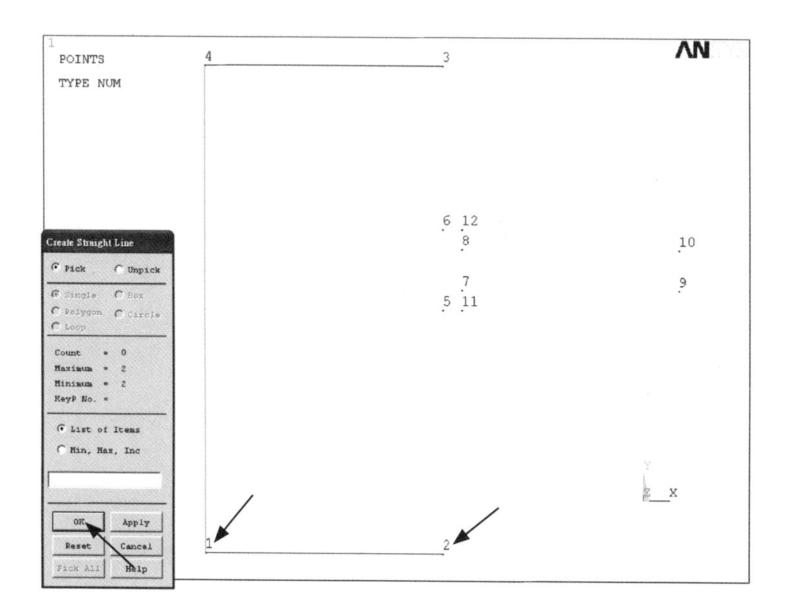
POINTS
TYPE NUM
Create Straight Line
Pick
Unpick
Single
Box
Polygon
Circle
Loop
Count = 0
Maximum = 2
Minimum = 2
KeyP No. =
List of Items
Min, Max, Inc
OK
Apply
Reset
Cancel
Pick All
Help

圖 4-42

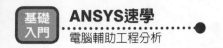

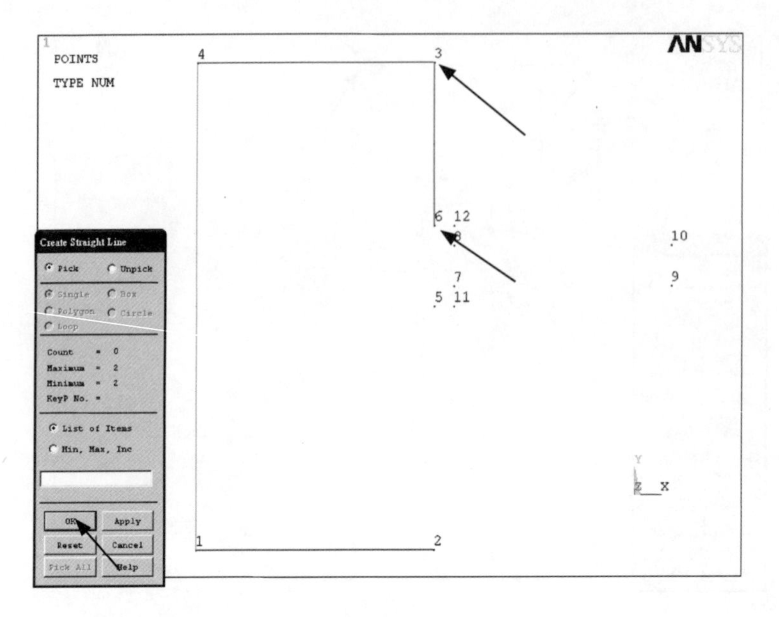
POINTS
TYPE NUM
Create Straight Line
Pick
Unpick
Single
Box
Polygon
Circle
Loop
Count = 0
Maximum = 2
Minimum = 2
KeyP No. =
List of Items
Min, Max, Inc
OK
Apply
Reset
Cancel
Pick All
Help

圖 4-43

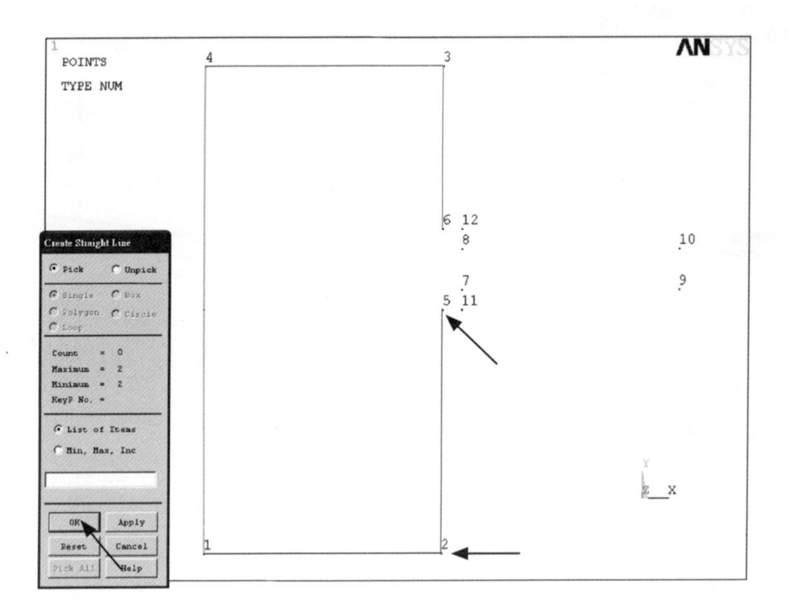
POINTS
TYPE NUM
Create Straight Line
Pick
Unpick
Single
Box
Polygon
Circle
Loop
Count = 0
Maximum = 2
Minimum = 2
KeyP No. =
List of Items
Min, Max, Inc
OK
Apply
Reset
Cancel
Pick All
Help

圖 4-44

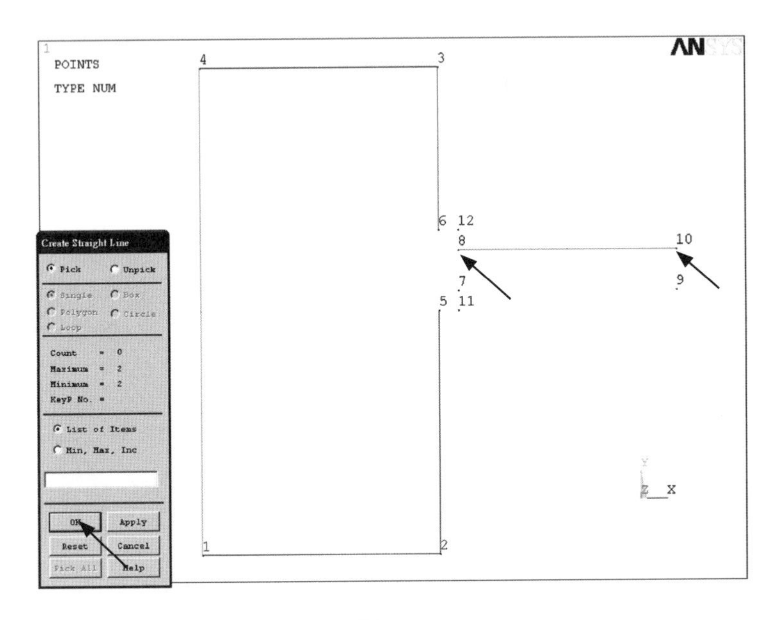

圖 4-45

(7) 操作流程：Main Menu → Preprocessor → Modeling → Create → Lines → Lines → Straight Line。接著出現圖 4-46 畫面，以游標抓取 7 號和 9 號關鍵點（按滑鼠左鍵），然後點擊左下角的 OK，即建立直線。

(8) 操作流程：Main Menu → Preprocessor → Modeling → Create → Lines → Lines → Straight Line。接著出現圖 4-47 畫面，以游標抓取 10 號和 9 號關鍵點（按滑鼠左鍵），然後點擊左下角的 OK，即建立直線。

(9) 以上建立之直線如圖 4-48 所示。

☞步驟 9　建立弧線

(1) 如圖 4-49，操作流程：Main Menu → Preprocessor → Modeling → Create → Lines → Arcs → By End KPs & Rad。接著出現圖 4-50 畫面，以游標先抓取 6 號關鍵點（按滑鼠左鍵），再抓取 8 號關鍵點，然後點擊左下角的 OK。接著於圖 4-51 畫面，以游標抓取 12 號關鍵點（按滑鼠左鍵），然後點擊左下角的 OK，接著於圖 4-52 的 RAD 空格填入 0.0025，再點擊 OK。以上步驟即建立圖 4-53 中的弧線。

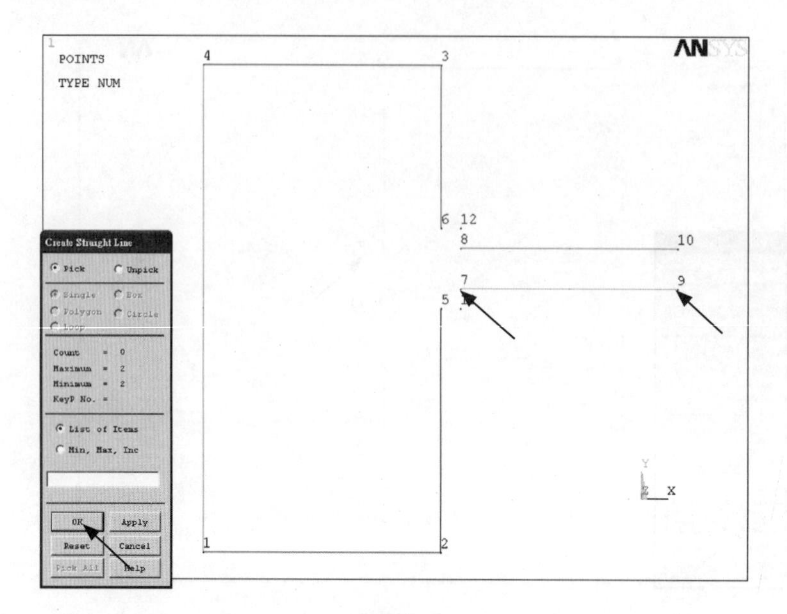
POINTS
TYPE NUM
Create Straight Line
Pick
Unpick
Single
Box
Polygon
Circle
Loop
Count = 0
Maximum = 2
Minimum = 2
KeyP No. =
List of Items
Min, Max, Inc
OK
Apply
Reset
Cancel
Pick All
Help

圖 4-46

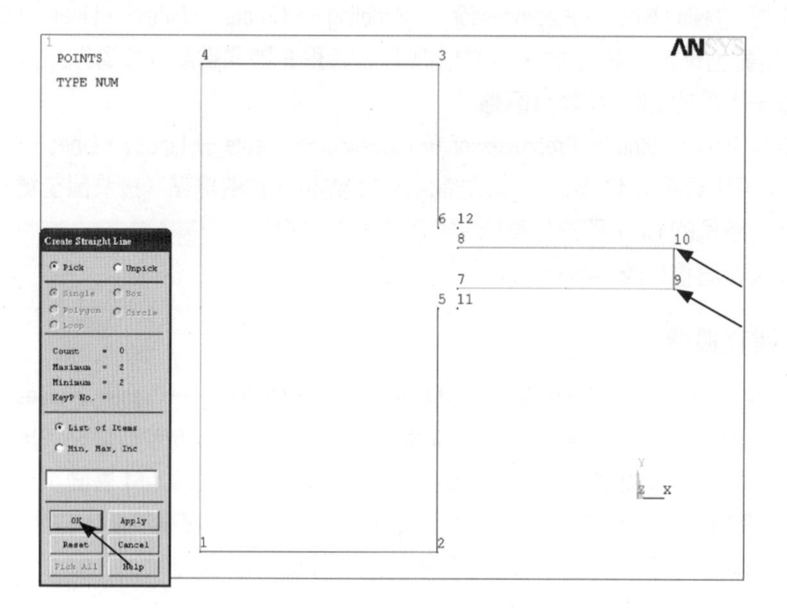
POINTS
TYPE NUM
Create Straight Line
Pick
Unpick
Single
Box
Polygon
Circle
Loop
Count = 0
Maximum = 2
Minimum = 2
KeyP No. =
List of Items
Min, Max, Inc
OK
Apply
Reset
Cancel
Pick All
Help

圖 4-47

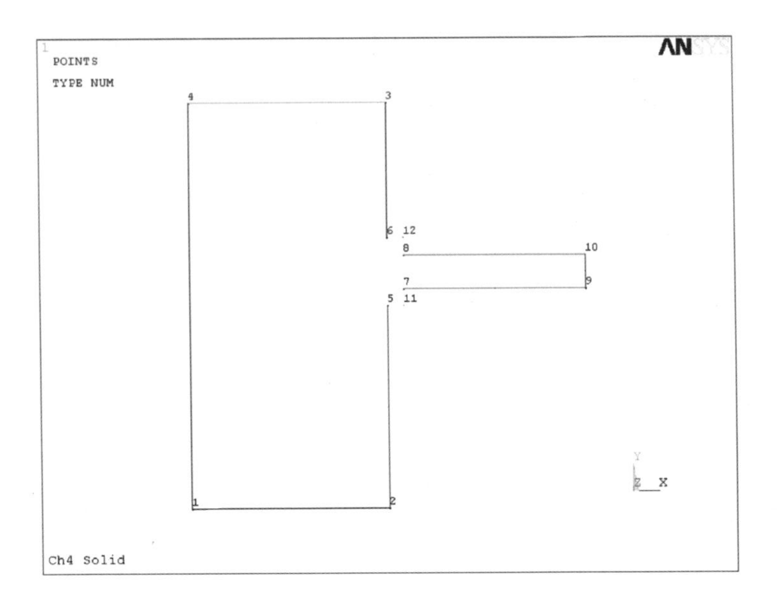
1
POINTS
TYPE NUM
4
3
6 12
8
10
7
9
5 11
1
2
Y
Z X
Ch4 Solid

圖 4-48

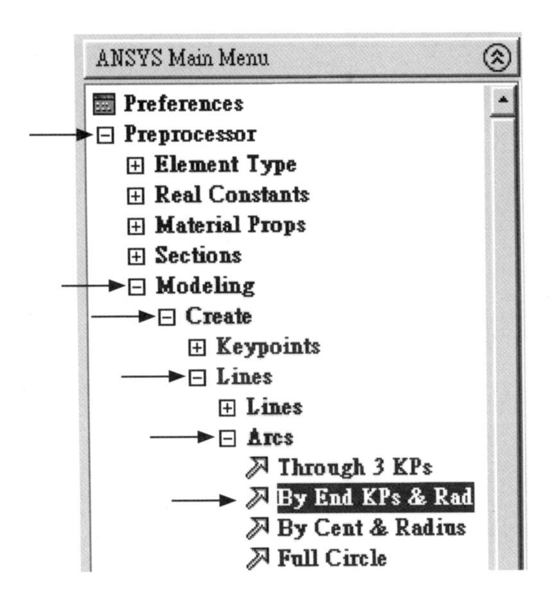
ANSYS Main Menu
Preferences
Preprocessor
Element Type
Real Constants
Material Props
Sections
Modeling
Create
Keypoints
Lines
Lines
Arcs
Through 3 KPs
By End KPs & Rad
By Cent & Radius
Full Circle

圖 4-49

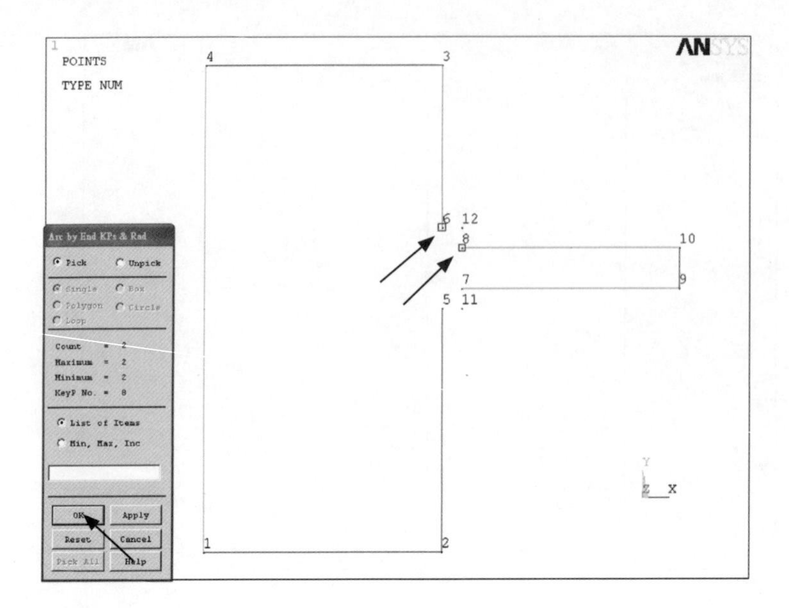
POINTS
TYPE NUM
Arc by End KPs & Rad
Pick
Unpick
Single
Box
Polygon
Circle
Loop
Count = 2
Maximum = 2
Minimum = 2
KeyP No. = 8
List of Items
Min, Max, Inc
OK
Apply
Reset
Cancel
Pick All
Help

圖 4-50

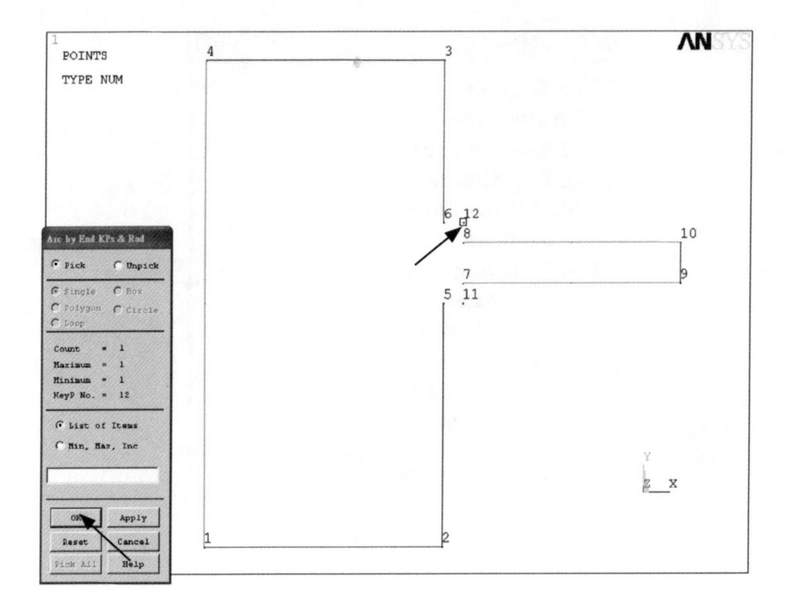
POINTS
TYPE NUM
Arc by End KPs & Rad
Pick
Unpick
Single
Box
Polygon
Circle
Loop
Count = 1
Maximum = 1
Minimum = 1
KeyP No. = 12
List of Items
Min, Max, Inc
OK
Apply
Reset
Cancel
Pick All
Help

圖 4-51

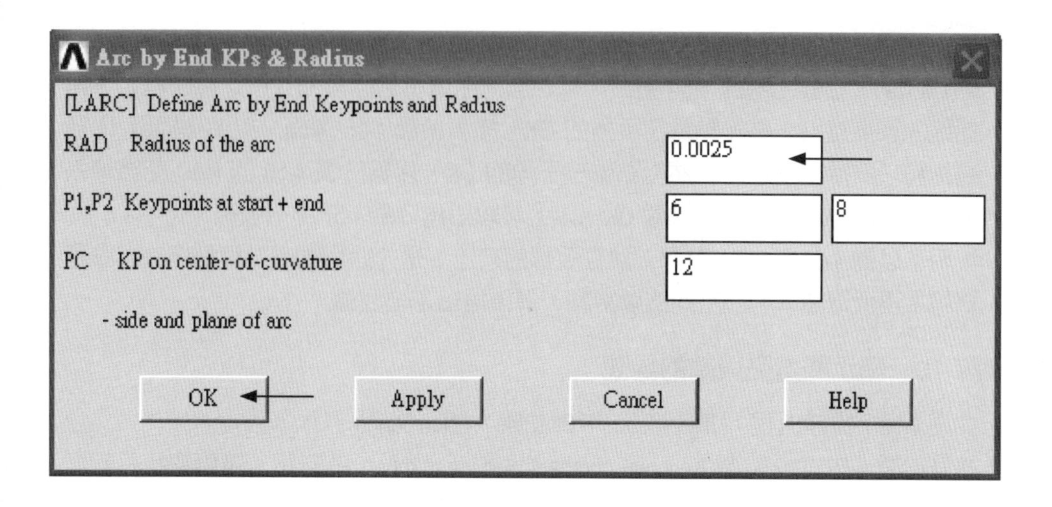
Arc by End KPs & Radius
[LARC] Define Arc by End Keypoints and Radius
RAD Radius of the arc
0.0025
P1,P2 Keypoints at start + end
6
8
PC KP on center-of-curvature
12
- side and plane of arc
OK
Apply
Cancel
Help

圖 4-52

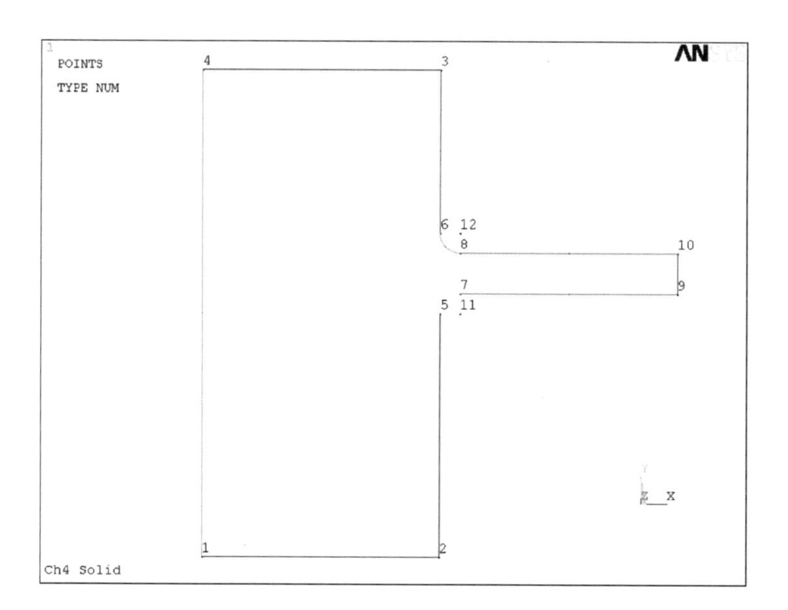
POINTS
TYPE NUM
4
3
6
12
8
10
7
9
5
11
1
2
Ch4 Solid
Z
X

圖 4-53

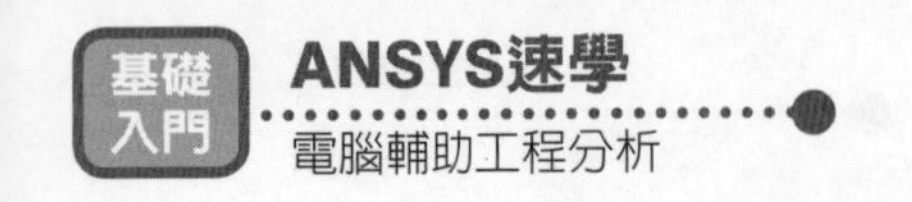

(2) 操作流程：Main Menu → Preprocessor → Modeling → Create → Lines → Arcs → By End KPs & Rad。接著出現圖 4-54 畫面，以游標先抓取 7 號關鍵點（按滑鼠左鍵），再抓取 5 號關鍵點，然後點擊左下角的 OK。接著於圖 4-55 畫面，以游標抓取 11 號關鍵點（按滑鼠左鍵），然後點擊左下角的 OK，接著於圖 4-56 的 RAD 空格填入 0.0025（即 0.0025 m），再點擊 OK。以上步驟即建立圖 4-57 中的弧線。

(3) 說明：以圖 4-50 和 4-51 為例，建立弧線的方法，是先抓取兩個關鍵點作為起點和終點，再抓取曲率中心方向的關鍵點，最後再給定半徑值。

☞步驟 10　顯示關鍵點與線的編號

(1) 如圖 4-58，操作流程：Utility Menu → PlotCtrls → Numbering。

(2) 接著於圖 4-59 中，點擊 Keypoint numbers 和 Line numbers 的空格，讓兩空格打勾。最後點擊 OK。

(3) 如圖 4-60，操作流程：Utility Menu → Plot → Multi-Plots，接著 Graphics Window 畫面如圖 4-61。（於圖 4-61 右側的圖示中，點擊箭頭所指的符號，將圖形顯示最適化）

(4) 說明：Numbering 的設定，在於顯示關鍵點與線的編號。Multi-Plots 則是將關鍵點與線同時顯示於 Graphics Window。

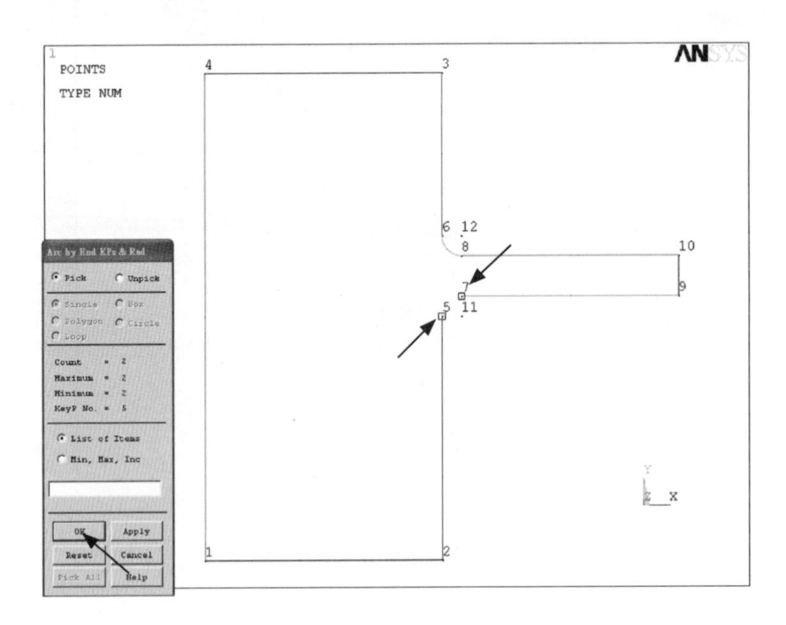

圖 4-54

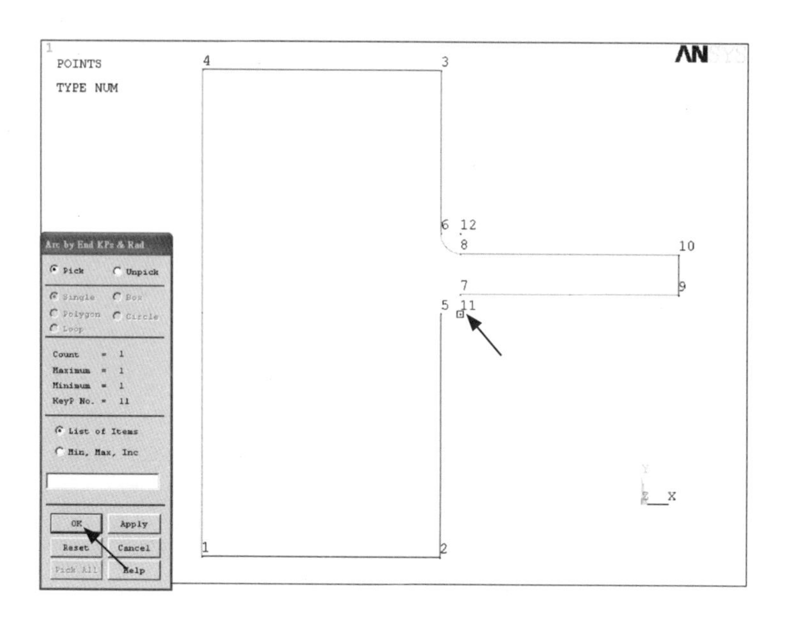
POINTS
TYPE NUM
Arc by End KPs & Rad
Pick
Unpick
Single
Box
Polygon
Circle
Loop
Count = 1
Maximum = 1
Minimum = 1
KeyP No. = 11
List of Items
Min, Max, Inc
OK
Apply
Reset
Cancel
Pick All
Help

圖 4-55

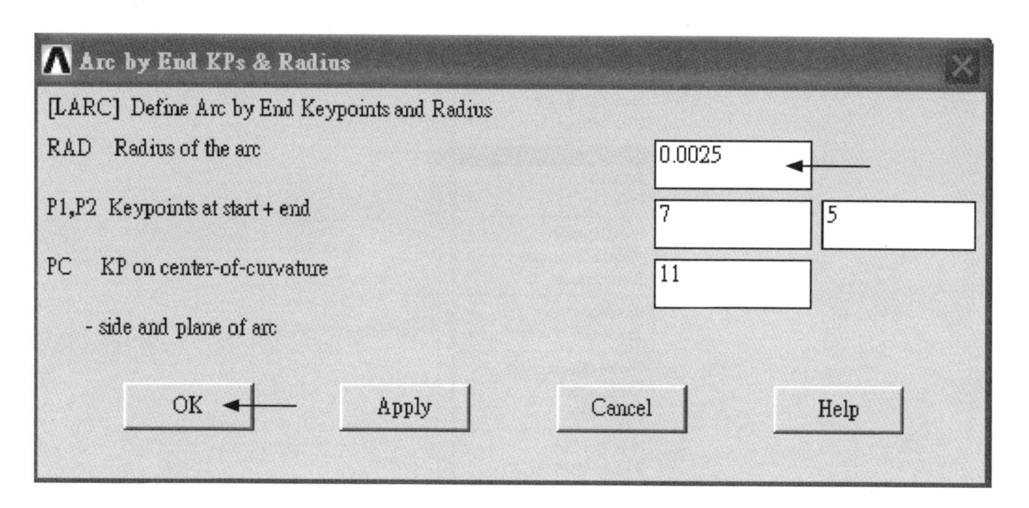
Arc by End KPs & Radius
[LARC] Define Arc by End Keypoints and Radius
RAD Radius of the arc
0.0025
P1,P2 Keypoints at start + end
7
5
PC KP on center-of-curvature
11
- side and plane of arc
OK
Apply
Cancel
Help

圖 4-56

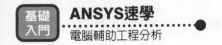

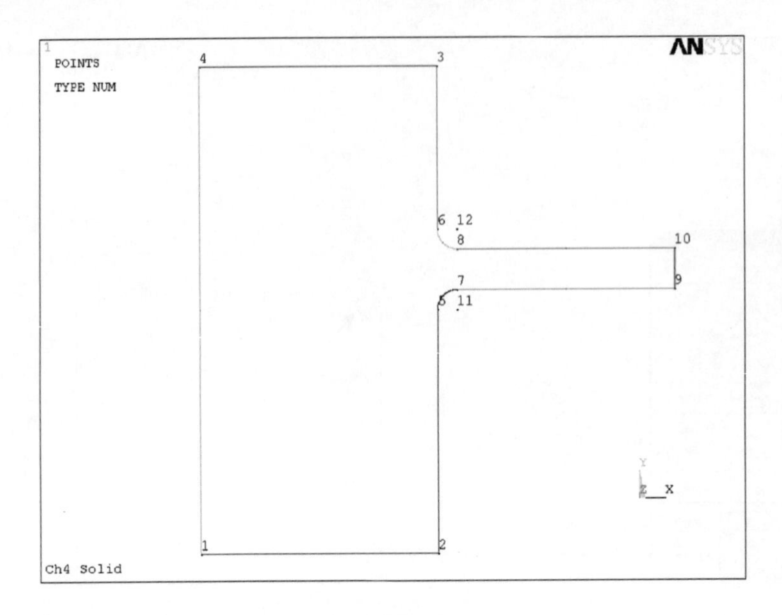
POINTS
TYPE NUM
Ch4 Solid

圖 4-57

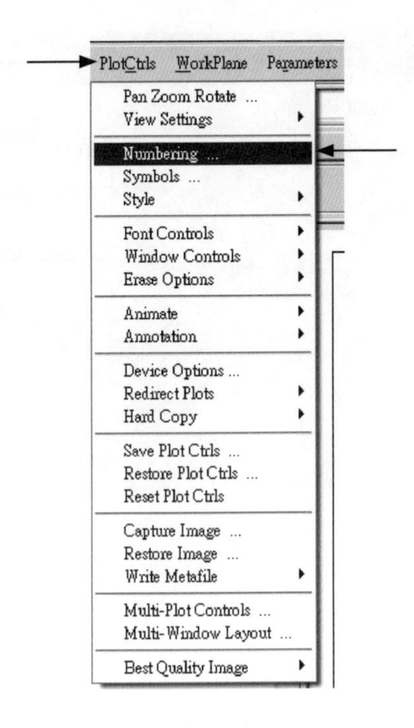
PlotCtrls
WorkPlane
Parameters
Pan Zoom Rotate ...
View Settings
Numbering ...
Symbols ...
Style
Font Controls
Window Controls
Erase Options
Animate
Annotation
Device Options ...
Redirect Plots
Hard Copy
Save Plot Ctrls ...
Restore Plot Ctrls ...
Reset Plot Ctrls
Capture Image ...
Restore Image ...
Write Metafile
Multi-Plot Controls ...
Multi-Window Layout ...
Best Quality Image

圖 4-58

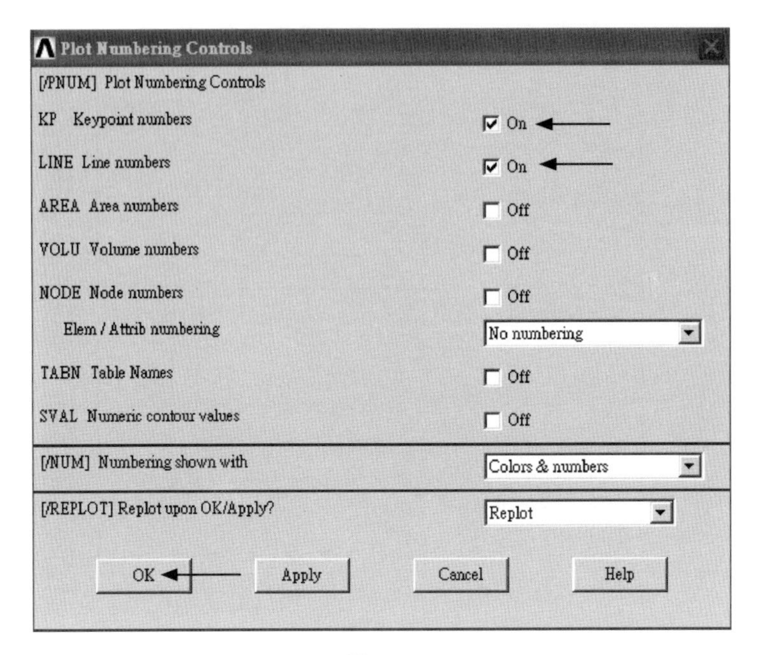
Plot Numbering Controls
[/PNUM] Plot Numbering Controls
KP Keypoint numbers
On
LINE Line numbers
On
AREA Area numbers
Off
VOLU Volume numbers
Off
NODE Node numbers
Off
Elem / Attrib numbering
No numbering
TABN Table Names
Off
SVAL Numeric contour values
Off
[/NUM] Numbering shown with
Colors & numbers
[/REPLOT] Replot upon OK/Apply?
Replot
OK
Apply
Cancel
Help

圖 4-59

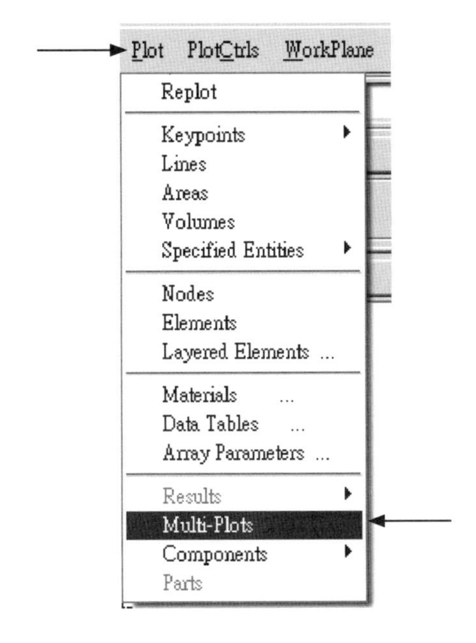
Plot
PlotCtrls
WorkPlane
Replot
Keypoints
Lines
Areas
Volumes
Specified Entities
Nodes
Elements
Layered Elements ...
Materials ...
Data Tables ...
Array Parameters ...
Results
Multi-Plots
Components
Parts

圖 4-60

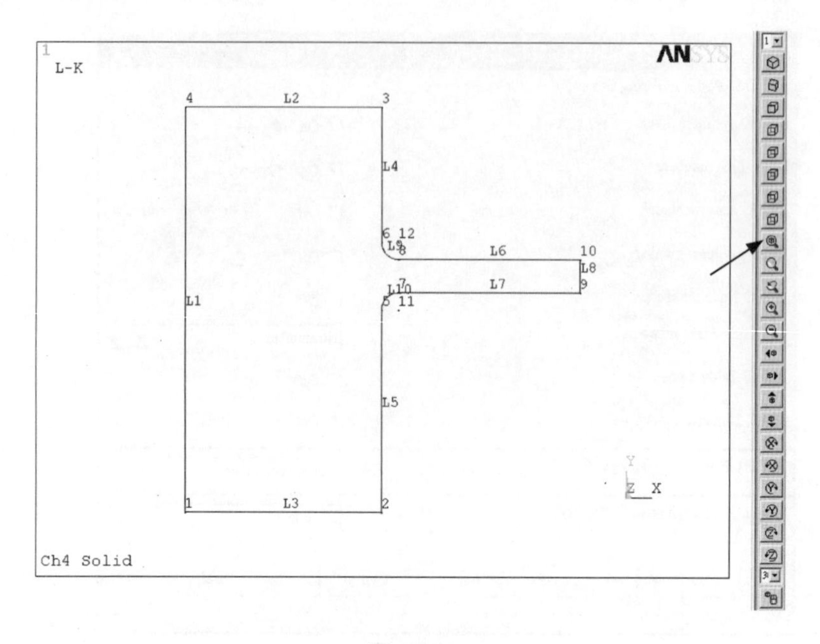

圖 4-61

☞步驟 11　建立面積

(1) 如圖 4-62，操作流程：Main Menu → Preprocessor → Modeling → Create → Areas → Arbitrary → By Lines。接著出現圖 4-63 畫面，以游標抓取（按滑鼠左鍵）所有的線（8 條直線與 2 條弧線），然後點擊左下角的 OK。

(2) 如圖 4-64，操作流程：Utility Menu → Plot → Areas。執行完後如圖 4-65，面積已建立完成。

(3) 說明：本步驟是利用 8 條直線與 2 條弧線，圍成一個封閉的區域，建立一個面積。

☞步驟 12　建立體積

(1) 如圖 4-66，操作流程：Main Menu → Preprocessor → Modeling → Operate → Extrude → Areas → By XYZ Offset。接著出現圖 4-67 畫面，以游標抓取（按滑鼠左鍵）該面積，然後點擊左下角的 OK。

(2) 接著於圖 4-68 之「DX,DY,DZ」空格分別填入 0、0、0.01，然後點擊 OK。

(3) 如圖 4-69，操作流程：Utility Menu → Plot → Volumes。執行完後如圖 4-70。接著同時按鍵盤 Ctrl 鍵和滑鼠右鍵，再移動游標，即可令模型旋轉，如圖 4-71。

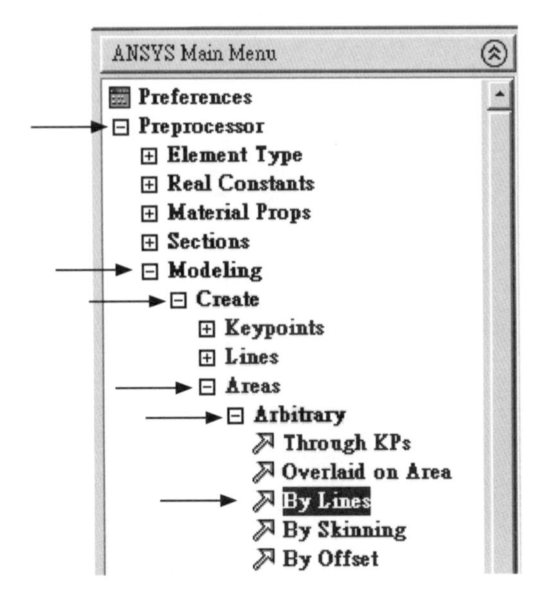
ANSYS Main Menu
Preferences
Preprocessor
Element Type
Real Constants
Material Props
Sections
Modeling
Create
Keypoints
Lines
Areas
Arbitrary
Through KPs
Overlaid on Area
By Lines
By Skinning
By Offset

圖 4-62

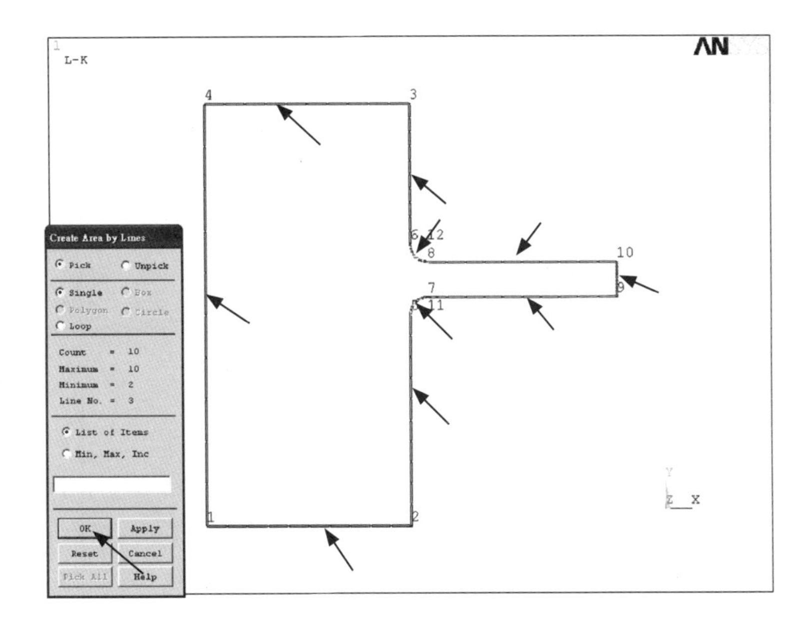
Create Area by Lines
Pick
Unpick
Single
Box
Polygon
Circle
Loop
Count = 10
Maximum = 10
Minimum = 2
Line No. = 3
List of Items
Min, Max, Inc
OK
Apply
Reset
Cancel
Pick All
Help

圖 4-63

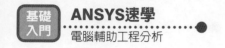

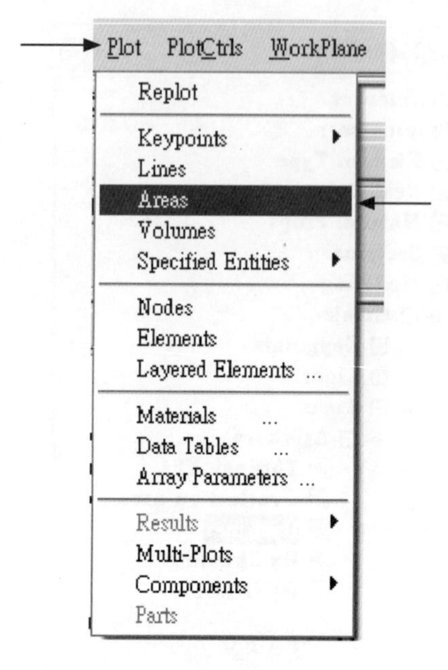
Plot
PlotCtrls
WorkPlane
Replot
Keypoints
Lines
Areas
Volumes
Specified Entities
Nodes
Elements
Layered Elements ...
Materials ...
Data Tables ...
Array Parameters ...
Results
Multi-Plots
Components
Parts

圖 4-64

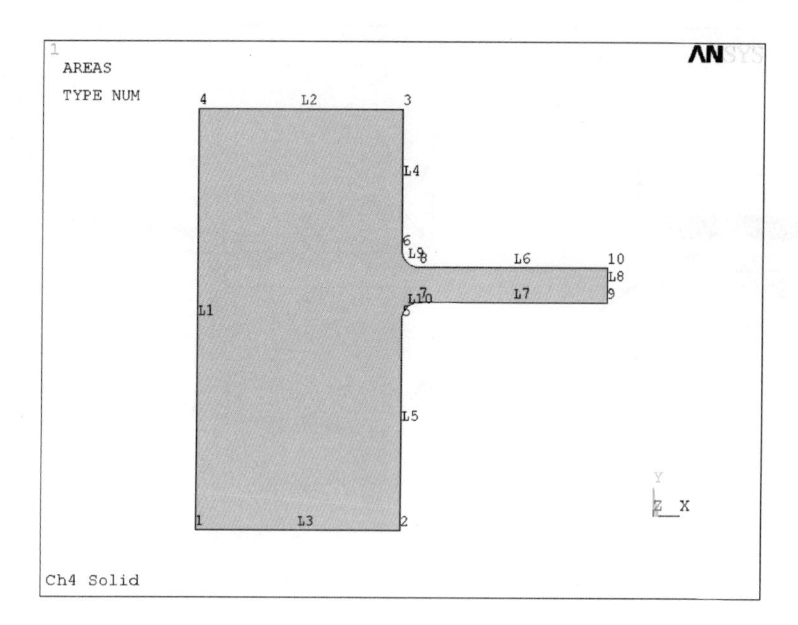
AREAS
TYPE NUM
L1
L2
L3
L4
L5
L6
L7
L8
Ch4 Solid

圖 4-65

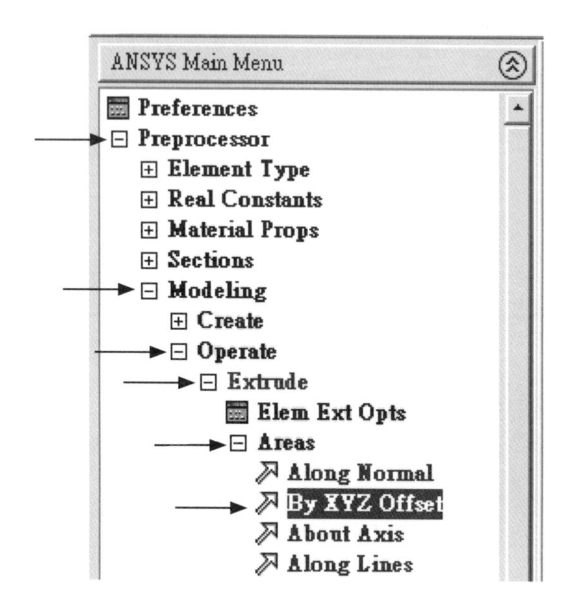
ANSYS Main Menu
Preferences
Preprocessor
Element Type
Real Constants
Material Props
Sections
Modeling
Create
Operate
Extrude
Elem Ext Opts
Areas
Along Normal
By XYZ Offset
About Axis
Along Lines

圖 4-66

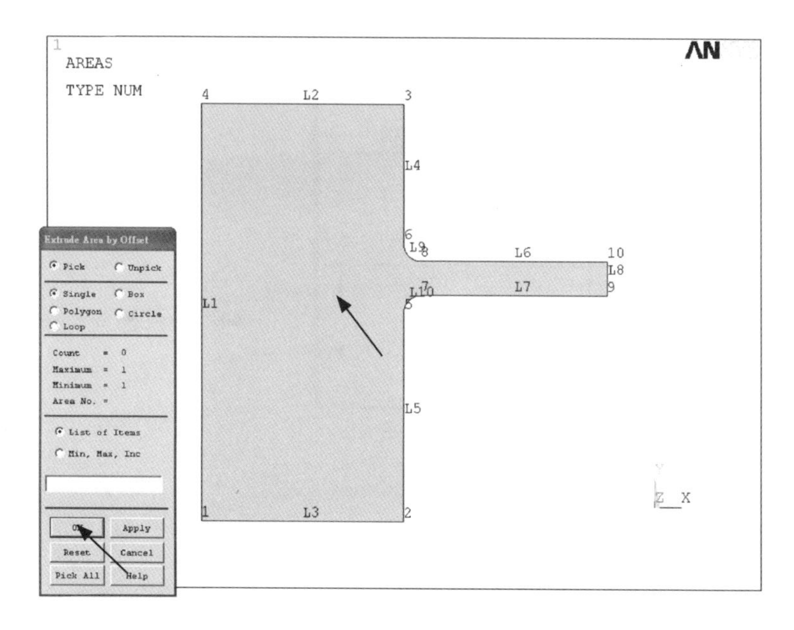
AREAS
TYPE NUM
Extrude Area by Offset
Pick
Unpick
Single
Box
Polygon
Circle
Loop
Count = 0
Maximum = 1
Minimum = 1
Area No. =
List of Items
Min, Max, Inc
Apply
Reset
Cancel
Pick All
Help

圖 4-67

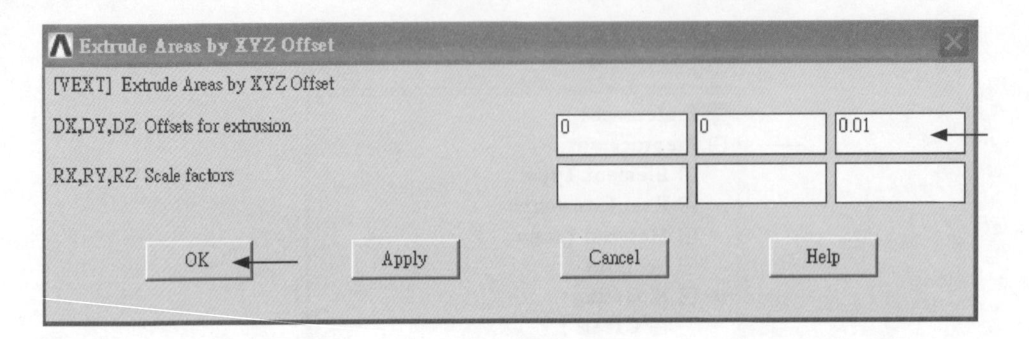
Extrude Areas by XYZ Offset
[VEXT] Extrude Areas by XYZ Offset
DX,DY,DZ Offsets for extrusion
0
0
0.01
RX,RY,RZ Scale factors
OK
Apply
Cancel
Help

圖 4-68

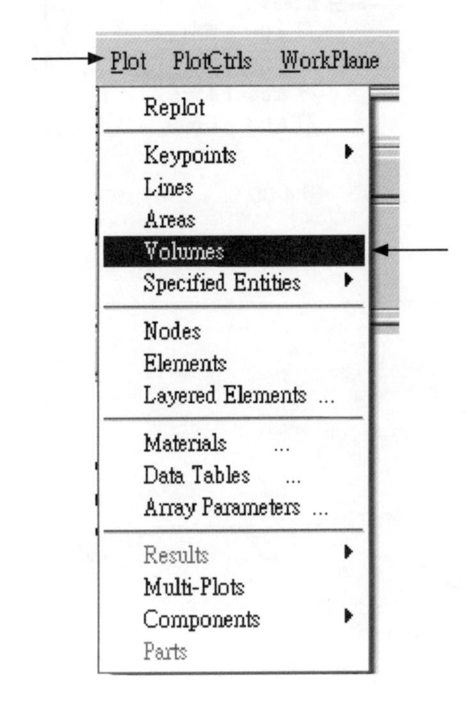
Plot
PlotCtrls
WorkPlane
Replot
Keypoints
Lines
Areas
Volumes
Specified Entities
Nodes
Elements
Layered Elements ...
Materials ...
Data Tables ...
Array Parameters ...
Results
Multi-Plots
Components
Parts

圖 4-69

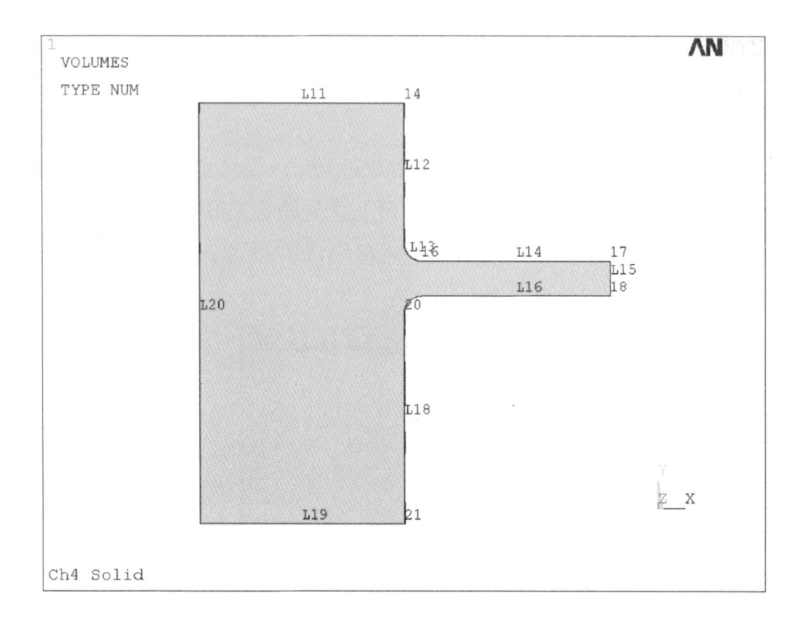
VOLUMES
TYPE NUM
L11
14
L12
L14
17
L15
18
L16
L20
20
L18
L19
21
Y
X
Ch4 Solid

圖 4-70

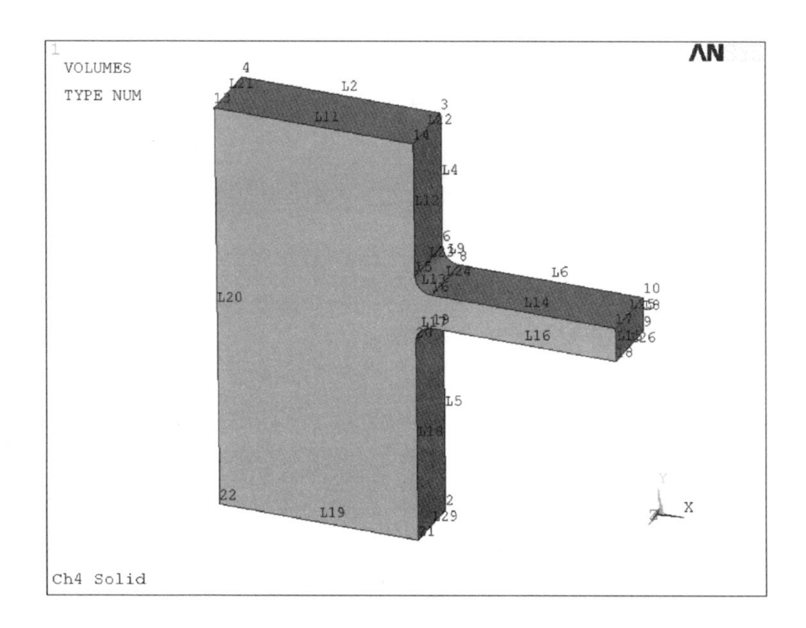
VOLUMES
TYPE NUM
4
L2
3
L11
L4
L6
10
L14
L20
L16
L5
22
L19
Y
X
Ch4 Solid

圖 4-71

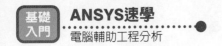

⑷ 說明：本步驟是利用面積長出 0.01 m 的厚度，建立一個體積。

☞步驟 13　建立網格（元素）

⑴ 如圖 4-72，操作流程：Main Menu → Preprocessor → Meshing → Mesh Attributes → Default Attribs。接著出現圖 4-73 畫面，[TYPE] 選定為 SOLID92，[MAT] 選定為 1，然後點擊左下角的 OK。（MAT = 1 代表第 1 號材料係數設定）

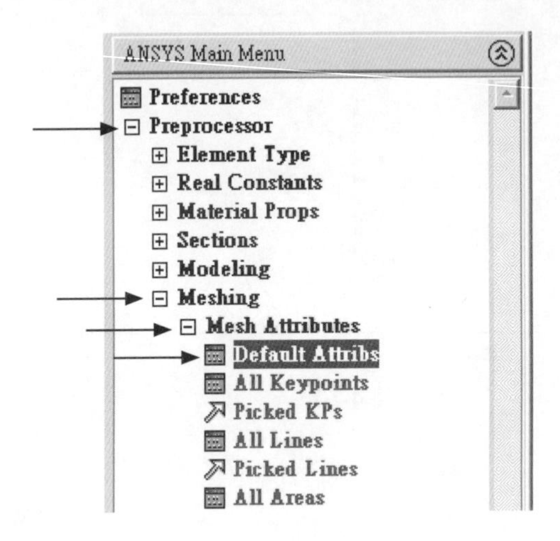

圖 4-72

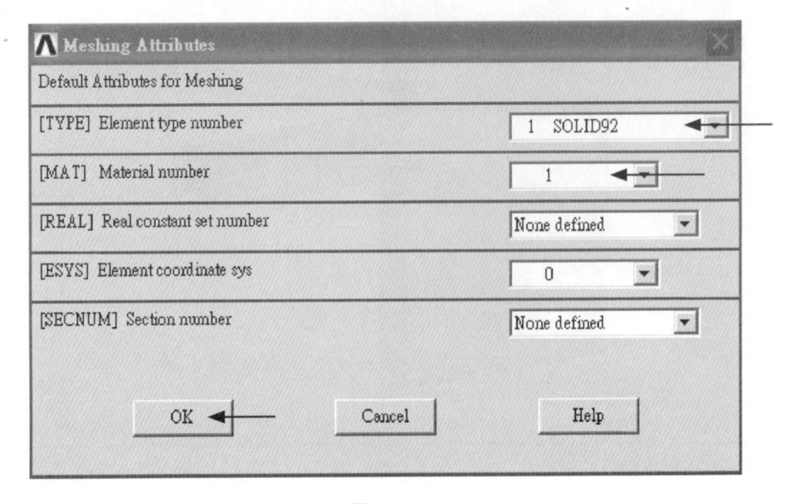

圖 4-73

(2) 如圖 4-74，操作流程：Main Menu → Preprocessor → Meshing → Size Cntrls → ManualSize → Global → Size。接著出現圖 4-75 畫面，於 SIZE 中填入 0.006，然後點擊 OK。（設定元素大小為 0.006 m）

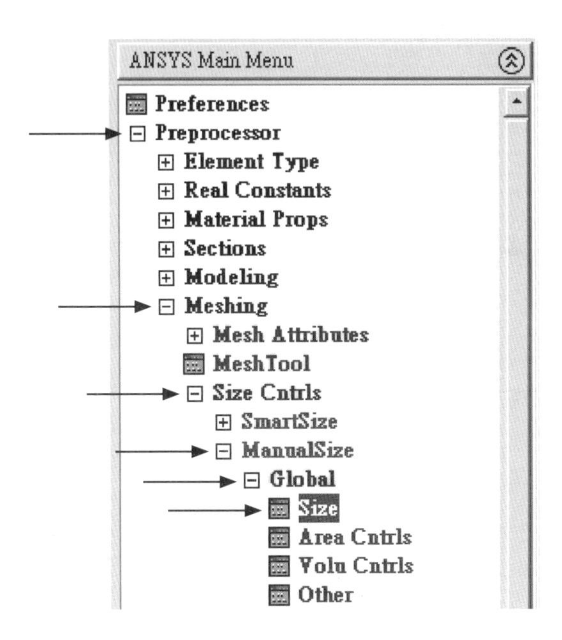

圖 4-74

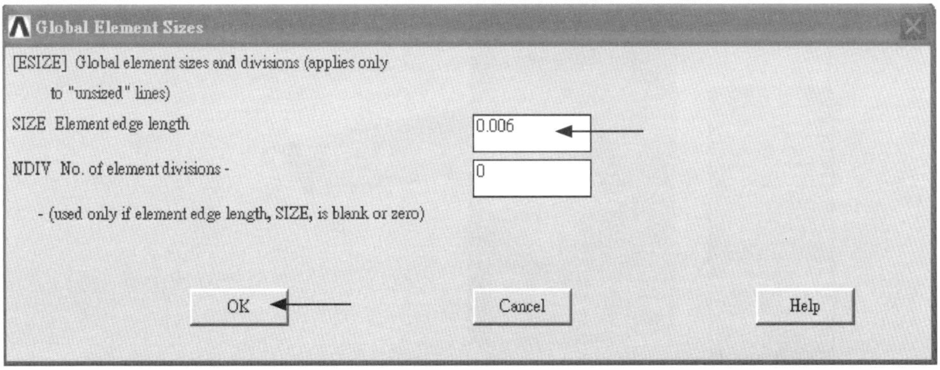

Global Element Sizes

[ESIZE] Global element sizes and divisions (applies only to "unsized" lines)

SIZE Element edge length 0.006

NDIV No. of element divisions - 0

- (used only if element edge length, SIZE, is blank or zero)

OK Cancel Help

圖 4-75

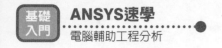

⑶ 如圖 4-76，操作流程：Main Menu → Preprocessor → Meshing → Mesh → Volumes → Free。接著出現圖 4-77 畫面，以游標抓取（按滑鼠左鍵）該體積，然後點擊左下角的 OK。

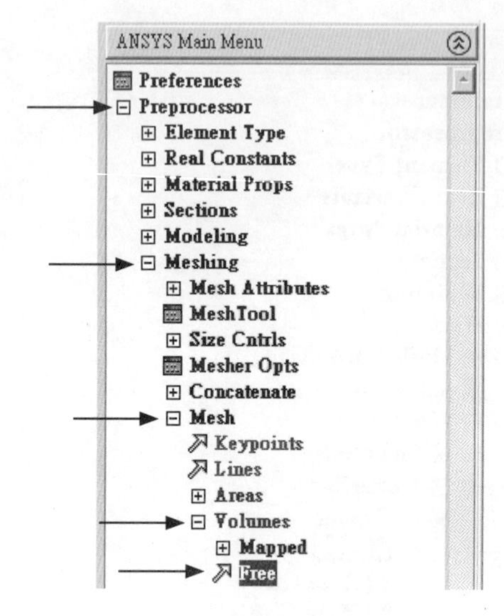

圖 4-76

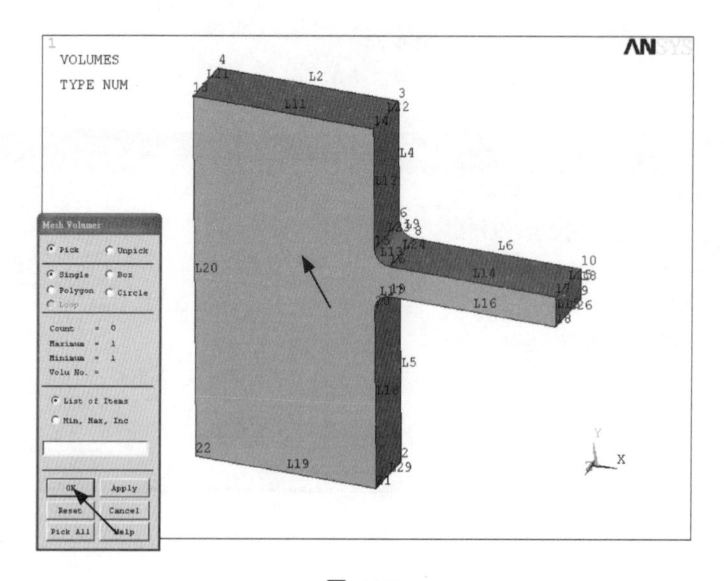

圖 4-77

(4) 最後做出圖 4-78 的有限元素網格（mesh）。

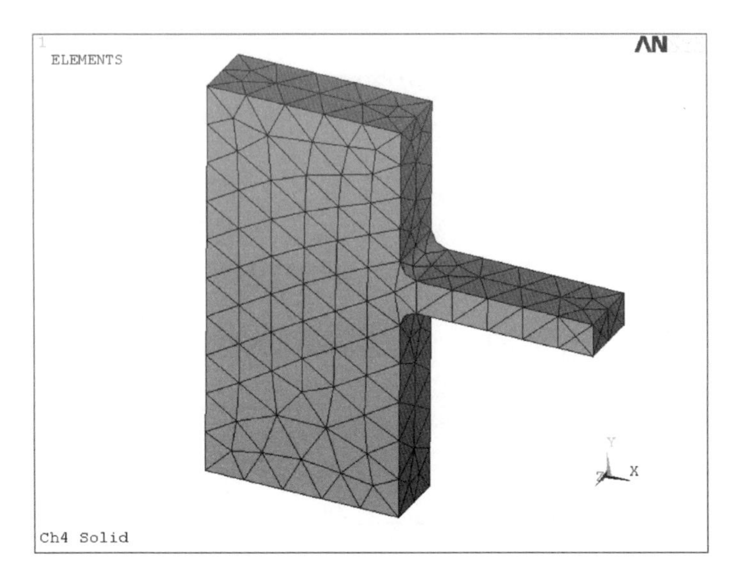

圖 4-78

☞ 步驟 14　消除關鍵點與線的編號顯示

(1) 如圖 4-79，操作流程：Utility Menu → PlotCtrls → Numbering。

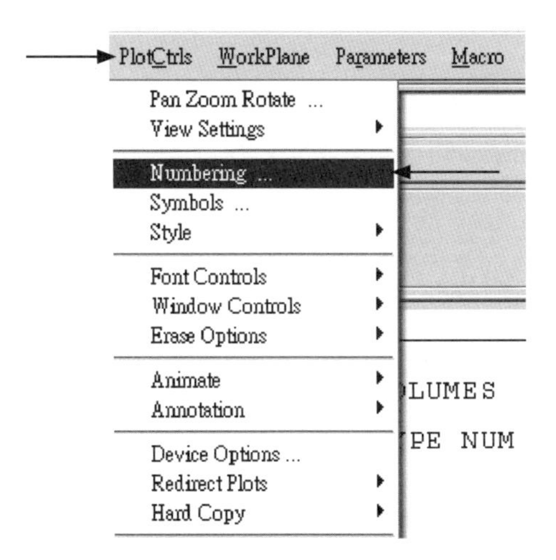

圖 4-79

(2) 接著於圖 4-80 中，點擊 Keypoint numbers 和 Line numbers 的空格，讓兩空格不要打勾（即顯示 OFF）。最後點擊 OK。

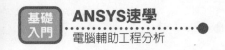

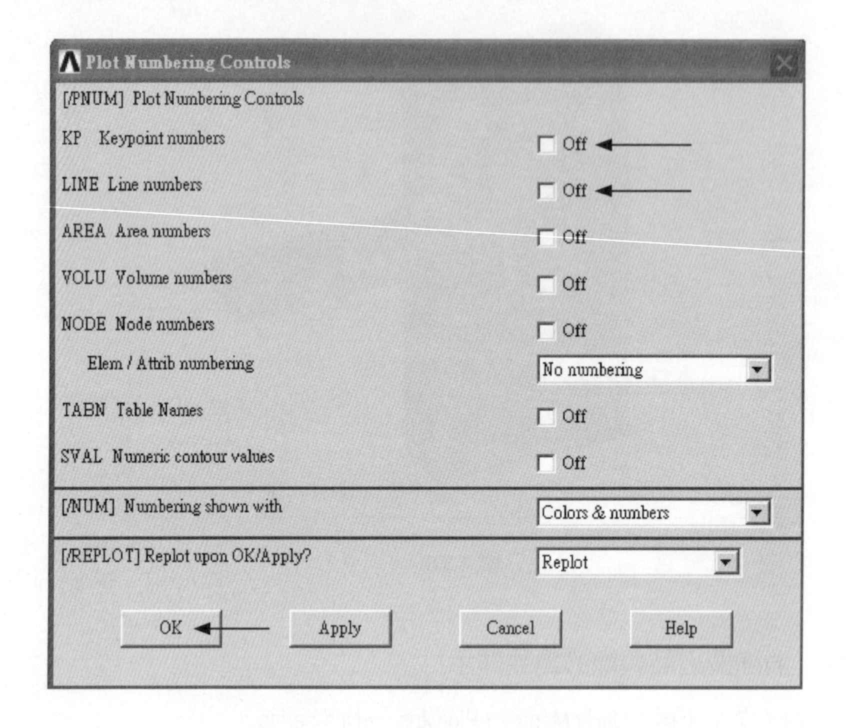

圖 4-80

(3) 如圖 4-81，操作流程：Utility Menu → Plot → Volumes。接著同時按鍵盤 Ctrl 鍵和滑鼠右鍵，再移動游標，令模型旋轉為如圖 4-82 之視角。

☞步驟 15　設定分析型式

(1) 如圖 4-83，操作流程：Main Menu → Solution → Analysis Type → New Analysis。
(2) 接著在圖 4-84 中，點擊選定 Static，再點擊 OK。
(3) 說明：本步驟是將分析型式設定為靜態分析（static analysis）。

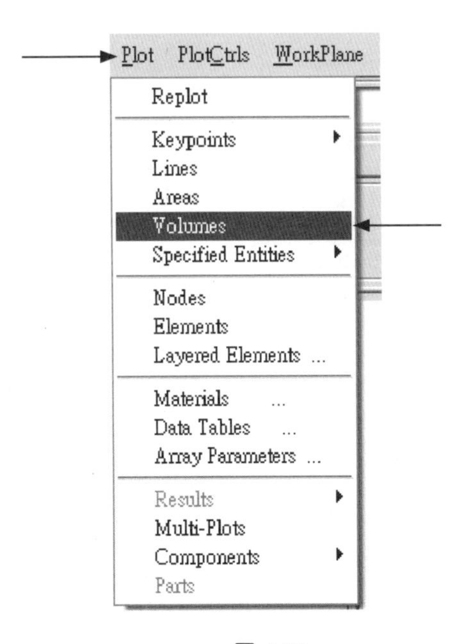
Plot
PlotCtrls
WorkPlane
Replot
Keypoints
Lines
Areas
Volumes
Specified Entities
Nodes
Elements
Layered Elements ...
Materials ...
Data Tables ...
Array Parameters ...
Results
Multi-Plots
Components
Parts

圖 4-81

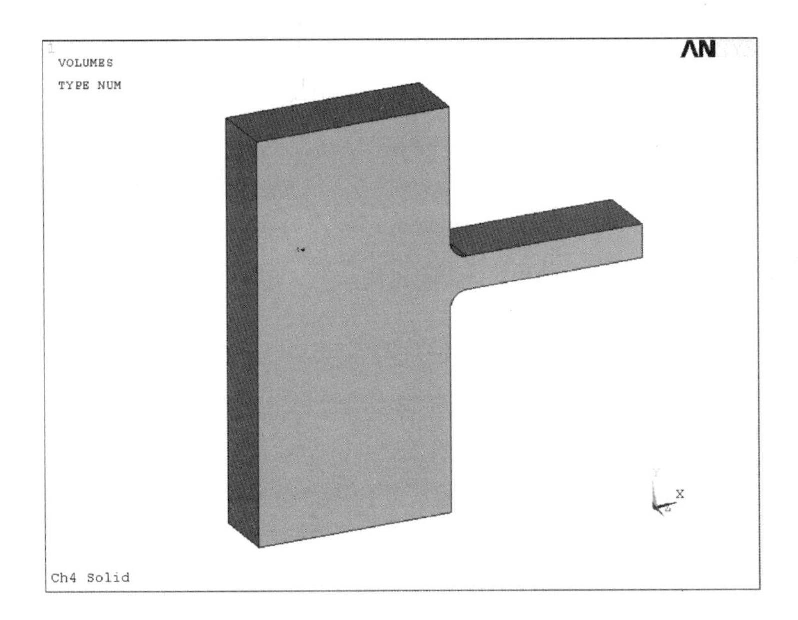
VOLUMES
TYPE NUM
AN
Y
X
Ch4 Solid

圖 4-82

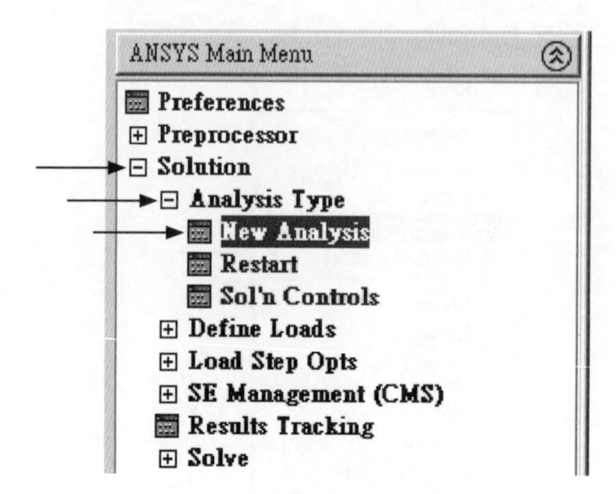

圖 4-83

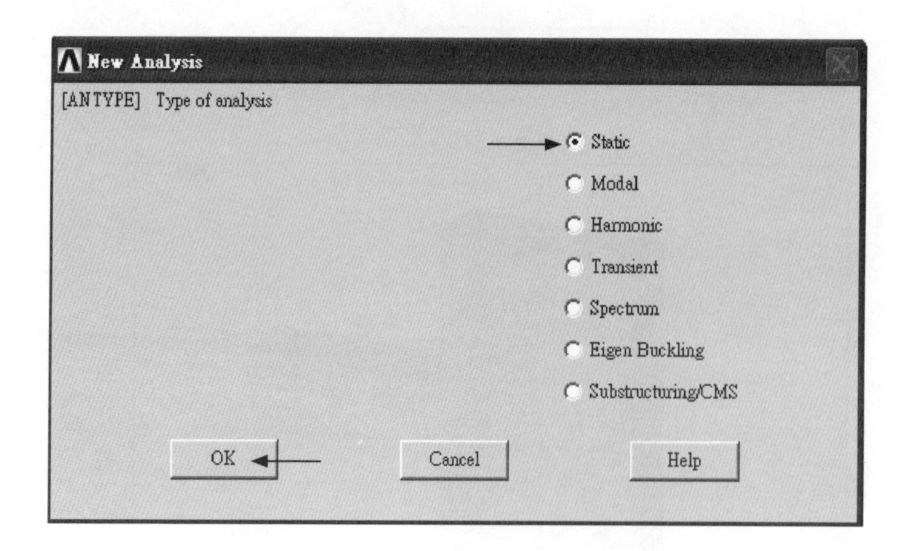

圖 4-84

☞步驟 16　設定拘束條件

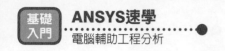

(1) 如圖 4-85，操作流程：Main Menu → Solution → Define Loads → Apply → Structural → Displacement → On Areas。

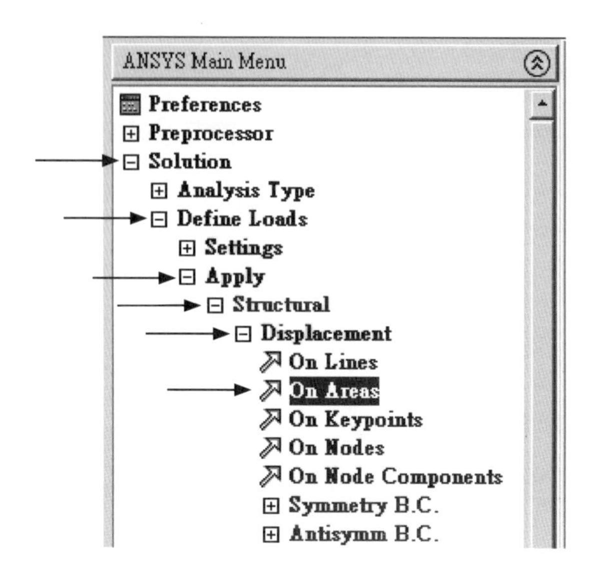

圖 4-85

(2) 接著在圖 4-86 中，以游標抓取（按滑鼠左鍵）箭頭指的面積，再點擊左下角的 OK，接著出現圖 4-87，選擇 ALL DOF（即代表同時選擇 UX、UY、UZ），於下方的 VALUE 空格中填入 0，再點擊 OK。完成設定後，如圖 4-88 所示。

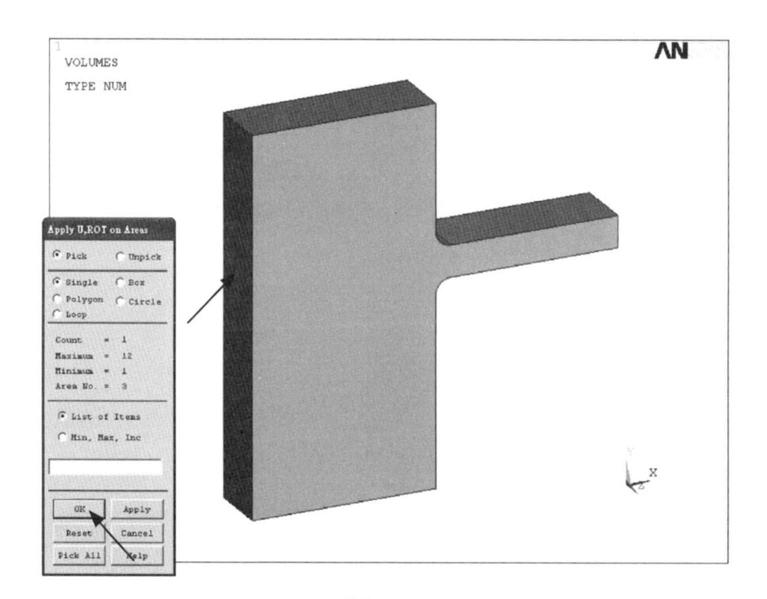

圖 4-86

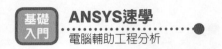

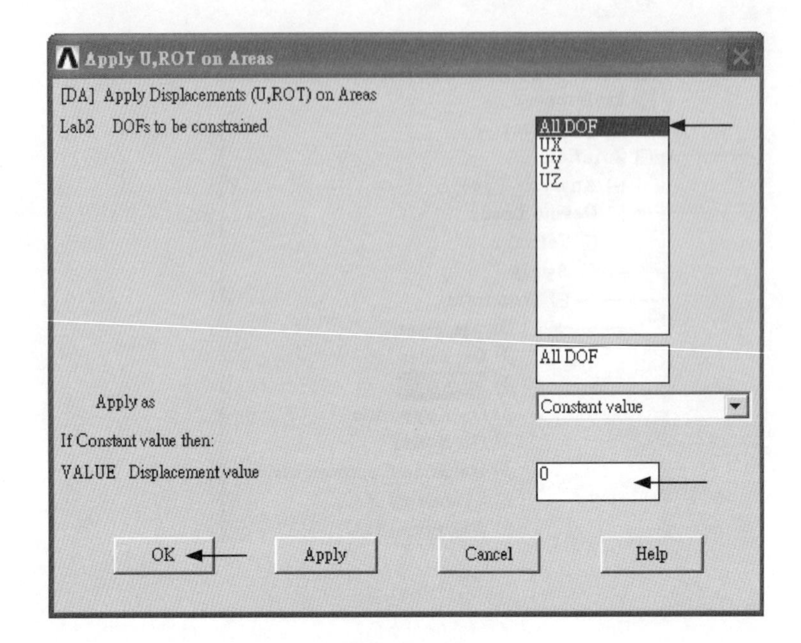
Apply U,ROT on Areas
[DA] Apply Displacements (U,ROT) on Areas
Lab2 DOFs to be constrained
All DOF
UX
UY
UZ
All DOF
Apply as
Constant value
If Constant value then:
VALUE Displacement value
0
OK
Apply
Cancel
Help

圖 4-87

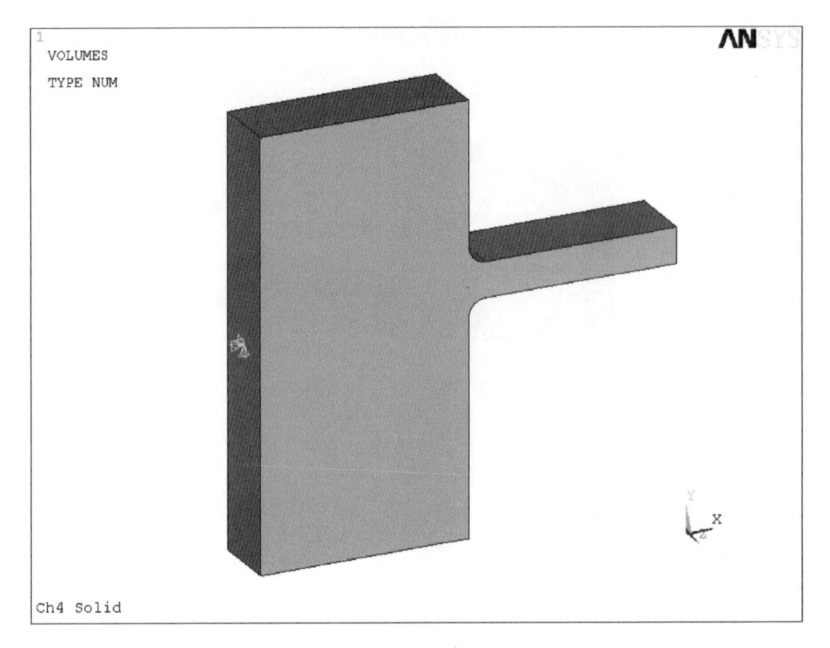
1
VOLUMES
TYPE NUM
ANSYS
Y
X
Z
Ch4 Solid

圖 4-88

(3) 說明：本步驟是設定結構左側整個面（見圖 4-4 和 4-5）完全拘束不動，即為 UX = UY = UZ = 0，而 UX、UY、UZ 分別是 x 方向位移、y 方向位移、z 方向位移。

☞步驟 17　設定均布壓力

(1) 如圖 4-89，操作流程：Main Menu → Solution → Define Loads → Apply → Structural → Pressure → On Areas。

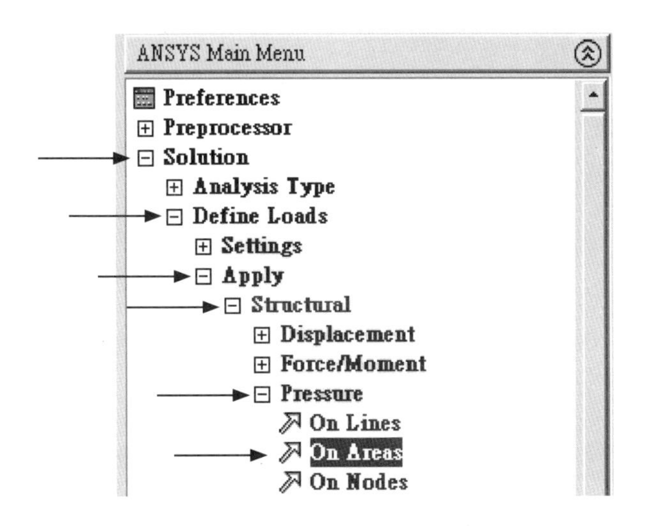

圖 4-89

(2) 接著於圖 4-90 中，以游標抓取箭頭指的面積，再點擊左下角的 OK，接著出現圖 4-91，於 LKEY 空格填入 1，於 VALUE 空格中填入 10000，再點擊 OK。完成設定後，如圖 4-92 所示。

(3) 說明：本步驟是設定均布壓力 10000 Pa。

☞步驟 18　求解

(1) 求解之前，先儲存 db 檔，方法如圖 4-93，在 ANSYS Toolbar 點擊 SAVE_DB。db 檔 ch4.db 將儲存於工作目錄（ch4 為 job name）。

(2) 求解，如圖 4-94，操作流程：Main Menu → Solution → Solve → Current LS。接著出現圖 4-95 的畫面，點擊 OK 後，ANSYS 便開始求解。

(3) 完成求解後，會出現圖 4-96 的「Solution is done！」訊息。

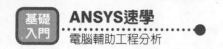

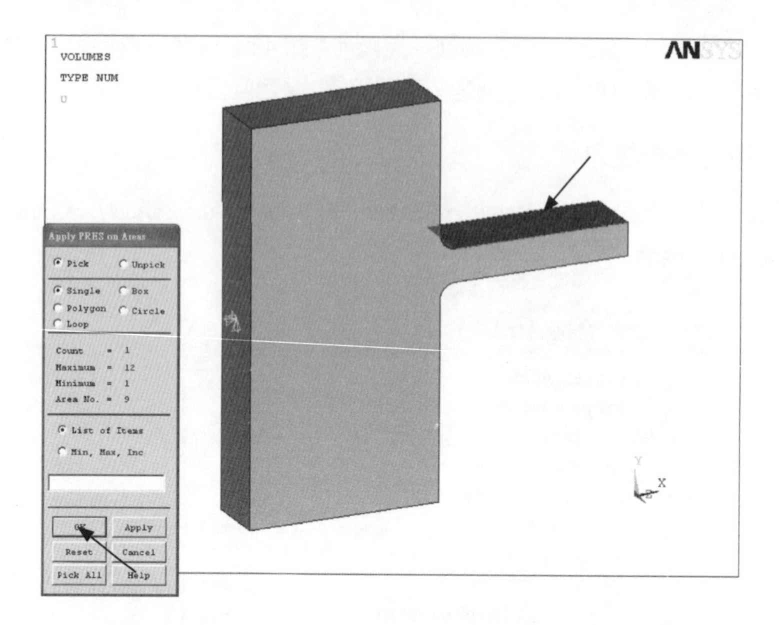
VOLUMES
TYPE NUM
Apply PRES on Areas
Pick
Unpick
Single
Box
Polygon
Circle
Loop
Count = 1
Maximum = 12
Minimum = 1
Area No. = 9
List of Items
Min, Max, Inc
OK
Apply
Reset
Cancel
Pick All
Help

圖 4-90

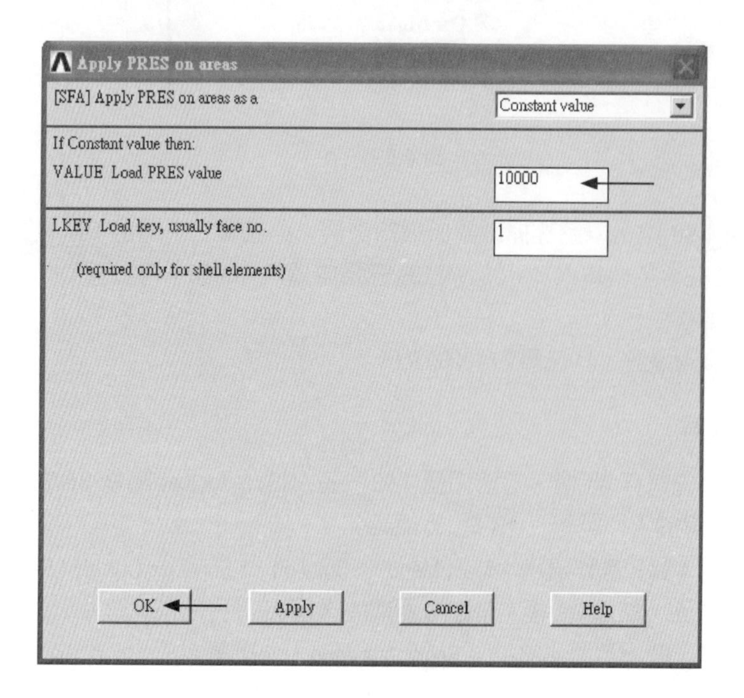
Apply PRES on areas
[SFA] Apply PRES on areas as a
Constant value
If Constant value then:
VALUE Load PRES value
10000
LKEY Load key, usually face no.
1
(required only for shell elements)
OK
Apply
Cancel
Help

圖 4-91

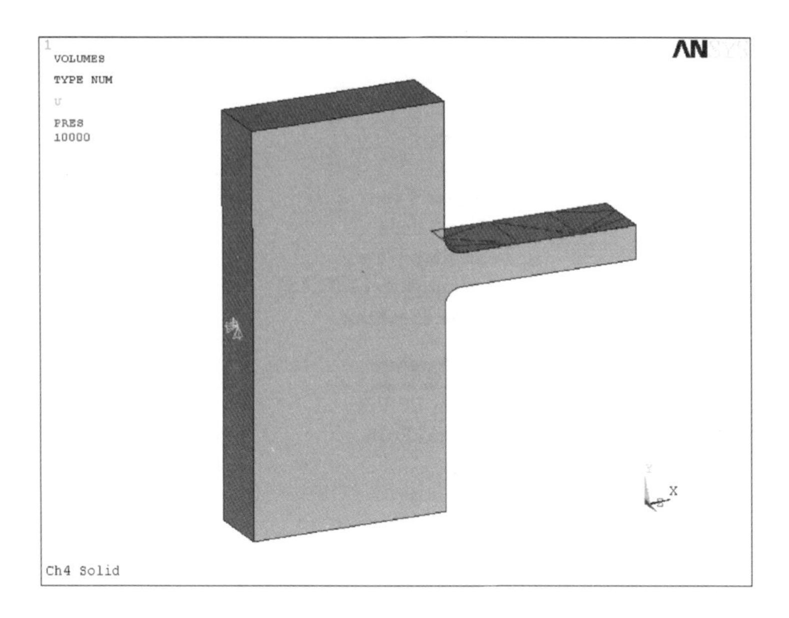
1
VOLUMES
TYPE NUM
U
PRES
10000
Y
X
Ch4 Solid

圖 4-92

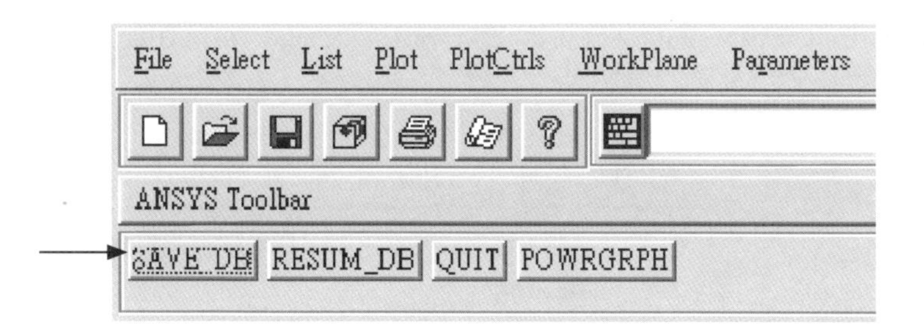
File
Select
List
Plot
PlotCtrls
WorkPlane
Parameters
ANSYS Toolbar
SAVE_DB
RESUM_DB
QUIT
POWRGRPH

圖 4-93

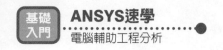

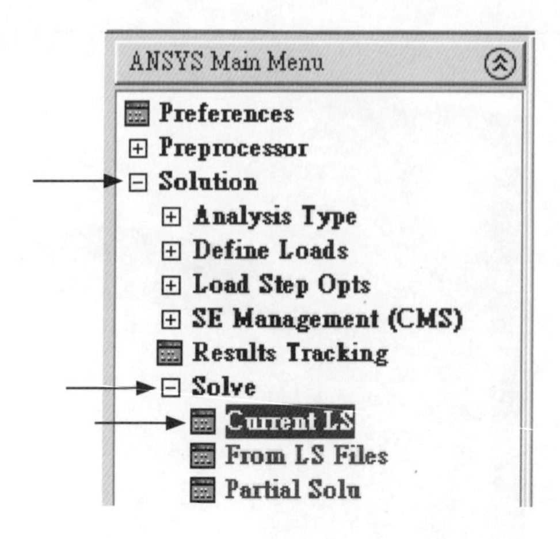

圖 4-94

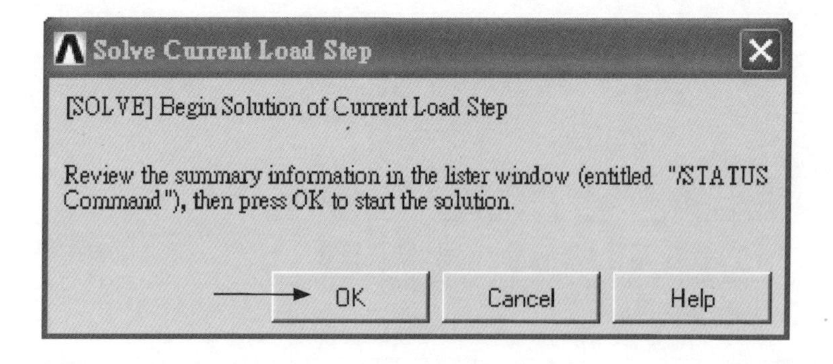

圖 4-95

(4) 如圖 4-96，點擊「Solution is done！」訊息視窗的 Close，且關閉「/STATUS Command」視窗。

☞步驟 19 判讀分析結果：畫出彎曲應力 SX

(1) 如圖 4-97，操作流程：Main Menu → General Postproc → Plot Results → Contour Plot → Nodal Solu。於圖 4-98 中，點擊 Stress，於下拉的選項中，點擊 X-Component of stress（即 SX 應力）且使它呈現反白，再於下方選擇「Deformed shape only」。此外，再點擊下方的 Additional Options，畫面如圖 4-99，於「Number of facets per element edge」選擇「Corner + midside」，最後點擊 OK。

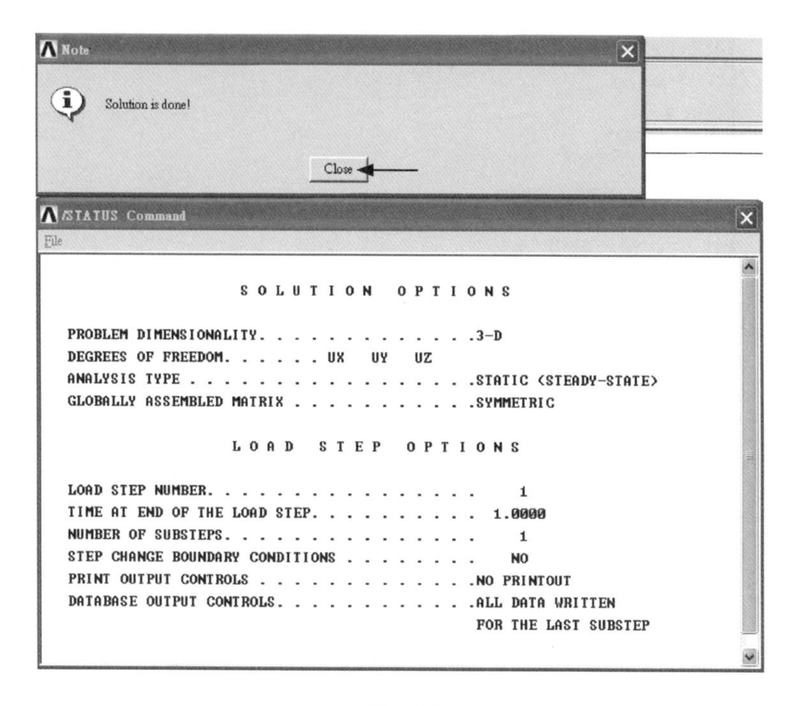
Note

Solution is done!

Close

/STATUS Command

File

```
                    S O L U T I O N   O P T I O N S

PROBLEM DIMENSIONALITY. . . . . . . . . . . . .3-D
DEGREES OF FREEDOM. . . . . . UX   UY   UZ
ANALYSIS TYPE . . . . . . . . . . . . . . . . .STATIC (STEADY-STATE)
GLOBALLY ASSEMBLED MATRIX . . . . . . . . . . .SYMMETRIC

                    L O A D   S T E P   O P T I O N S

LOAD STEP NUMBER. . . . . . . . . . . . . . . .    1
TIME AT END OF THE LOAD STEP. . . . . . . . . .  1.0000
NUMBER OF SUBSTEPS. . . . . . . . . . . . . . .    1
STEP CHANGE BOUNDARY CONDITIONS . . . . . . . .   NO
PRINT OUTPUT CONTROLS . . . . . . . . . . . . .NO PRINTOUT
DATABASE OUTPUT CONTROLS. . . . . . . . . . . .ALL DATA WRITTEN
                                                FOR THE LAST SUBSTEP
```

圖 4-96

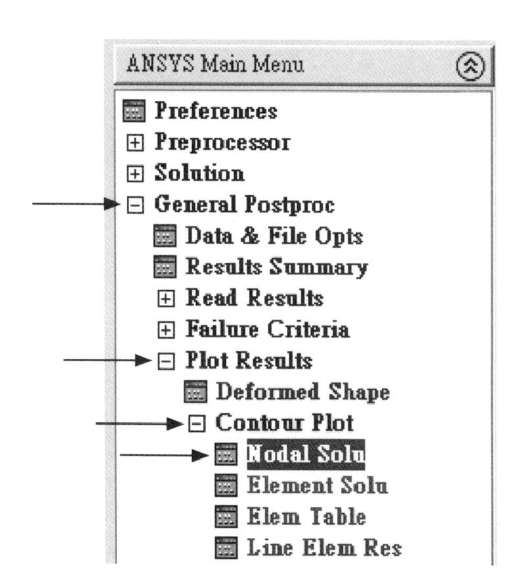

圖 4-97

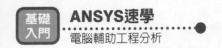

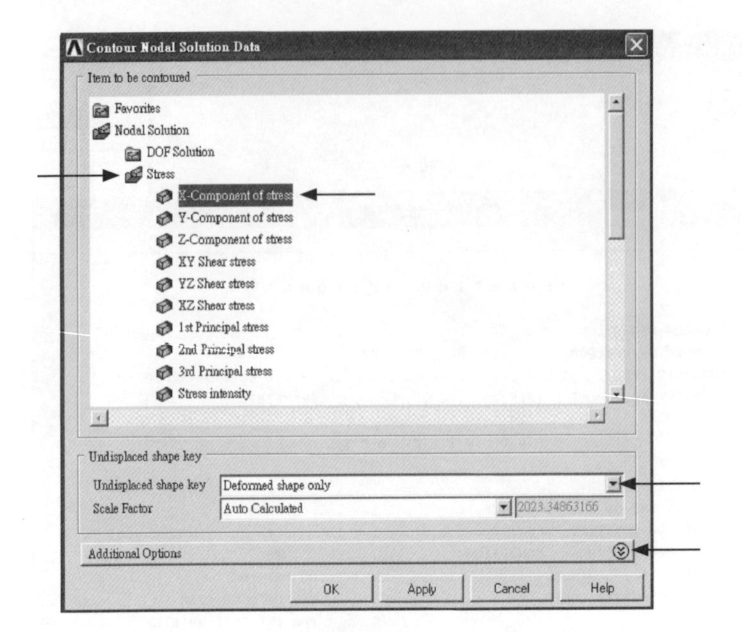
Contour Nodal Solution Data
Item to be contoured
Favorites
Nodal Solution
DOF Solution
Stress
X-Component of stress
Y-Component of stress
Z-Component of stress
XY Shear stress
YZ Shear stress
XZ Shear stress
1st Principal stress
2nd Principal stress
3rd Principal stress
Stress intensity
Undisplaced shape key
Undisplaced shape key
Deformed shape only
Scale Factor
Auto Calculated
2023.34863166
Additional Options
OK
Apply
Cancel
Help

圖 4-98

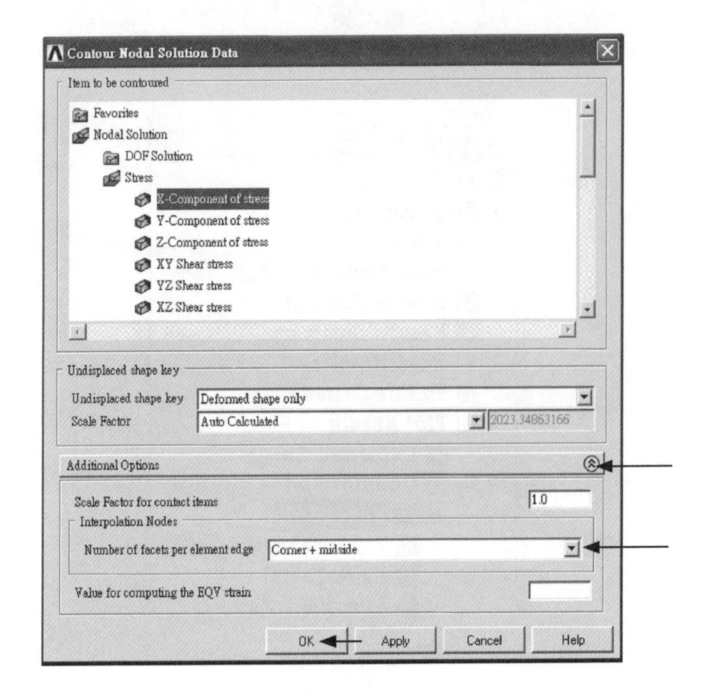
Contour Nodal Solution Data
Item to be contoured
Favorites
Nodal Solution
DOF Solution
Stress
X-Component of stress
Y-Component of stress
Z-Component of stress
XY Shear stress
YZ Shear stress
XZ Shear stress
Undisplaced shape key
Undisplaced shape key
Deformed shape only
Scale Factor
Auto Calculated
2023.34863166
Additional Options
Scale Factor for contact items
1.0
Interpolation Nodes
Number of facets per element edge
Corner + midside
Value for computing the EQV strain
OK
Apply
Cancel
Help

圖 4-99

(2) 接著將模型旋轉（同時按鍵盤 Ctrl 鍵和滑鼠右鍵，再移動游標），畫出圖 4-100，此為彎曲應力 SX 分布圖（SX 為正向應力，即 σ_x），圖下方數字的單位是 Pa。根據圖 4-100，最大的 SX 應力值為 0.106E + 07 Pa（0.106×10^7 Pa），此最大值發生於頂面的圓角，為拉應力。

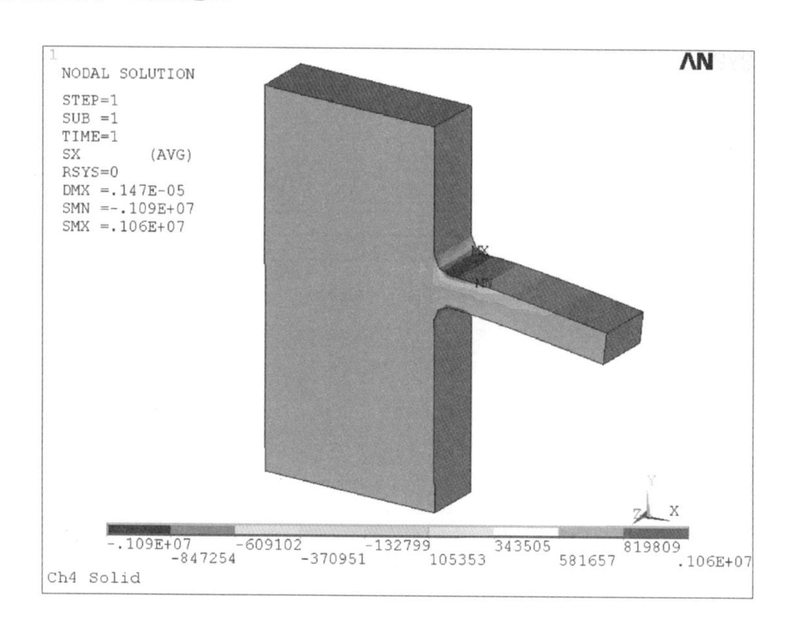

圖 4-100

☞步驟 20　判讀分析結果：畫出變形圖

(1) 操作流程：Main Menu → General Postproc → Plot Results → Contour Plot → Nodal Solu。於圖 4-101 中，點擊 DOF Solution，於下拉的選項中，點擊 Y-Component of displacement 且使它呈現反白，再於下方選擇「Deformed shape with undeformed edge」。此外，再點擊下方的 Additional Options，於「Number of facets per element edge」選擇「Corner + midside」，最後點擊 OK。

(2) 接著畫出圖 4-102，即為 y 方向位移 UY 的分布圖，圖下方數字的單位是 m。根據圖 4-102，UY 的最小值為 −0.146E-05 m（-0.146×10^{-5} m），而 0.146×10^{-5} m 即為結構端點的下壓位移量。

(3) 注意：圖 4-102 顯示之變形量，是經由 ANSYS 做誇張放大處理，目的是便於觀察。

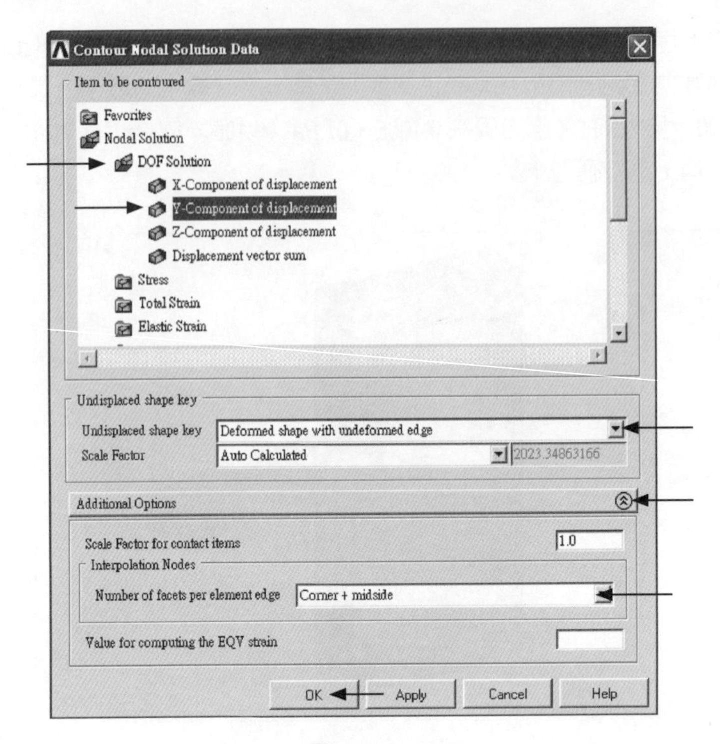
Contour Nodal Solution Data
Item to be contoured
Favorites
Nodal Solution
DOF Solution
X-Component of displacement
Y-Component of displacement
Z-Component of displacement
Displacement vector sum
Stress
Total Strain
Elastic Strain
Undisplaced shape key
Undisplaced shape key
Deformed shape with undeformed edge
Scale Factor
Auto Calculated
2023.34863166
Additional Options
Scale Factor for contact items
1.0
Interpolation Nodes
Number of facets per element edge
Corner + midside
Value for computing the EQV strain
OK
Apply
Cancel
Help

圖 4-101

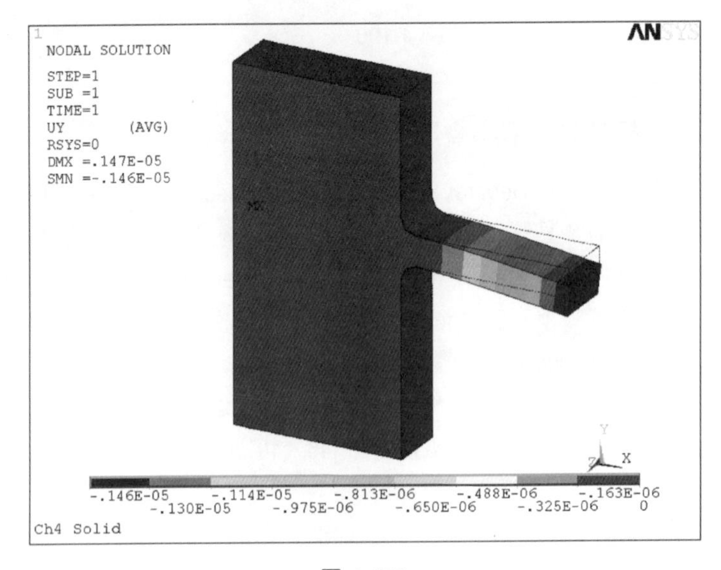
NODAL SOLUTION
STEP=1
SUB =1
TIME=1
UY (AVG)
RSYS=0
DMX =.147E-05
SMN =-.146E-05
-.146E-05
-.130E-05
-.114E-05
-.975E-06
-.813E-06
-.650E-06
-.488E-06
-.325E-06
-.163E-06
0
Ch4 Solid

圖 4-102

4-3 SOLID 元素

4-2 節例題採用的 SOLID92 元素，是 ANSYS 用來模擬三維實體的元素，它的外形如圖 4-103 所示，其節點自由度有 3 個位移：UX、UY、UZ。與 LINK 元素（桁架元素）和 BEAM 元素（構架元素）不同，SOLID 元素是實實在在的立體，本身具有體積，是不經簡化的。除了 SOLID92，ANSYS 的三維實體元素還有 SOLID45 和 SOLID95 等，圖 4-104 為 ANSYS 手冊的 SOLID 元素圖示[2]。

雖然 SOLID 元素很好用，但未必適合於各類結構分析。以圖 4-105 為例，針對很細長的樑結構，若使用 SOLID 元素來分析，則必須使用很多的元素與節點（見圖 (b)，共 424859 個節點），才能得到合理的答案，而電腦計算時間亦將增加。若採用BEAM元素（構架元素）的簡化方式，以線來模擬，則不必使用太多的元素與節點（見圖 (d)，共 151個節點），可縮短電腦計算時間。

當然，對於無法簡化為 LINK 元素和 BEAM 元素的結構問題，唯一的方法仍是採用 SOLID 元素。

4-4 例題討論

4-2 節例題並沒有解析解（analytical solution），也就是說，本題不像第 2 章和第 3 章有標準答案可供對照。那麼，圖 4-100 的 ANSYS 答案（應力值）是對的嗎？

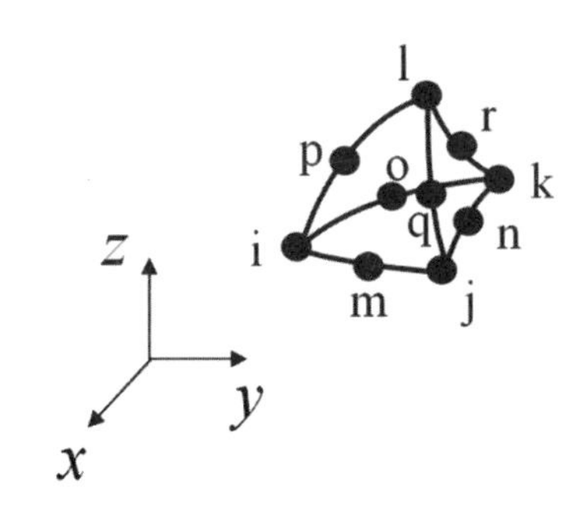

圖 4-103　SOLID92 元素（共有 10 個節點）

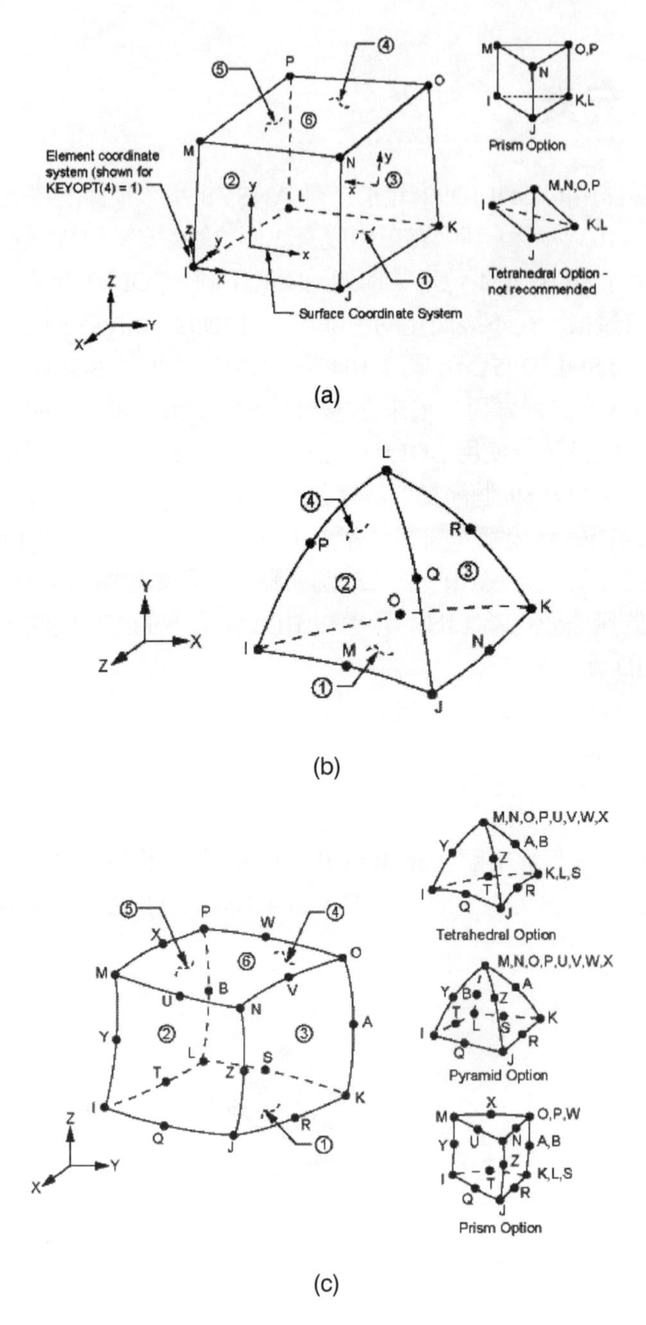

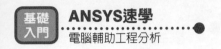

圖 4-104　ANSYS 手冊的 SOLID 元素[2]　(a)SOLID45　(b)SOLID92　(c)SOLID95
（Reproduced with permission from ANSYS, Inc.）

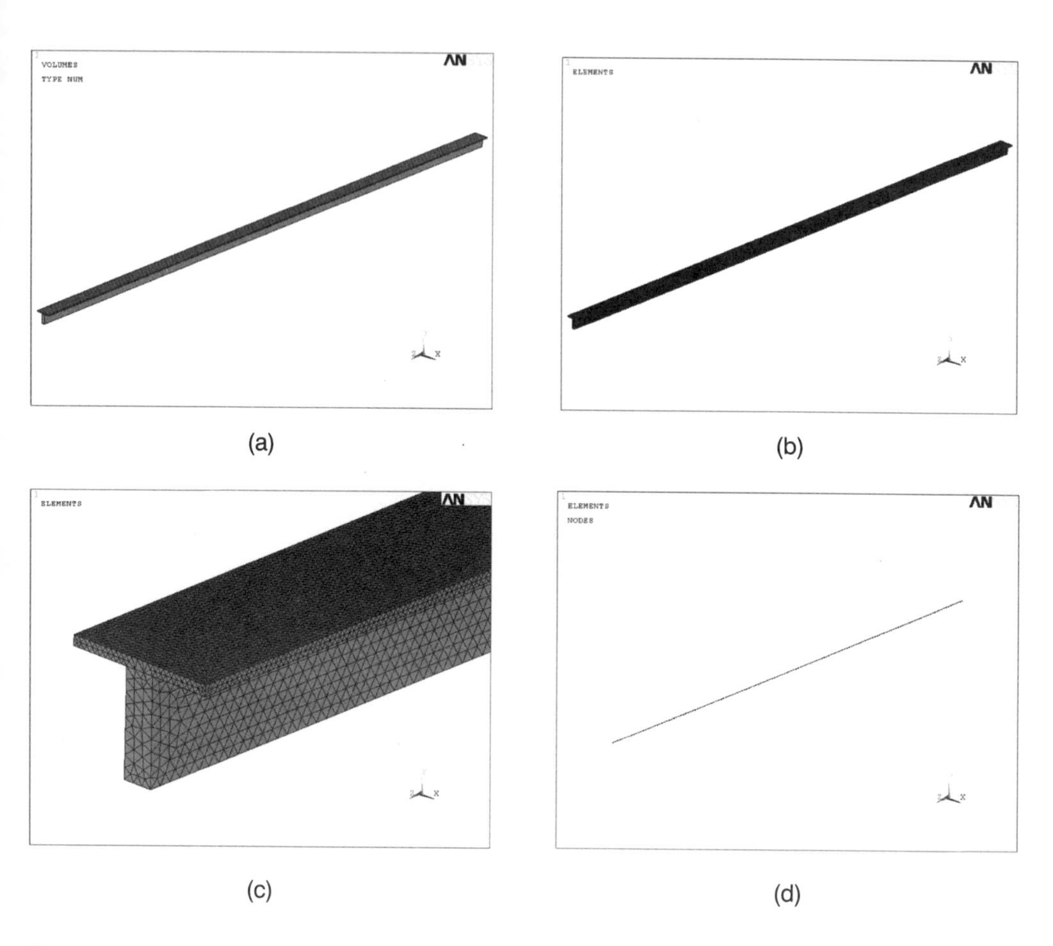

圖 4-105 (a) T 字樑結構 (b) 以 SOLID92 元素模擬（共 424859 個節點）之模型 (c) 圖 b 之局部放大圖 (d) 以 BEAM188 元素模擬（共 151 個節點）之模型

大部分需要 FEM 處理的應力分析，都沒有解析解，若要確認 FEM 或 ANSYS 答案是否可信，則必須做有限元素網格的收斂（convergence）測試，即第 1 章之 1-2 節講述的觀念（圖 1-3、圖 1-4、圖 1-5）。

對於 4-2 節例題，產生應力集中的兩圓角區域（頂面圓角和底面圓角）之元素必須切細，以獲得更精確的答案。圖 4-78 有限元素模型的元素切割並不理想，因為圓角區域的元素不夠細。

回到 4-2 節例題與 ANSYS 軟體界面，將圓角局部區域之元素切細的方法如下：

(1) 執行操作流程：Utility Menu → Plot → Elements，Graphics Window 顯示如圖 4-106 之有限元素網格。

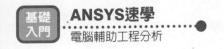

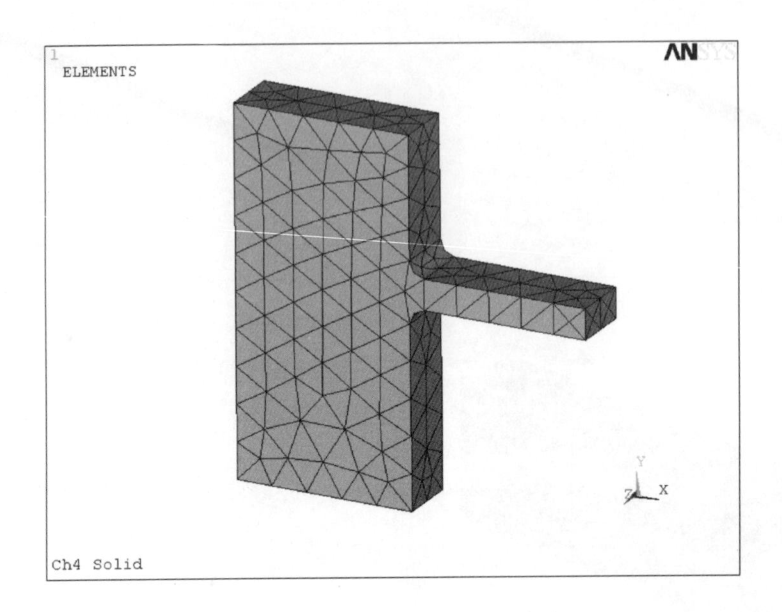

圖 4-106

(2) 如圖 4-107，執行操作流程：Main Menu → Run-Time Stats → All Statistics，接著出現圖 4-108 畫面，該資訊顯示：Number of Defined Nodes = 1751，Number of Defined Elements = 900，表示圖 4-106 之有限元素網格共有 1751 個節點和 900 個元素。最後將兩視窗關閉。

(3) 如圖 4-109，於右側的圖示中，點擊箭頭所指的第 3 個圖示，將圖形顯示為如圖 4-109 之 X-Y 平面視圖。

(4) 如圖 4-110，執行操作流程：Main Menu → Preprocessor → Meshing → Modify Mesh → Refine At → Elements。接著於圖 4-111，以游標先點擊左側小視窗中的「Box」後，再於 Graphics Window 中，以游標框出一個矩形區域（如圖 4-111，以滑鼠左鍵點擊 a 點後，按住滑鼠左鍵不放，移動游標至 b 點後再放開左鍵），如圖 4-112，再點擊 OK。接著於圖 4-113，選擇「1 Minimal」後，點擊 OK。

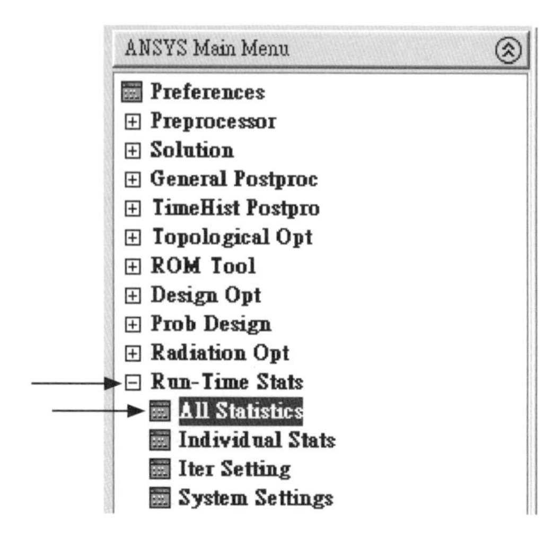
ANSYS Main Menu
Preferences
Preprocessor
Solution
General Postproc
TimeHist Postpro
Topological Opt
ROM Tool
Design Opt
Prob Design
Radiation Opt
Run-Time Stats
All Statistics
Individual Stats
Iter Setting
System Settings

圖 4-107

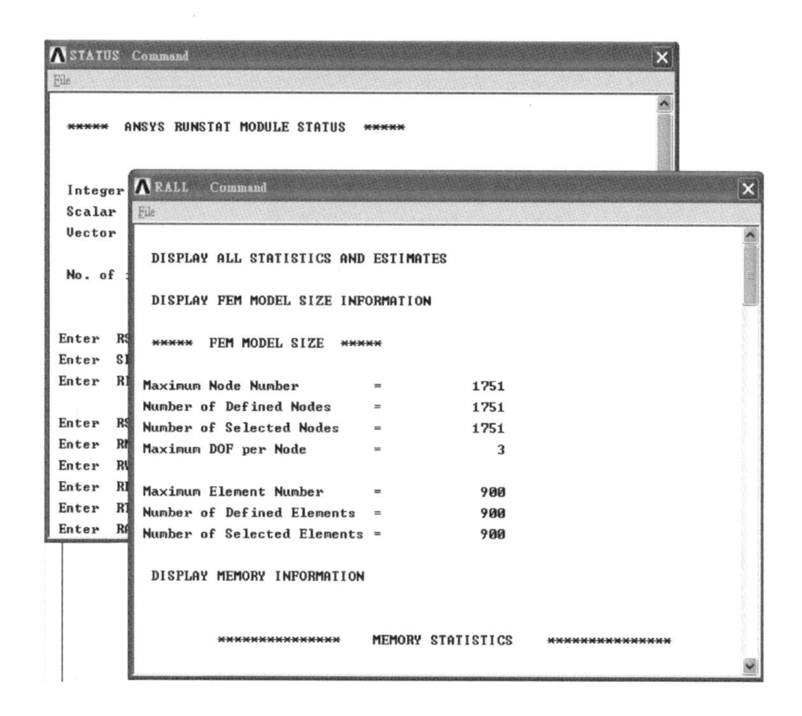
STATUS Command
File
***** ANSYS RUNSTAT MODULE STATUS *****
RALL Command
File
DISPLAY ALL STATISTICS AND ESTIMATES
DISPLAY FEM MODEL SIZE INFORMATION
***** FEM MODEL SIZE *****
Maximum Node Number = 1751
Number of Defined Nodes = 1751
Number of Selected Nodes = 1751
Maximum DOF per Node = 3
Maximum Element Number = 900
Number of Defined Elements = 900
Number of Selected Elements = 900
DISPLAY MEMORY INFORMATION
*************** MEMORY STATISTICS ***************

圖 4-108

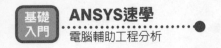

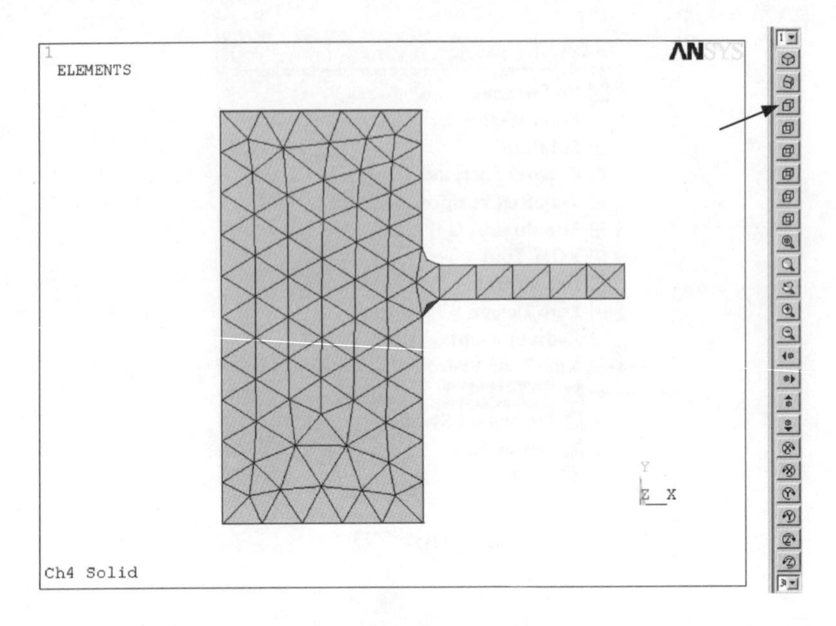
1
ELEMENTS
ANSYS
Y
Z X
Ch4 Solid

圖 4-109

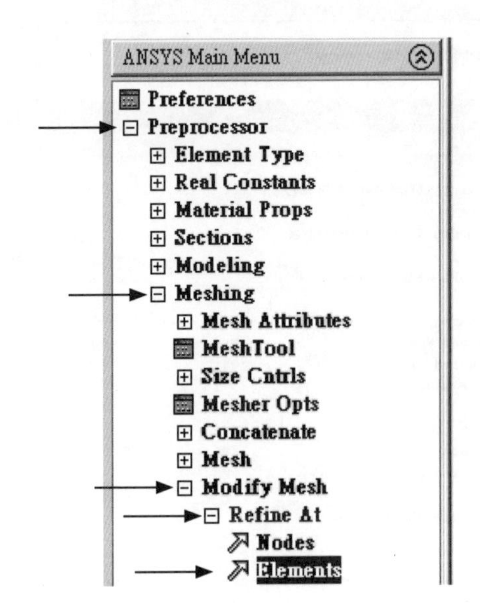
ANSYS Main Menu
Preferences
Preprocessor
Element Type
Real Constants
Material Props
Sections
Modeling
Meshing
Mesh Attributes
MeshTool
Size Cntrls
Mesher Opts
Concatenate
Mesh
Modify Mesh
Refine At
Nodes
Elements

圖 4-110

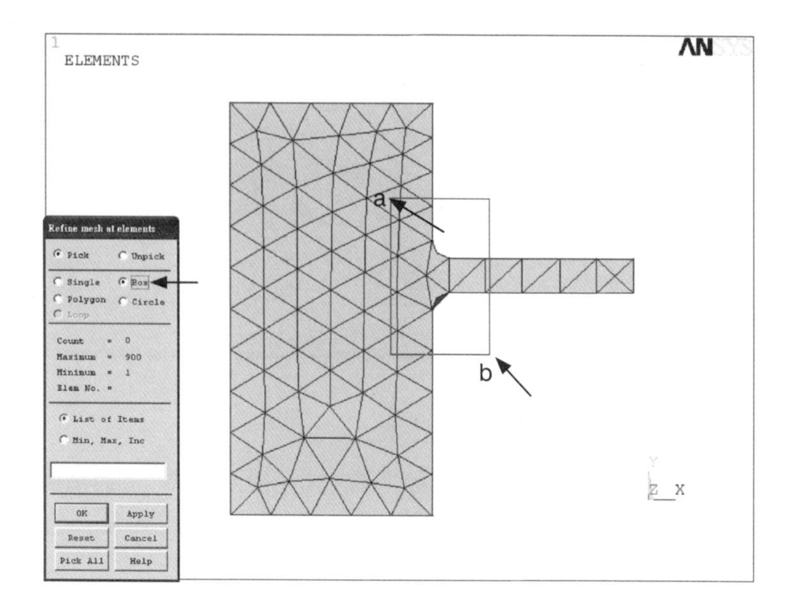
ELEMENTS
Refine mesh at elements
Pick
Unpick
Single
Box
Polygon
Circle
Loop
Count = 0
Maximum = 900
Minimum = 1
Elem No. =
List of Items
Min, Max, Inc
OK
Apply
Reset
Cancel
Pick All
Help
a
b
Y
Z X

圖 4-111

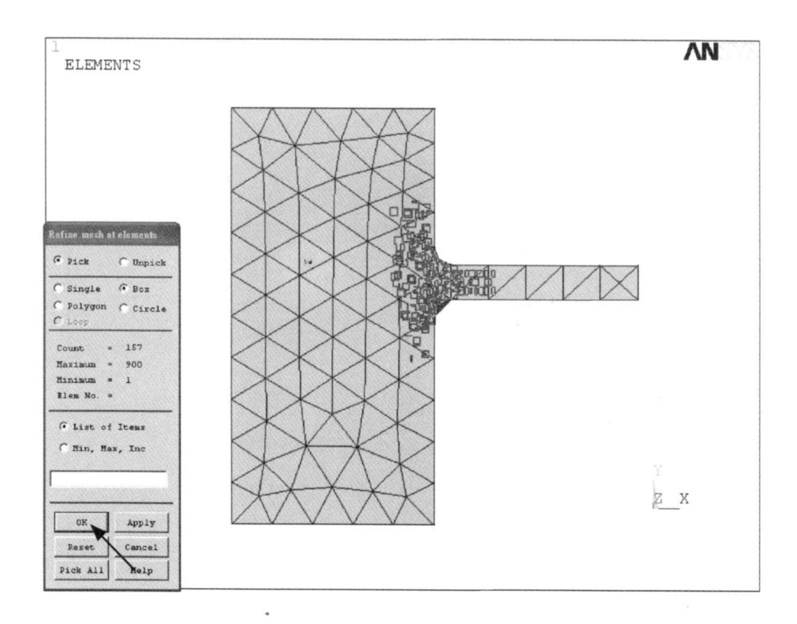
ELEMENTS
Refine mesh at elements
Pick
Unpick
Single
Box
Polygon
Circle
Loop
Count = 157
Maximum = 900
Minimum = 1
Elem No. =
List of Items
Min, Max, Inc
OK
Apply
Reset
Cancel
Pick All
Help
Y
Z X

圖 4-112

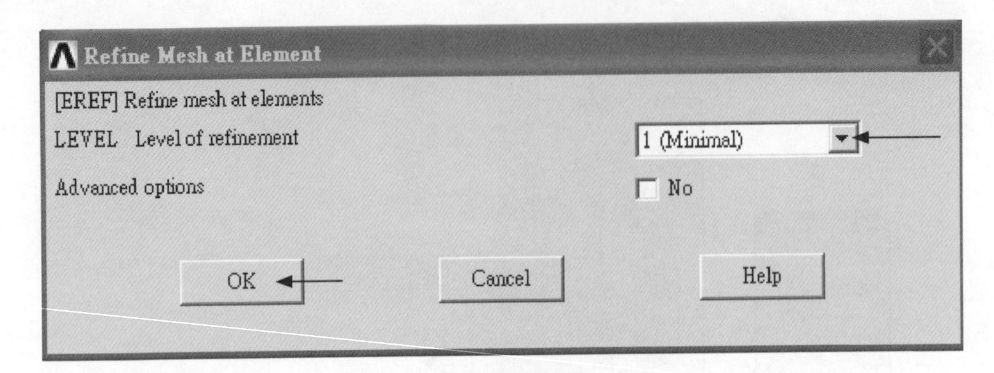

圖 4-113

(5) 如圖 4-114，兩圓角局部區域的網格已被切細。再將模型旋轉（同時按鍵盤 Ctrl 鍵和滑鼠右鍵，再移動游標，即可令模型旋轉），如圖 4-115。

(6) 求解。（方法同 4-2 節的步驟 18）

(7) 畫出 SX 應力圖，如圖 4-116。（方法同 4-2 節的步驟 19）

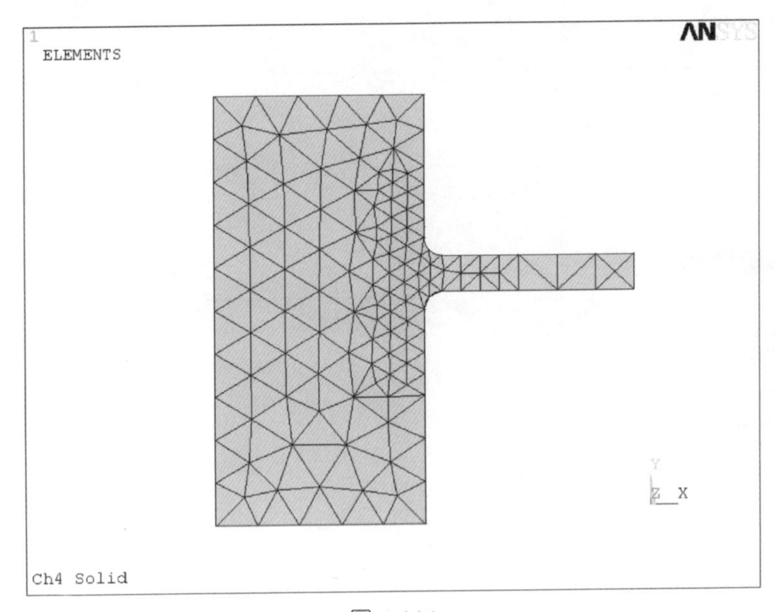

圖 4-114

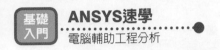

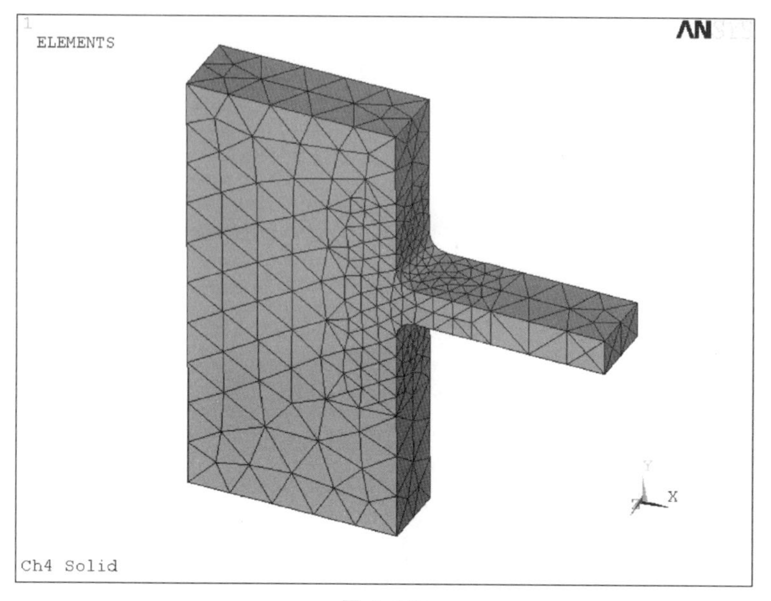
1
ELEMENTS
Y
X
Ch4 Solid

圖 4-115

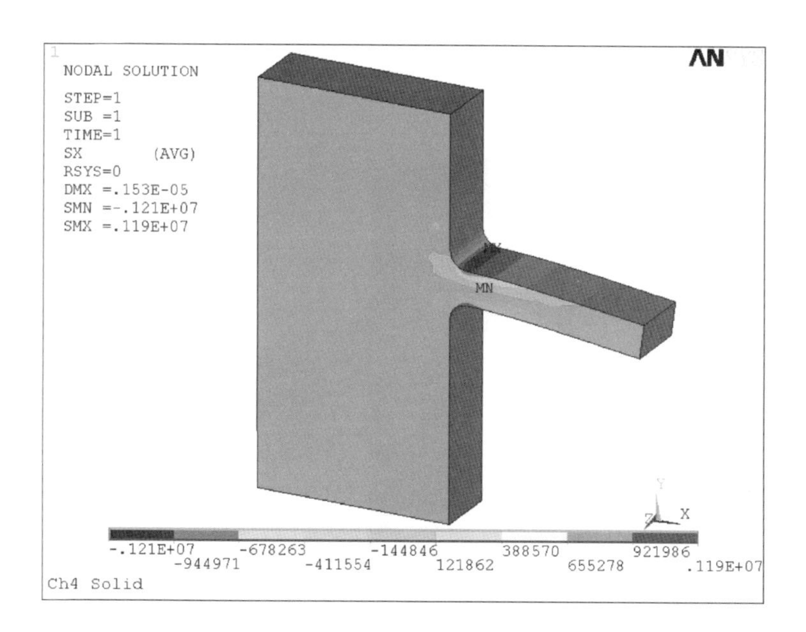
1
NODAL SOLUTION
STEP=1
SUB =1
TIME=1
SX (AVG)
RSYS=0
DMX =.153E-05
SMN =-.121E+07
SMX =.119E+07
MN
Y
X
-.121E+07
-944971
-678263
-411554
-144846
121862
388570
655278
921986
.119E+07
Ch4 Solid

圖 4-116

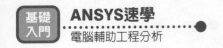

同理，繼續針對圓角的應力集中區域，將其元素切細，可得到圖 4-117～4-120 的結果。表 4-1 是有限元素網格的收斂測試，以 σ_x 最大值（發生於頂面圓

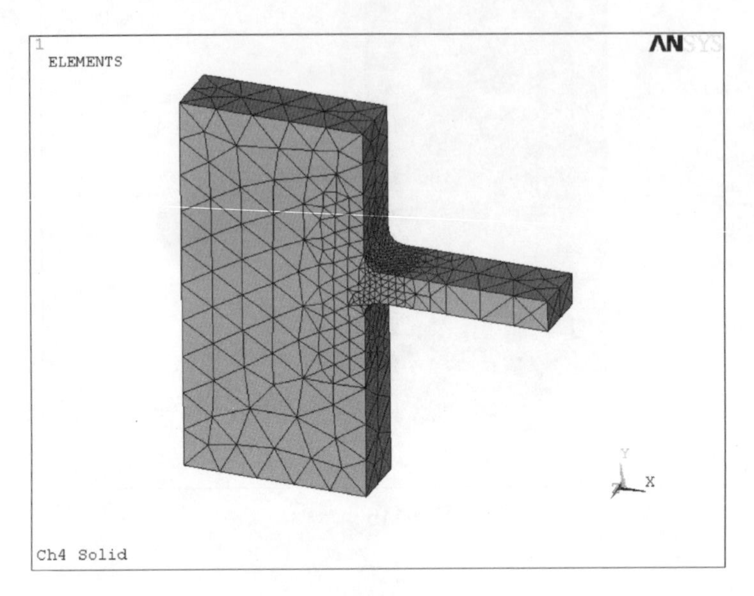

圖 4-117

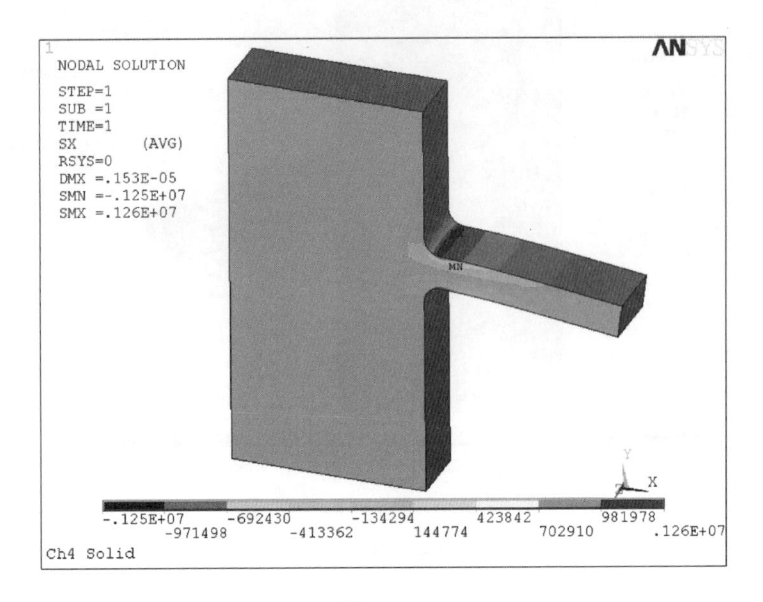

圖 4-118

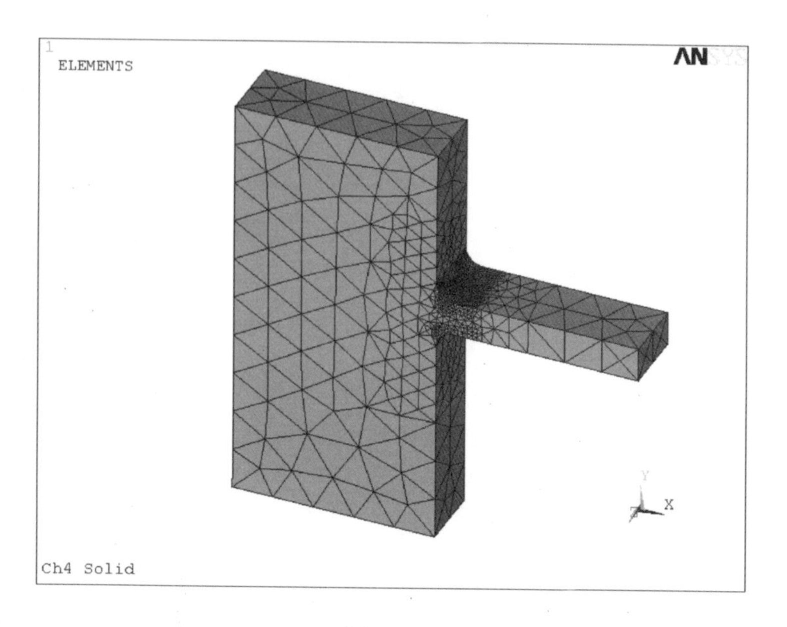
1
ELEMENTS
Ch4 Solid

圖 4-119

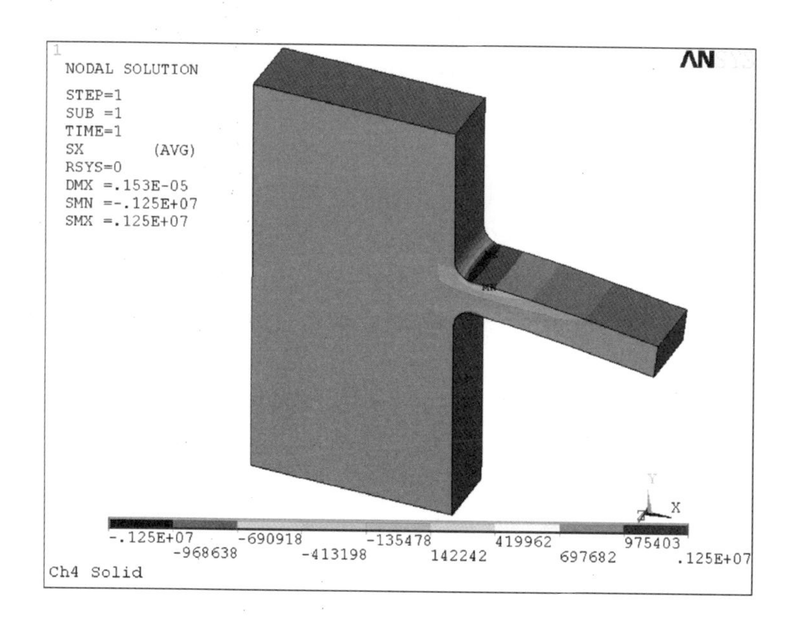
1
NODAL SOLUTION
STEP=1
SUB =1
TIME=1
SX (AVG)
RSYS=0
DMX =.153E-05
SMN =-.125E+07
SMX =.125E+07
-.125E+07
-968638
-690918
-413198
-135478
142242
419962
697682
975403
.125E+07
Ch4 Solid

圖 4-120

角區域）為測試參考值。比較該表的案例 1 和 2，兩者 σ_x 值差異為 10.92%（算法為(1.19 − 1.06)/1.19 = 0.1092），可見案例 1 的網格太粗，答案是不準確的。

表 4-1 的案例 2 和 3，兩者 σ_x 值差異為 5.56%（算法為(1.26 − 1.19)/1.26 = 0.0556），可見案例 2 仍不夠準確。而案例 3 和 4 之 σ_x 值差異是 0.8%，因此案例 3 的有限元素網格（節點總數量：9367）已達到收斂，$\sigma_x = 1.26\times10^6$ Pa 是可信的答案。當然，採用案例 4 之 $\sigma_x = 1.25\times10^6$ Pa 是更準確的答案，這是因為其網格較細，但它使用較多的節點總數量，會耗費較長的電腦計算時間。

表 4-1　有限元素網格的收斂測試

案例編號	有限元素模型圖	元素總數量	節點總數量	σ_x 應力最大值（Pa）
1	圖 4-78（圖 4-106）	900	1751	1.06×10^6
2	圖 4-115	2687	4528	1.19×10^6
3	圖 4-117	5985	9367	1.26×10^6
4	圖 4-119	23115	33681	1.25×10^6

針對案例 3 之結果，以圖 4-121 的設定，可畫出圖 4-122 之 von Mises 應力分布圖（標示為 SEQV）。本例最大的 von Mises 等效應力為 1.16×10^6 Pa，發生於頂面與底面圓角。以延性材料為例，von Mises 應力值若小於降伏強度，桿件結構便安全。若針對脆性材料（如玻璃、陶瓷、鑄鐵），則以主應力（principal stress）為破壞的判斷依據，勿使用 von Mises 等效應力於脆性材料。關於延性材料與脆性材料之強度理論，可參考文獻 [1] 或材料力學書籍。

回顧（4-1）式，三維應力場有 6 個獨立的項：σ_{xx}、σ_{yy}、σ_{zz}、τ_{xy}、τ_{xz}、τ_{yz}，它們在 ANSYS 中分別以 SX、SY、SZ、SXY、SXZ、SYZ 標示，而 SOLID 元素算出的以上應力，是以 ANSYS 的總體座標系為基準。此外，三維應力場有三個主應力 σ_1、σ_2、σ_3，其 ANSYS 標示分別是 S1、S2、S3。

若要以 ANSYS 畫出以上各項應力的各個分布圖，選項如圖 4-123。

4-5 CAD 模型之轉檔

三維的立體幾何模型，未必要使用 ANSYS 來建立，我們亦可採用專業的三維 CAD 軟體來建立模型，再使用轉檔的方法，將 CAD 模型轉入 ANSYS。

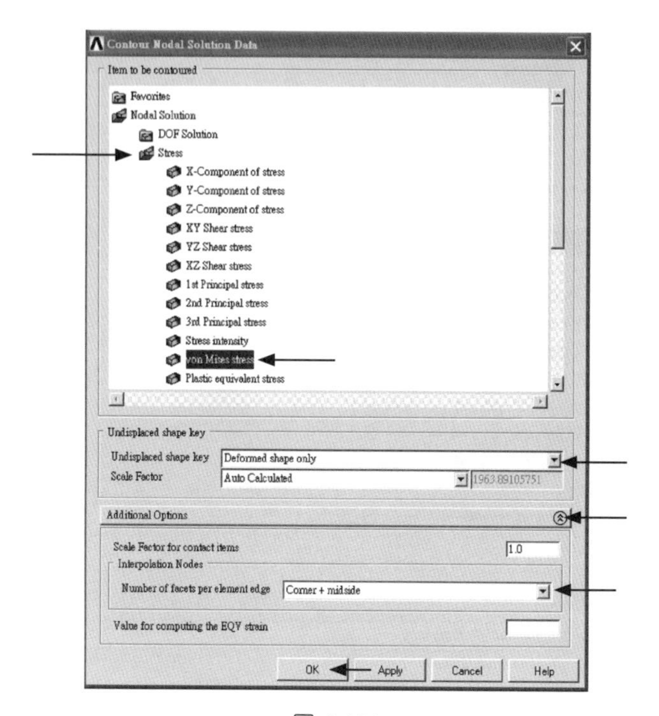
Contour Nodal Solution Data
Item to be contoured
Favorites
Nodal Solution
DOF Solution
Stress
X-Component of stress
Y-Component of stress
Z-Component of stress
XY Shear stress
YZ Shear stress
XZ Shear stress
1st Principal stress
2nd Principal stress
3rd Principal stress
Stress intensity
von Mises stress
Plastic equivalent stress
Undisplaced shape key
Undisplaced shape key
Deformed shape only
Scale Factor
Auto Calculated
1963.89105751
Additional Options
Scale Factor for contact items
1.0
Interpolation Nodes
Number of facets per element edge
Corner + midside
Value for computing the EQV strain
OK
Apply
Cancel
Help

圖 4-121

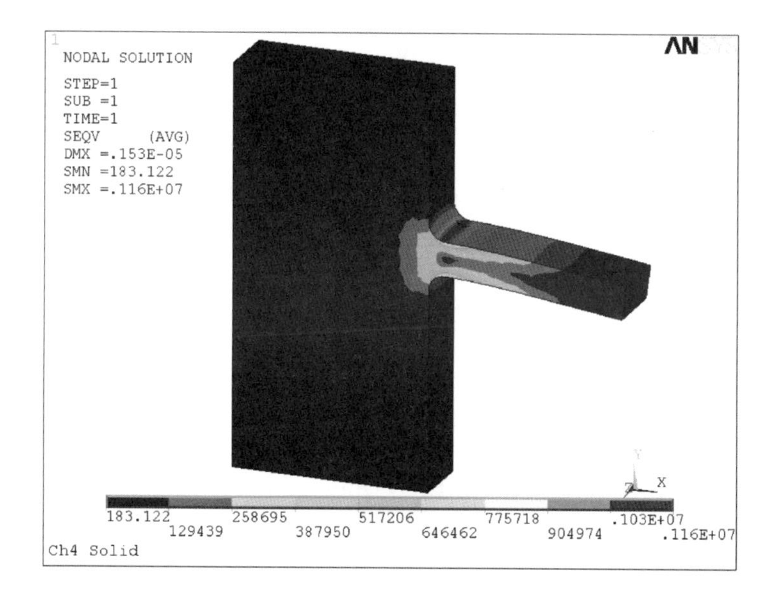
NODAL SOLUTION
STEP=1
SUB =1
TIME=1
SEQV (AVG)
DMX =.153E-05
SMN =183.122
SMX =.116E+07
AN
Y
X
183.122
129439
258695
387950
517206
646462
775718
904974
.103E+07
.116E+07
Ch4 Solid

圖 4-122

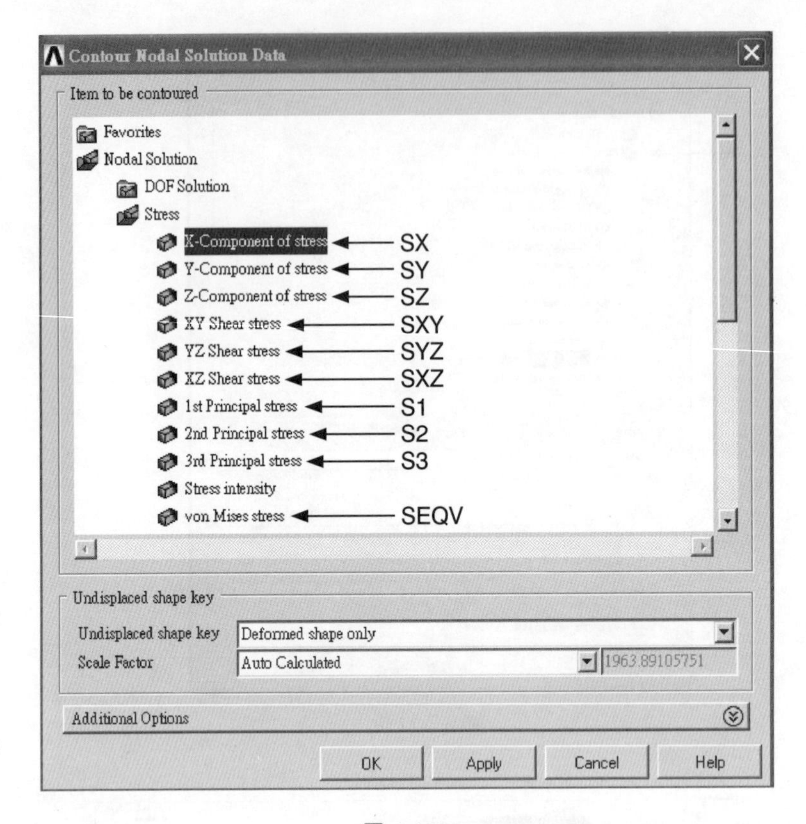

圖 4-123

ANSYS 可讀取的 CAD 模型檔案，主要包括了 IGES（*.igs或*.iges）、Parasolid（*.x_t）、SAT ACIS（*.sat）、Pro/ENGINEER（*.prt）、Unigraphics（*.prt）、CATIA 等格式。表 4-2 是取自 ANSYS 手冊[2]，列出 ANSYS 可支援的 CAD 軟體或檔案格式。

一般來說，IGES 檔案較容易發生轉檔失敗（但只要不是太複雜的外形或特徵，IGES 轉檔仍會成功），然而，若採用 Parasolid 和 SAT ACIS 等特殊格式的檔案，則較容易成功。

IGES 轉檔功能是隨著購買 ANSYS 軟體而附贈的，但 ANSYS 之 Parasolid、SAT ACIS、Pro/ENGINEER、Unigraphics、CATIA 等轉檔功能，則必須再付費購買。

表 4-2　ANSYS 10.0 可支援的 CAD 軟體或檔案格式[2]
(Reproduced with permission from ANSYS, Inc.)

CAD Package	File Type	Preferred ANSYS Connection Connection Product
CATIA 4.x and lower	.model or .dlv	CATIA
CATIA 5.x	.CATPart or .CATProduct	CATIA Version 5
Pro/ENGINEER	.prt	Pro/ENGINEER
Unigraphics	.prt	Unigraphics
Parasolid	.x_t or .xmt_txt	Parasolid
Solid Edge	.x_t or .xmt_txt	Parasolid
SolidWorks	.x_t	Parasolid
Unigraphics	.x_t or .xmt_txt	Parasolid
AutoCAD	.sat	SAT
Mechanical Desktop	.sat	SAT
SAT ACIS	.sat	SAT
Solid Designer	.sat	SAT

以下例子是 ANSYS 讀取 Parasolid 檔案的方法，轉檔程序如下：

(1) 首先，使用 CAD 軟體建立模型，外形如圖 4-124，以「另存新檔」或「匯出」方式，建立檔名為 CAD.x_t 的 Parasolid 檔案。

(2) 將 CAD.x_t 檔案複製到 ANSYS 工作目錄（working directory），例如工作目錄為 D:\ansyswork，亦可置於其他目錄。

(3) 重新啓動 ANSYS。

(4) 如圖 4-125，GUI 指令路徑：Utility Menu → File → Import → PARA…。接著於圖 4-126，選擇 CAD.x_t 檔案，再點擊 OK。

(5) 經過以上步驟後，在 ANSYS 中可讀到 CAD 模型，如圖 4-127 所示。

(6) 如圖 4-128，GUI 指令路徑：Utility Menu → PlotCtrls → Style → Solid Model Facets。接著於圖 4-129，選擇 Normal Faceting，再點擊 OK。

(7) 如圖 4-130，GUI 指令路徑：Utility Menu → Plot → Volumes。ANSYS 顯示的 CAD 模型如圖 4-131。

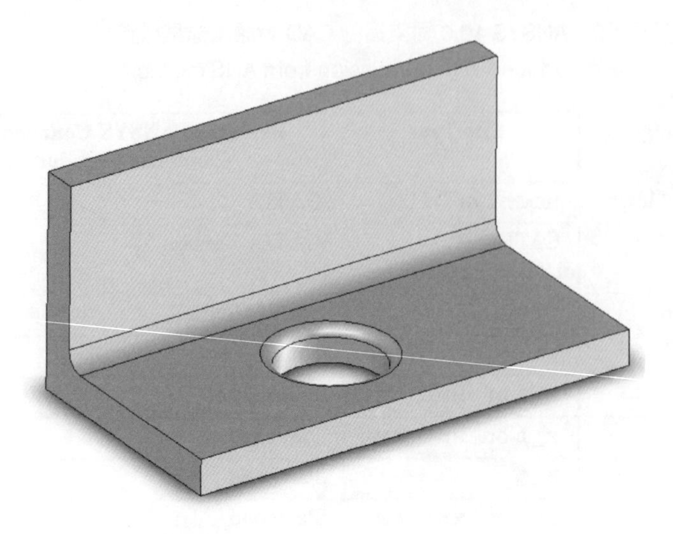

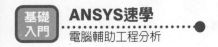

圖 4-124　Parasolid 模型

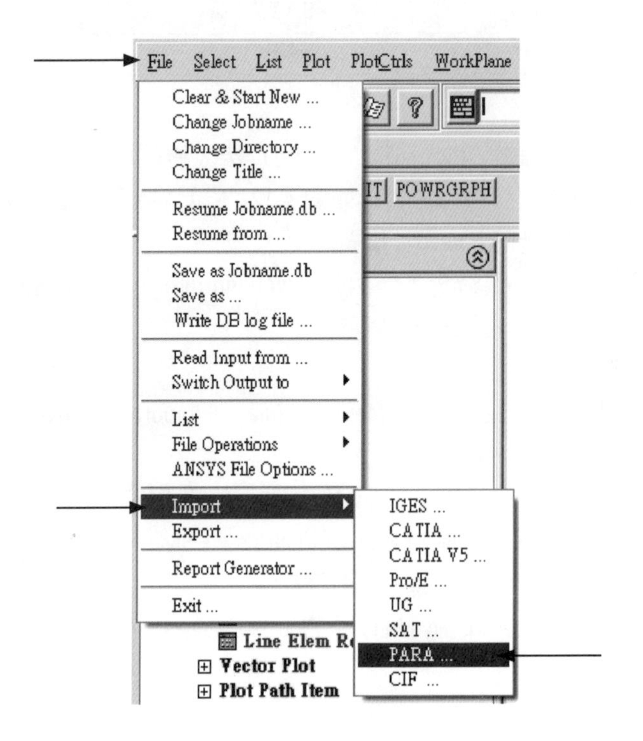

圖 4-125

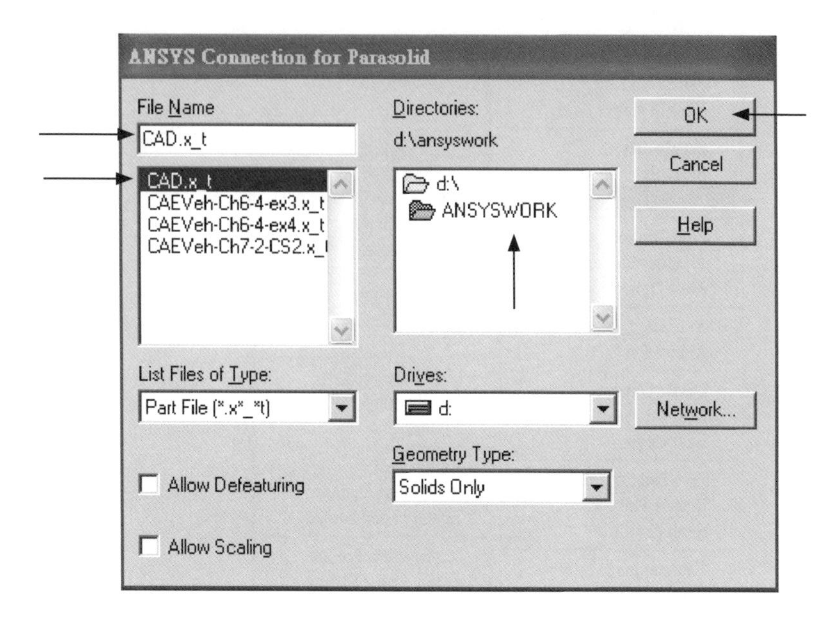
ANSYS Connection for Parasolid
File Name
CAD.x_t
CAD.x_t
CAEVeh-Ch6-4-ex3.x_t
CAEVeh-Ch6-4-ex4.x_t
CAEVeh-Ch7-2-CS2.x_t
Directories:
d:\ansyswork
d:\
ANSYSWORK
OK
Cancel
Help
List Files of Type:
Part File (*.x*_*t)
Drives:
d:
Network...
Geometry Type:
Solids Only
Allow Defeaturing
Allow Scaling

圖 4-126

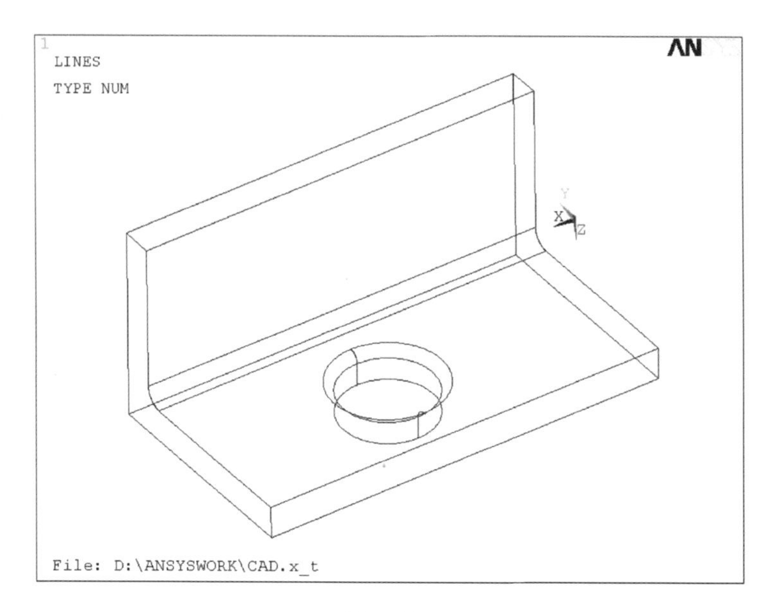
LINES
TYPE NUM
AN
File: D:\ANSYSWORK\CAD.x_t

圖 4-127

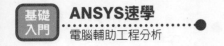

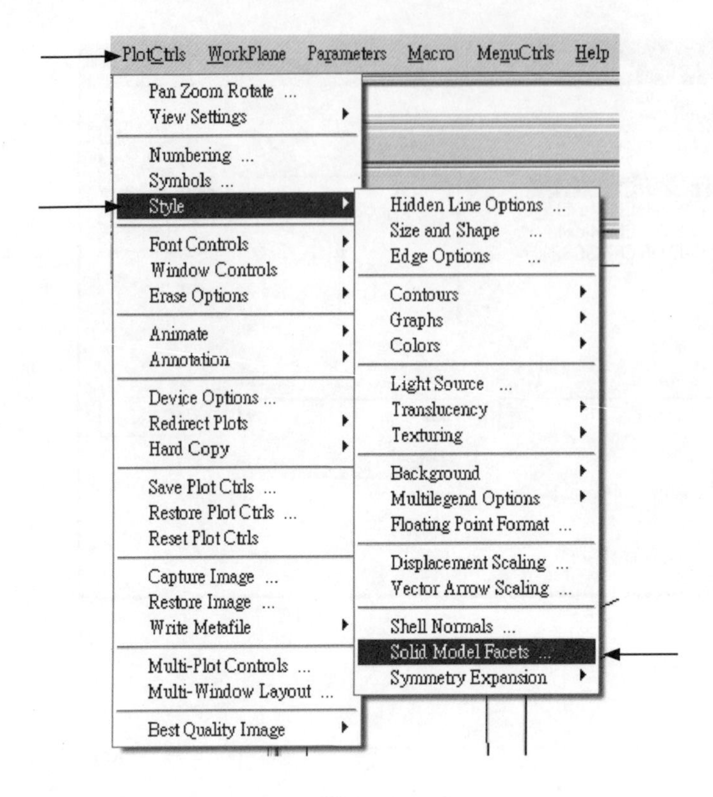
PlotCtrls
WorkPlane
Parameters
Macro
MenuCtrls
Help
Pan Zoom Rotate ...
View Settings
Numbering ...
Symbols ...
Style
Font Controls
Window Controls
Erase Options
Animate
Annotation
Device Options ...
Redirect Plots
Hard Copy
Save Plot Ctrls ...
Restore Plot Ctrls ...
Reset Plot Ctrls
Capture Image ...
Restore Image ...
Write Metafile
Multi-Plot Controls ...
Multi-Window Layout ...
Best Quality Image
Hidden Line Options ...
Size and Shape ...
Edge Options ...
Contours
Graphs
Colors
Light Source ...
Translucency
Texturing
Background
Multilegend Options
Floating Point Format ...
Displacement Scaling ...
Vector Arrow Scaling ...
Shell Normals ...
Solid Model Facets ...
Symmetry Expansion

圖 4-128

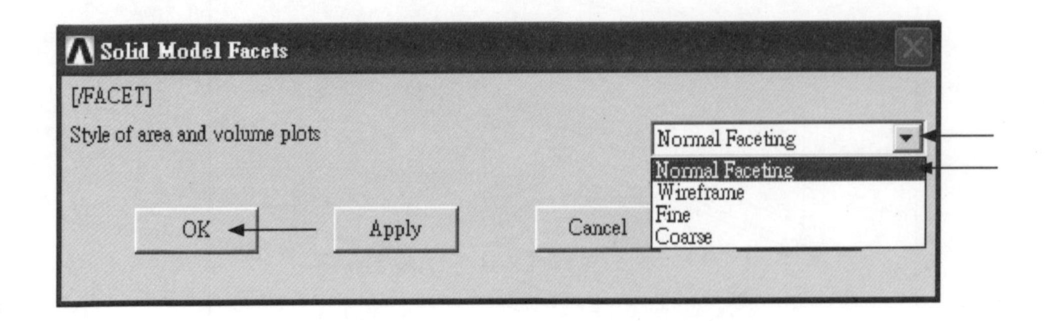
Solid Model Facets
[/FACET]
Style of area and volume plots
Normal Faceting
Normal Faceting
Wireframe
Fine
Coarse
OK
Apply
Cancel

圖 4-129

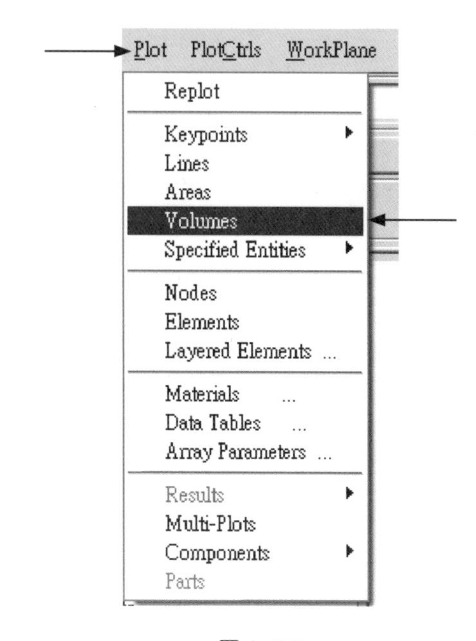
Plot
PlotCtrls
WorkPlane
Replot
Keypoints
Lines
Areas
Volumes
Specified Entities
Nodes
Elements
Layered Elements ...
Materials ...
Data Tables ...
Array Parameters ...
Results
Multi-Plots
Components
Parts

圖 4-130

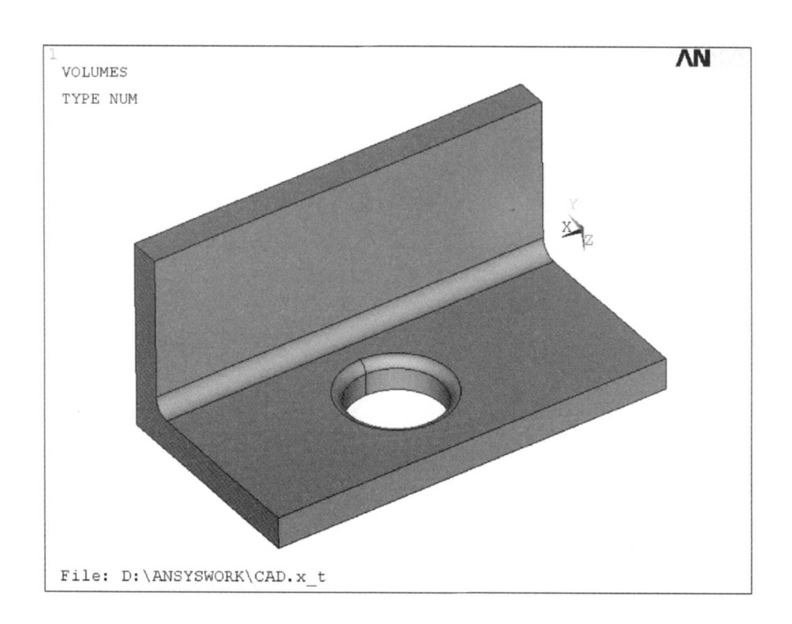
VOLUMES
TYPE NUM
File: D:\ANSYSWORK\CAD.x_t

圖 4-131

4-6 參考文獻

[1] 劉晉奇，褚晴暉，*有限元素分析與 ANSYS 的工程應用*。滄海書局，台灣台中，2006。

[2] ANSYS, Inc., *ANSYS 10.0 HTML Online Documentation*. SAS IP, Inc., USA, 2005.

歸納與總結

5-1 ANSYS 分析程序回顧
5-2 ANSYS 的 db 和 rst 檔案運用
5-3 ANSYS Online Help 線上手冊
5-4 物理單位
5-5 FEM 誤差
5-6 未來的學習方向
5-7 結語
5-8 參考文獻

本章目標

- 本章爲第 5 天的學習教材，學習時間爲 6 小時。
- 重點歸納與總結。
- 訂定未來學習方向。

5-1 ANSYS 分析程序回顧

讀者在練習過第 2 章到第 4 章的例題後，應該具備了 FEM 與 ANSYS 的基本能力。第 1 章曾提過，ANSYS 軟體（包括其他 FEM 軟體）可大略切割成三大部分：前處理器（pre-processor）、求解器（solver）與後處理器（post-processor），前處理器之功能為建立幾何外形、建立有限元素網格、給定材料性質與設定邊界條件等；求解器則用來求解矩陣方程式；後處理器則接收求解器輸出的大量資訊，進而做數據歸納、圖形輸出或製作動畫等，以方便使用者判斷分析結果。

在第 2 章、第 3 章和第 4 章之中，每個例題的流程大致可分成以下階段：

1. 物理類型選定
2. 元素型式選定
3. 簡化條件設定
4. 材料性質設定
5. 幾何外形建模
6. 有限元素網格建立
7. 加入負荷與邊界條件
8. 求解
9. 觀察與討論分析結果

上述的第 1～7 個階段，為前處理器的工作。第 8 和第 9 階段，則分別為求解器與後處理器的工作。

圖 5-1 是 ANSYS 界面的 Main Menu，其中的 Preprocessor、Solution 和 General Postproc 分別是前處理器、求解器與後處理器。而 TimeHist Postproc 亦

是後處理器，它是用來處理某段時間歷程的分析結果。

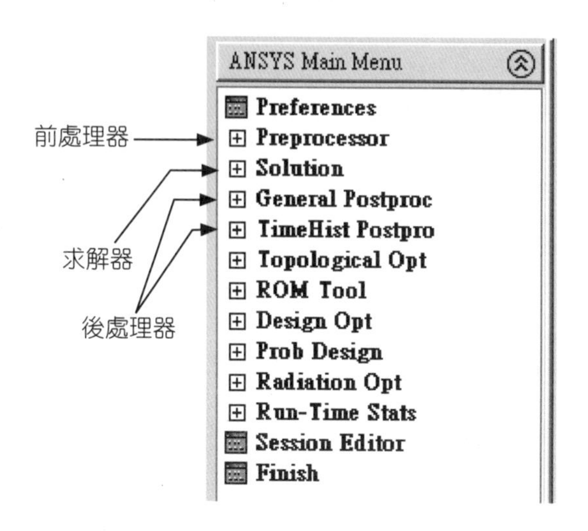

圖 5-1

由前幾章的 ANSYS 練習，讀者可發現「負荷與邊界條件」的設定，均採用圖 5-1 的 Solution 底下功能，也就是說「負荷與邊界條件」似乎是 ANSYS 求解器的工作。但事實並非如此，「負荷與邊界條件」仍屬於前處理器的工作，而它的功能置於 Solution 底下，應是為了非線性（nonlinear）分析和負荷增量（load step）的操作。其實我們也可以在 Preprocessor 底下設定負荷與邊界條件，如圖 5-2 所示。

5-2 ANSYS 的 db 和 rst 檔案運用

第 2 章到第 4 章的 ANSYS 例題，分析過程中已產生了 db 檔案（database file）和 rst 檔案（results file），置於工作目錄。第 1 章曾談過，db 檔案之功用是儲存 ANSYS 的有限元素模型與所有設定，而 rst 檔案的功用是記錄所有的 ANSYS 分析（結構分析）結果。兩類檔案的主檔名均和 job name 一樣。

若在 Microsoft Windows 系統，讀者可以使用「檔案總管」去查詢您工作目錄內的檔案（例如工作目錄為 d:\ansyswork）。做完第 2 章到第 4 章的 ANSYS 例題後，可於工作目錄看到以下 6 個檔案：

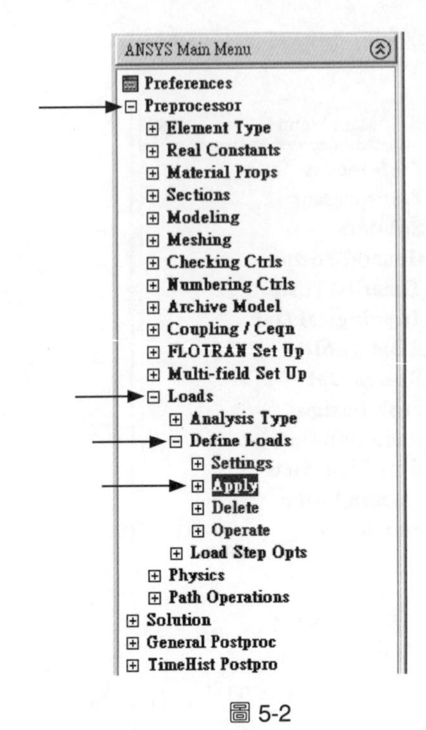

圖 5-2

ch2.db	ch2.rst	（為第 2 章分析留下之檔案）
ch3.db	ch3.rst	（為第 3 章分析留下之檔案）
ch4.db	ch4.rst	（為第 4 章分析留下之檔案）

讀者可將以上這些檔案，複製到其他目錄內，儲存起來以備用。

若要用 ANSYS 讀入已建立完成的 db 檔案，以第 2 章的 ch2.db 為例，可使用以下程序：

(1) 先離開 ANSYS，再重新啟動 ANSYS。

(2) 接著執行 GUI 路徑（如圖 5-3）：Utility Menu → File → Resume from。

(3) 執行後出現圖 5-4，將目錄設為工作目錄（如d:\ansyswork），選擇 ch2.db 檔案（db file），點擊 OK 後，ANSYS 會讀入先前已建立的實體模型、有限元素模型和相關條件設定，Graphics Winodw 之顯示如圖 5-5。（亦於圖 5-5 右側的圖示中，點擊箭頭所指的符號，將圖形顯示最適化）

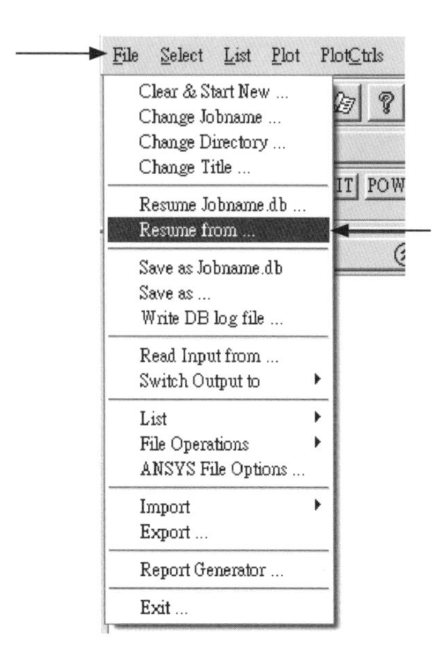
File
Select
List
Plot
PlotCtrls
Clear & Start New ...
Change Jobname ...
Change Directory ...
Change Title ...
Resume Jobname.db ...
Resume from ...
Save as Jobname.db
Save as ...
Write DB log file ...
Read Input from ...
Switch Output to
List
File Operations
ANSYS File Options ...
Import
Export ...
Report Generator ...
Exit ...

圖 5-3

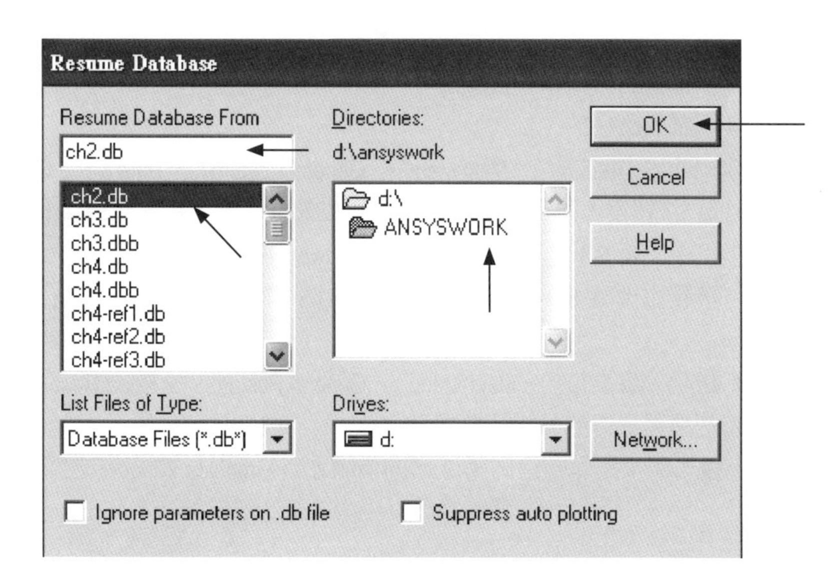
Resume Database
Resume Database From
ch2.db
ch2.db
ch3.db
ch3.dbb
ch4.db
ch4.dbb
ch4-ref1.db
ch4-ref2.db
ch4-ref3.db
Directories:
d:\ansyswork
d:\
ANSYSWORK
OK
Cancel
Help
List Files of Type:
Database Files (*.db*)
Drives:
d:
Network...
Ignore parameters on .db file
Suppress auto plotting

圖 5-4

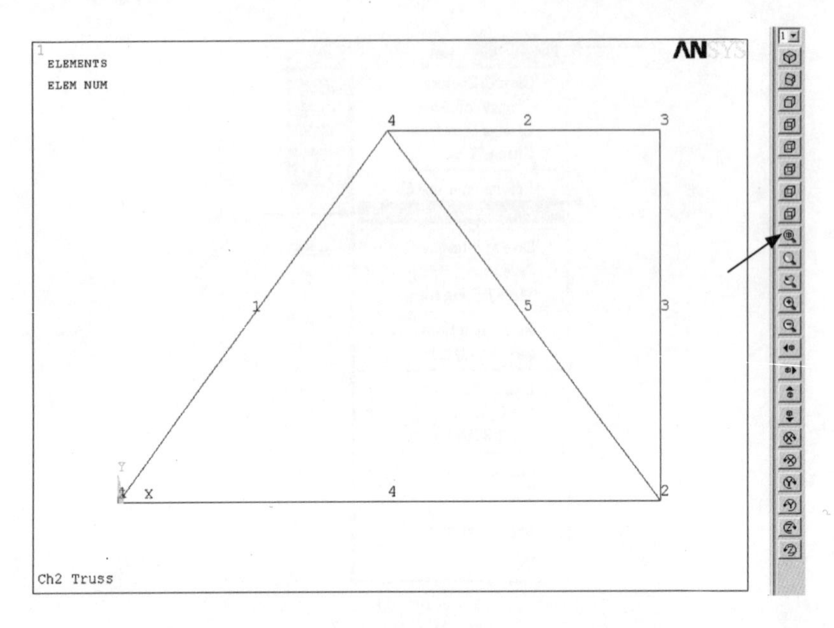

圖 5-5

在 ANSYS 讀入 db 檔之後，可以繼續讀入 rst 檔案，查看已完成的分析結果。以第 2 章的 ch2.rst 為例，可使用以下程序：

(1) 確定 ANSYS 已讀入ch2.db。

(2) 接著執行 GUI 路徑（圖 5-6）：Main Menu → General Postproc → Data & File Opts。

(3) 執行後出現圖 5-7 視窗，選擇「All items」，再點擊「…」。接著出現圖 5-8 視窗，先確認工作目錄（圖 5-8 之工作目錄為 d:\ansyswork），再選擇檔案 ch2.rst 後點擊「開啓」，接著出現圖 5-9，再點擊 OK。ANSYS 會讀入儲存於 ch2.rst 的計算結果。

(4) 再執行 GUI 路徑（圖 5-10）：Main Menu → General Postproc → Read Results → Last Set。（此步驟是將最終的分析結果讀出）

(5) 接著再畫出變形圖，操作方法同第 2 章的步驟 17。Graphics Winodw 之顯示將如圖 5-11。

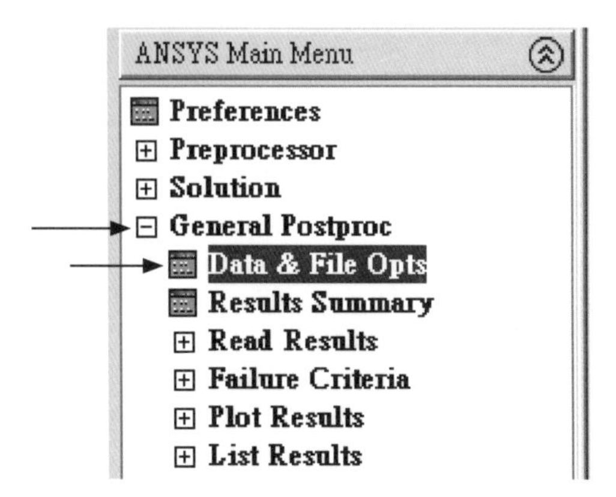
ANSYS Main Menu
Preferences
Preprocessor
Solution
General Postproc
Data & File Opts
Results Summary
Read Results
Failure Criteria
Plot Results
List Results

圖 5-6

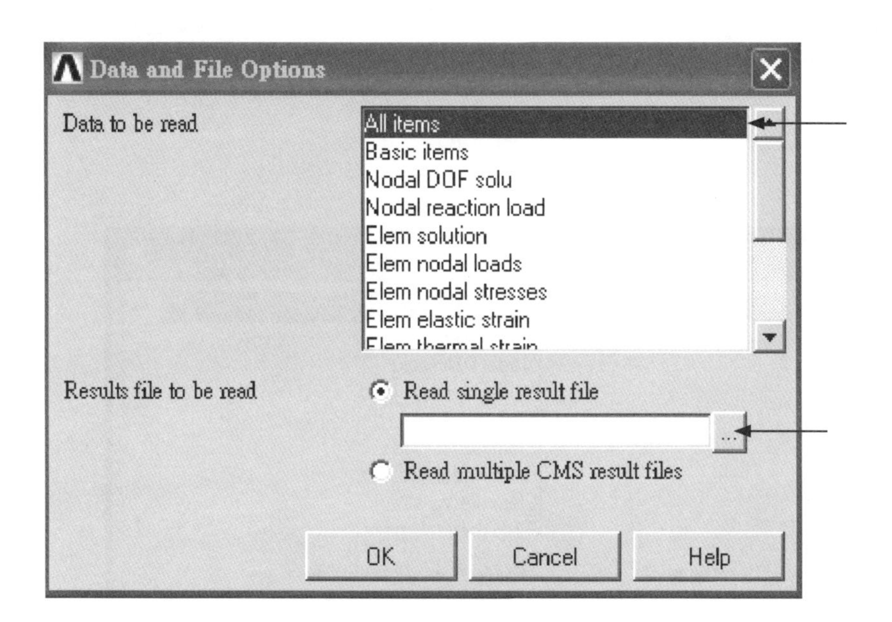
Data and File Options
Data to be read
All items
Basic items
Nodal DOF solu
Nodal reaction load
Elem solution
Elem nodal loads
Elem nodal stresses
Elem elastic strain
Results file to be read
Read single result file
Read multiple CMS result files
OK
Cancel
Help

圖 5-7

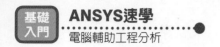

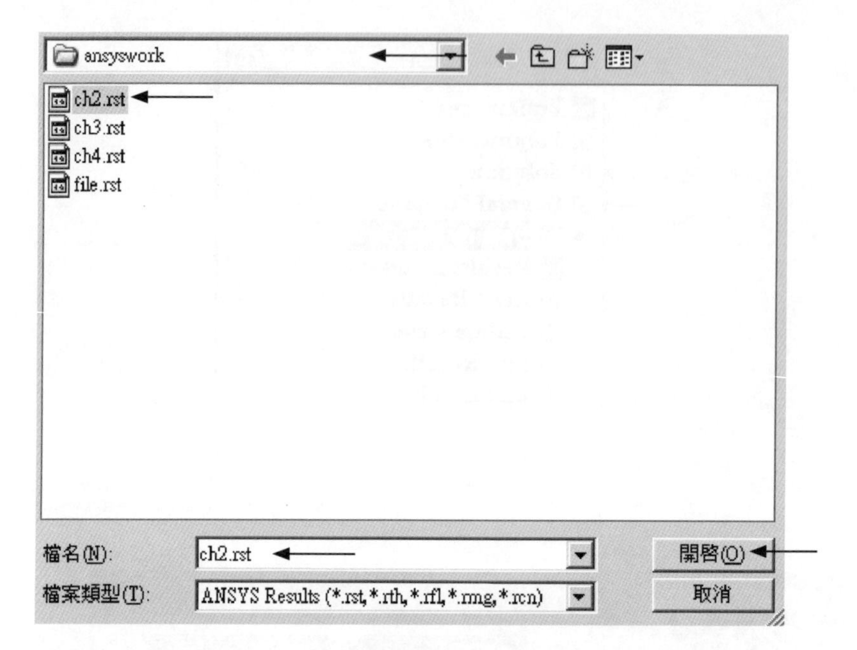
ansyswork
ch2.rst
ch3.rst
ch4.rst
file.rst
檔名(N):
ch2.rst
開啟(O)
檔案類型(T):
ANSYS Results (*.rst,*.rth,*.rfl,*.rmg,*.rcn)
取消

圖 5-8

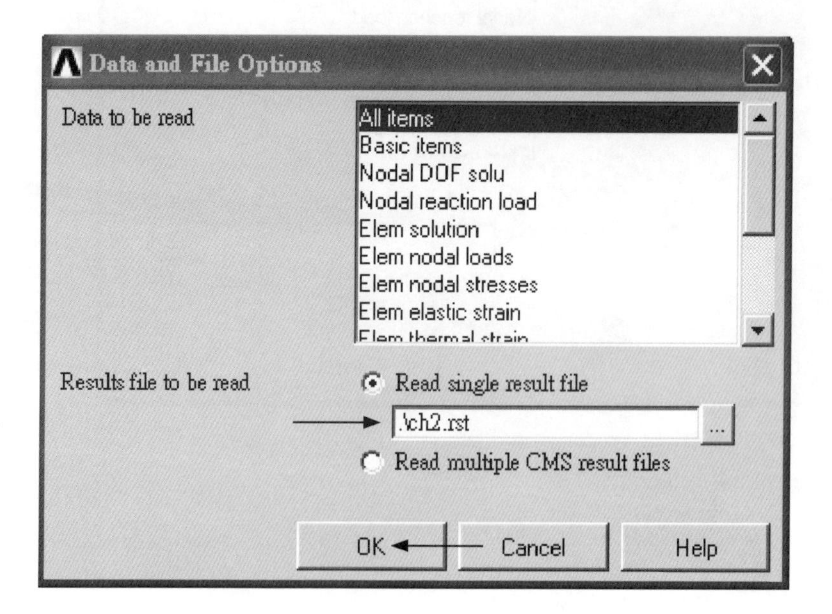
Data and File Options
Data to be read
All items
Basic items
Nodal DOF solu
Nodal reaction load
Elem solution
Elem nodal loads
Elem nodal stresses
Elem elastic strain
Results file to be read
Read single result file
.\ch2.rst
Read multiple CMS result files
OK
Cancel
Help

圖 5-9

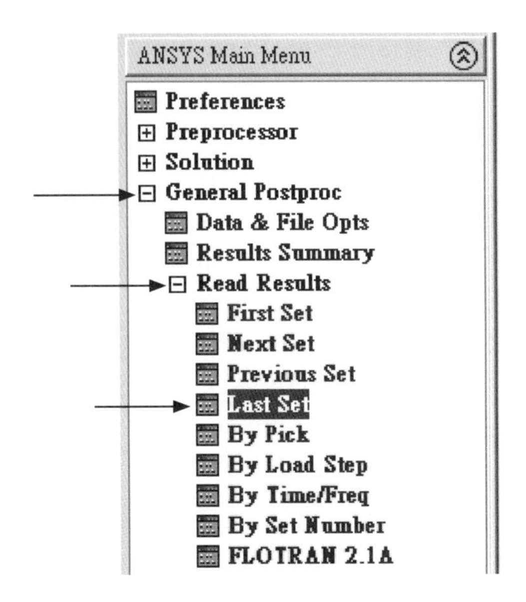
ANSYS Main Menu
Preferences
Preprocessor
Solution
General Postproc
Data & File Opts
Results Summary
Read Results
First Set
Next Set
Previous Set
Last Set
By Pick
By Load Step
By Time/Freq
By Set Number
FLOTRAN 2.1A

圖 5-10

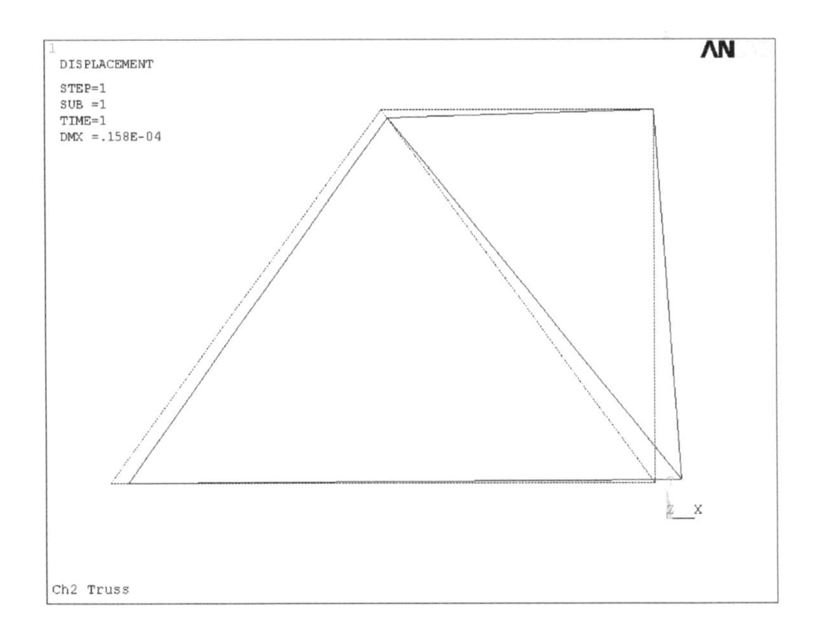
1
DISPLACEMENT
STEP=1
SUB =1
TIME=1
DMX =.158E-04
AN
Z X
Ch2 Truss

圖 5-11

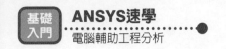

每當完成一個分析後，讀者可將 db 和 rst 檔案儲存於特定目錄，且分門別類，以方便日後的查詢與重複使用。

若要執行一個新的分析，可先離開 ANSYS，再重新啟動 ANSYS。若不想離開 ANSYS，則必須將先前的分析資料清除，才可執行另一個新的分析。ANSYS 清除資料的方法如以下之 GUI 路徑（圖 5-12）：Utility Menu → File → Clear & Start New，接著出現圖 5-13，點擊 OK 後又出現如圖 5-14 之畫面，點擊「Yes」後即可清除資料。

每當開始一個新的分析程序，以上清除動作一定要做，以免分析資料發生錯誤。若選擇離開 ANSYS 後再進入 ANSYS，則不必做清除動作，因為軟體已自動清除所有的暫存資料。

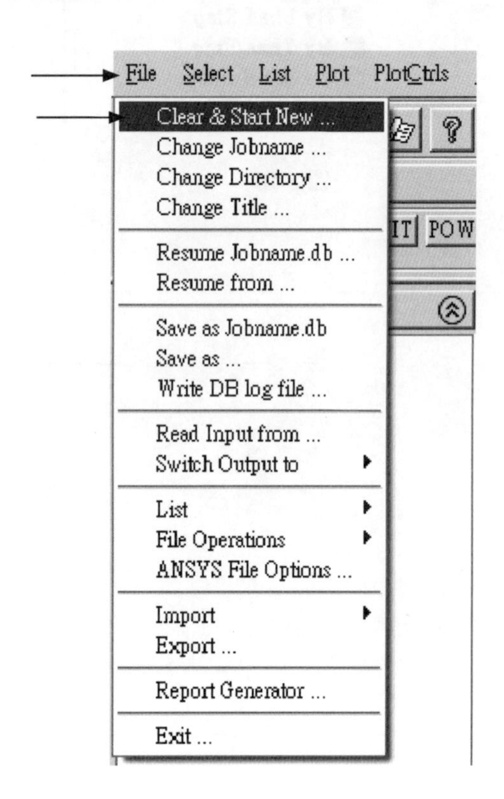

圖 5-12

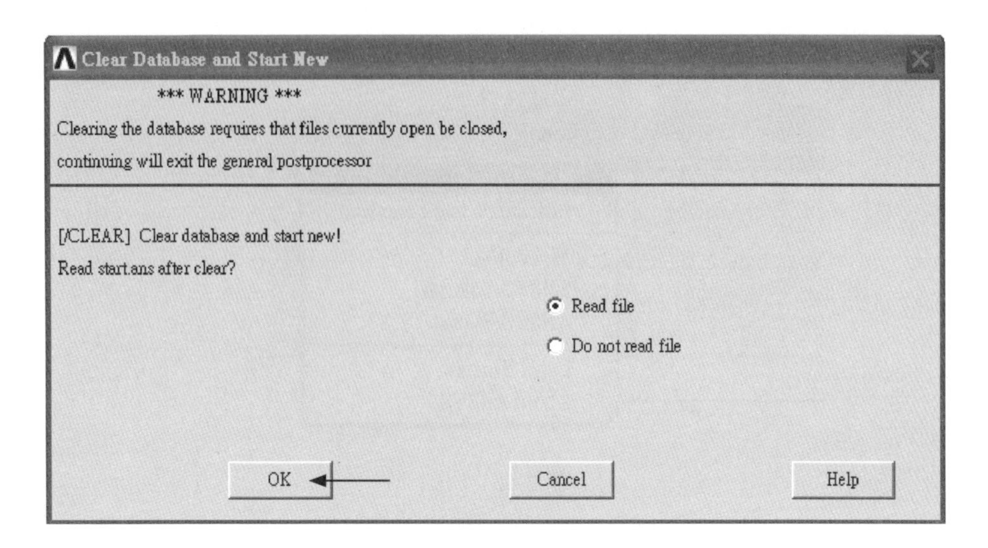

圖 5-13

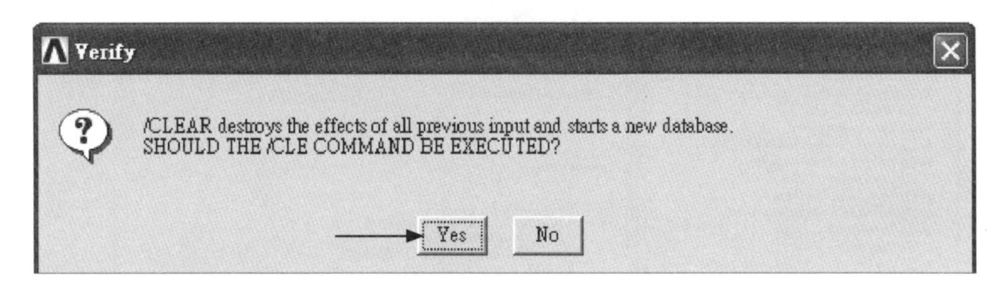

圖 5-14

5-3 ANSYS Online Help 線上手冊

ANSYS 的英文使用手冊，主要是電子化的線上手冊（online help），使用十分方便且不佔空間。

在 ANSYS 中啟動 online help 的方式，為以下之 GUI 指令路徑（圖 5-15）：Utility Menu → Help → Help Topics，接著出現如圖 5-16 之 online help 系統畫面。該系統左側視窗為 ANSYS 之各類使用手冊清單，右側視窗為手冊內容全文。若點擊左側視窗之「搜尋（S）」，則可以使用關鍵字查詢手冊中所有的相關資訊。

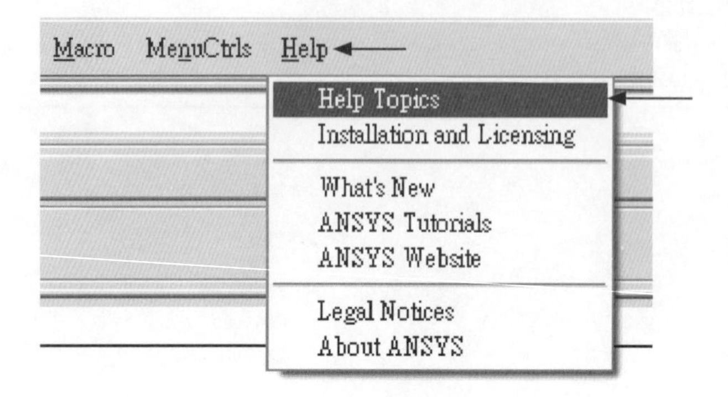

圖 5-15

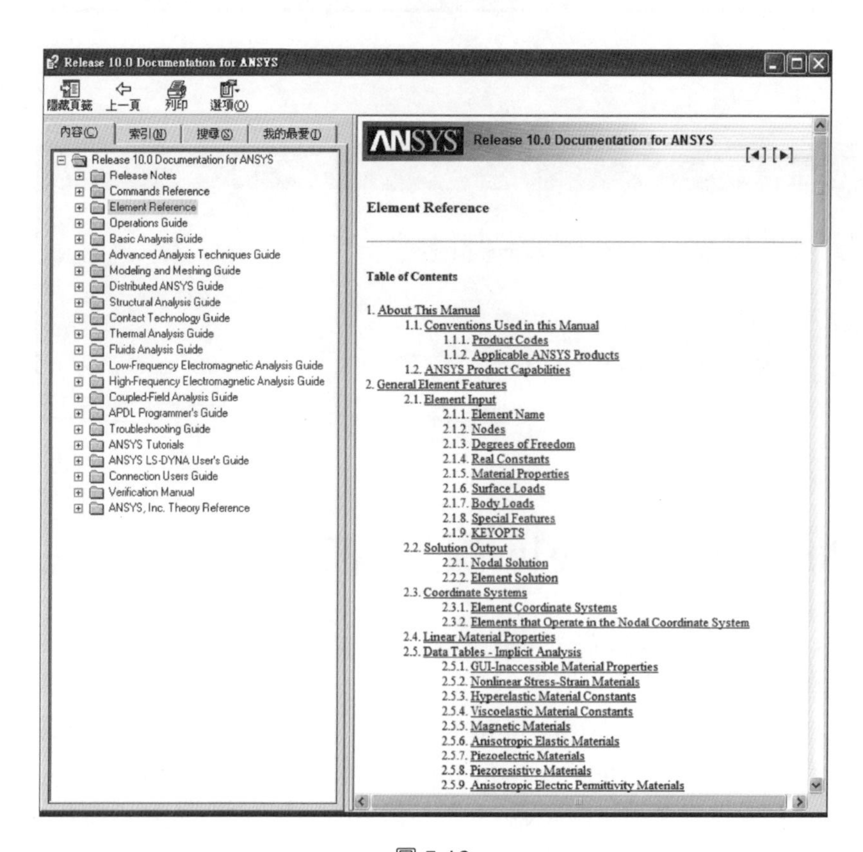

圖 5-16

5-4 物理單位

使用 ANSYS 軟體，必須注意計算的物理單位問題。ANSYS 沒有預設的物理單位，因此使用者必須自定合理相容的單位系統。

表 5-1 是常用的應力分析單位系統，採用其中的 SI 制，較不易出錯。而 mm 尺度系統常用於機械產品、電子產品、3C 產品等之設計分析。第 2 章到第 4 章的例題，均採用 SI 制的物理單位。

對於 FEM 和 ANSYS 初學者來說，單位搞錯是常有的事，例如，在建模時長度給定 m 單位，但輸入的楊氏模數卻給定 MPa 單位，而施力卻給定 kgf 單位，用這樣的做法，軟體算出來的結果當然是錯的。

表 5-1　單位系統

單位系統	長度	力量	壓力、應力與楊氏模數	質量	密度
SI 制	m	N	$Pa = N/m^2$	kg	kg/m^3
mm 尺度	mm	N	$MPa = N/(mm)^2 = 10^6\ N/m^2$	t（公制噸）	$t/(mm)^3$
英制	in	lb	$psi = lb/in^2$	$lb\text{-}s^2/in$	$lb\text{-}s^2/in^4$

5-5 FEM 誤差

FEM 和 ANSYS 的分析誤差，主要有電腦計算誤差與人為誤差，而有時兩者是難以劃分的。總之，有限元素模型的網格與所有設定，決定了分析的精確度與成敗。

有關分析誤差的討論，文獻 [1] 有詳盡的說明。其中的重點如下[1]：

(1) 實際問題以力學模型描述時，可能會造成誤差，例如材料係數不正確、負荷與邊界條件設定不合理、力學簡化程序不合理等。

(2) 有限元素的數值計算方法，亦可能會造成誤差，例如元素適用問題、不好的元素網格、元素網格太粗糙且答案未達收斂、剪切閉鎖問題等。

(3) 尚有其他的誤差來源，例如人為的軟體操作錯誤或力學觀念錯誤等。

5-6 未來的學習方向

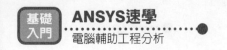

初學者在讀完本書後，可以繼續閱讀文獻 [1]，且多方面收集與閱讀各類 ANSYS 書籍，以充實功力。此外，建議讀者可參加 ANSYS 訓練課程，包括學校課程與軟體公司課程。

初學者未來的 ANSYS 學習方向，可分為「興趣導向」與「任務導向」兩方面來討論。

假設讀者對於固體力學的 ANSYS 分析有強烈的興趣，其「興趣導向」的學習歷程，建議如下：(1) 靜態線性應力分析 → (2) 非線性應力分析（幾何與材料非線性） → (3) 接觸應力分析 → (4) 振動分析 → (5) 暫態動力學分析。

若讀者是基於「任務導向」來學習 ANSYS，例如目標是計算齒輪的接觸應力，則在學好靜態線性應力分析之後，直接切入接觸應力分析之主題。

跨領域的耦合場（coupled field）分析是較難的題型，例如熱應力分析、電熱分析、壓電力學分析等。面對這些問題，讀者必須理解多種物理現象與其 ANSYS 技術，而這些知識可由 ANSYS online help 之中找到答案。

5-7 結語

CAE、FEM 和 ANSYS 是很好的學術研究與產品設計工具，對於許多人來說，它可能是迷人的工具，也可能是讓人頭痛的東西。

這本書的理念，是讓修過材料力學的機械相關科系學生或工程師，於五天之內學會 ANSYS 應力分析的基本概念，並透過例題來理解 ANSYS 操作程序，迅速於五天之內完成「入門」。作者希望讀者可由本書得到應有的收穫，但也要提醒讀者，這本書只是入門的跳板，對於進一步的 ANSYS 分析資訊，讀者仍需要求助於 ANSYS 手冊和其他書籍與資料。

最後必須強調，CAE 和 FEM 不是萬能的，並非每一種工程問題都可透過 CAE 和 FEM 解決，因此勿過於迷信其功能。此外，電腦硬體和軟體並不會自動思考，唯有基本學理紮實的軟體使用者或工程師，才能活用 CAE 和 FEM 這類工具，且做出最正確的工程判斷。

5-8 參考文獻

[1] 劉晉奇，褚晴暉，*有限元素分析與ANSYS的工程應用*。滄海書局，台灣台中，2006。

國家圖書館出版品預行編目資料

電腦輔助工程分析入門：ANSYS速學
=Introduction to computer-aided
engineering : quick learning guide for
ANSYS／劉晉奇著. ——初版.——臺北市：五
南, 2009.08
面； 公分
含參考書目
ISBN 978-957-11-5744-3（平裝）
1.電腦輔助設計 2.電腦輔助製造
440.029 98013454

5R19

電腦輔助工程分析入門：ANSYS速學

Introduction to Computer-Aided Engineering:Quick Learning Guide for ANSYS

著　　者— 劉晉奇(350.4)

發 行 人— 楊榮川

總 編 輯— 龐君豪

主　　編— 黃秋萍

責任編輯— 蔡曉雯

封面設計— 莫美龍

出 版 者— 五南圖書出版股份有限公司

地　　址：106台北市大安區和平東路二段339號4樓

電　　話：(02)2705-5066　　傳　　真：(02)2706-6100

網　　址：http://www.wunan.com.tw

電子郵件：wunan@wunan.com.tw

劃撥帳號：01068953

戶　　名：五南圖書出版股份有限公司

台中市駐區辦公室/台中市中區中山路6號

電　　話：(04)2223-0891　　傳　　真：(04)2223-3549

高雄市駐區辦公室/高雄市新興區中山一路290號

電　　話：(07)2358-702　　傳　　真：(07)2350-236

法律顧問　元貞聯合法律事務所　張澤平律師

出版日期　2009年8月初版一刷

定　　價　新臺幣290元

凝煉知識 品味閱讀